DIGITAL SERIES

未来へつなぐ
デジタルシリーズ

デジタル技術と
マイクロプロセッサ

小島正典
深瀬政秋
山田圀裕　著

9

共立出版

Connection to the Future with Digital Series

未来へつなぐ デジタルシリーズ

編集委員長： 白鳥則郎（東北大学）

編集委員： 水野忠則（愛知工業大学）
高橋　修（公立はこだて未来大学）
岡田謙一（慶應義塾大学）

編集協力委員：片岡信弘（東海大学）
松平和也（株式会社 システムフロンティア）
宗森　純（和歌山大学）
村山優子（岩手県立大学）
山田圀裕（東海大学）
吉田幸二（湘南工科大学）

（50音順）

未来へつなぐ デジタルシリーズ 刊行にあたって

　デジタルという響きも，皆さんの生活の中で当たり前のように使われる世の中となりました．20世紀後半からの科学・技術の進歩は，急速に進んでおりまだまだ収束を迎えることなく，日々加速しています．そのようなこれからの21世紀の科学・技術は，ますます少子高齢化へ向かう社会の変化と地球環境の変化にどう向き合うかが問われています．このような新世紀をより良く生きるためには，20世紀までの読み書き（国語），そろばん（算数）に加えて「デジタル」（情報）に関する基礎と教養が本質的に大切となります．さらには，いかにして人と自然が「共生」するかにむけた，新しい科学・技術のパラダイムを創生することも重要な鍵の1つとなることでしょう．そのために，これからますますデジタル化していく社会を支える未来の人材である若い読者に向けて，その基本となるデジタル社会に関連する新たな教科書の創設を目指して本シリーズを企画しました．

　本シリーズでは，デジタル社会において必要となるテーマが幅広く用意されています．読者はこのシリーズを通して，現代における科学・技術・社会の構造が見えてくるでしょう．また，実際に講義を担当している複数の大学教員による豊富な経験と深い討論に基づいた，いわば"みんなの知恵"を随所に散りばめた「日本一の教科書」の創生を目指しています．読者はそうした深い洞察と経験が盛り込まれたこの「新しい教科書」を読み進めるうちに，自然とこれから社会で自分が何をすればよいのかが身に付くことでしょう．さらに，そういった現場を熟知している複数の大学教員の知識と経験に触れることで，読者の皆さんの視野が広がり，応用への高い展開力もきっと身に付くことでしょう．

　本シリーズを教員の皆さまが，高専，学部や大学院の講義を行う際に活用して頂くことを期待し，祈念しております．また読者諸賢が，本シリーズの想いや得られた知識を後輩へとつなぎ，元気な日本へ向けそれを自らの課題に活かして頂ければ，関係者一同にとって望外の喜びです．最後に，本シリーズ刊行にあたっては，編集委員・編集協力委員，監修者の想いや様々な注文に応えてくださり，素晴らしい原稿を短期間にまとめていただいた執筆者の皆さま方に，この場をお借りし篤くお礼を申し上げます．また，本シリーズの出版に際しては，遅筆な著者を励まし辛抱強く支援していただいた共立出版のご協力に深く感謝いたします．

　　　　「未来を共に創っていきましょう．」

編集委員会
白鳥則郎
水野忠則
高橋　修
岡田謙一

まえがき

　トランジスタを使ったプログラム式電子計算機が実用されて数十年になる．その間にデバイスは集積回路が使われるようになり，マイクロプロセッサへと発展した．現在は，大規模化や高速化が飛躍的に進んでいる．

　本書の目的は，これを支えてきたデジタル技術と，マイクロプロセッサ，およびその応用方法を学ぶことである．特に LED による 7 セグメント表示や，モニタによる VGA 表示，電子オルゴールなどを，C 言語で実現する方法を示し組込みシステムへの応用力向上を狙っている．

　本書は三部構成になっており，第 1 部でデジタル技術の歴史と基礎，第 2 部でマイクロプロセッサの基本となる半導体プロセスや種類・構造など，第 3 部でマイクロプロセッサのインタフェースや前述した表示・音響の信号発生についての応用方法を学ぶ．

　デジタル技術の歴史を第 1 部の冒頭に示した．古代において数を数えることから始まり，現代のネットワーク応用にいたるまでを，鳥瞰している．

　第 1 章では，情報，データ，序数，2 進数，10 進数，16 進数など，デジタル技術で取り扱う情報や数の基本を学ぶ．

　第 2 章では，負の数字，2 進化 10 進数や文字などの表記法について学ぶ．

　第 3 章では，ブール代数の公理や定理，論理関数とその運用について学ぶ．

　第 4 章では，負の数字，2 進化 10 進数や文字などの表記法について学ぶ．

　第 5 章では，論理記号，論理回路，論理関数，加算器の設計について学ぶ．

　第 2 部では，マイクロプロセッサのハードウェアを中心に，設計手法や設計生産性・開発動向・ビジネスの状況にいたるまでを広く解説する．

　第 6 章では，マイクロプロセッサの技術背景として，半導体プロセス，半導体ビジネス，グローバルスタンダードなどを学ぶ．

　第 7 章では，マイクロプロセッサの設計や枠組み，構造記述，RTL 記述，論理合成を学ぶ．

　第 8 章では，組込みプロセッサ，SoC，組込みソフト，ミドルウェア，ファームウェア，マイクロプログラムなどを学ぶ．

　第 9 章では，汎用プロセッサにおける，オブジェクトコード，パイプラインなどを学ぶ．

　第 10 章では，マイクロプロセッサの設計手法や設計工程，チップ化などを学ぶ．

　第 11 章では，マイクロプロセッサの最前線として，開発動向や設計生産性などを学ぶ．

　第 3 部では，マイクロプロセッサを使う上で必要となるハードウェアと，ソフトウェアの技術を解説する．そして演習が可能なレベルの具体的応用課題を提供する．

第12章では，マイクロプロセッサにおける，ハードウェアとソフトウェア間のインタフェース，およびレジスタ間処理などを取り上げて学ぶ．

第13章では，内部入出力デバイスとして，ポート，DA変換，AD変換などを取り上げて学ぶ．

第14章では，表示信号発生として，LEDによる7セグメント表示や，モニタによるVGA表示などを取り上げて学ぶ．

第15章では，音響信号発生として，モノトーン，トーンバースト，音階，重音などを学ぶ．

なお，本書は3名の専門家により，以下のように執筆を分担している．

山田圀裕：第1部（第1章，第2章，第3章，第4章，第5章）
深瀬政秋：第2部（第6章，第7章，第8章，第9章，第10章，第11章）
小島正典：第3部（第12章，第13章，第14章，第15章）

また，本書をまとめるにあたって，大変ご協力を戴きました，編集委員長の白鳥則郎先生，編集委員の水野忠則先生，ならびに共立出版の編集部の島田誠氏，他の方々に深くお礼申し上げます．

2012年3月

著者を代表して
小島正典

目 次

刊行にあたって　i
まえがき　iii

第1章 デジタル技術における情報　4

1.1 デジタル技術が取り扱う情報　4

1.2 2進数　6

1.3 数値の表記法　7

1.4 2進数, 8進数, 10進数, 12進数, 16進数　8

1.5 各進数の関係　10

第2章 数値の表記　17

2.1 正の数字, 負の数字　17

2.2 補数　21

2.3 数字と文字の表記法　24

第3章 ブール代数　28

3.1 ブール代数とは　28

3.2 ブール代数の公理　29

3.3 ブール代数の定理　32

3.4 論理関数　36

3.5 論理関数の運用　39

第4章
論理素子　49

4.1 論理構成の素材 (人間の指, そろばん, 歯車)　49

4.2 論理回路構成素子 (リレー, 真空管, 半導体)　54

第5章
論理回路　69

5.1 論理記号　69

5.2 論理回路 (論理関数)　71

5.3 3変数論理関数の変形と簡単化　72

5.4 加算器の設計　76

5.5 まとめ　81

第6章
マイクロプロセッサの技術背景　84

6.1 計算とは　84

6.2 コンピュータとマイクロプロセッサ　86

6.3 コンピュータと半導体プロセス　89

6.4 半導体ビジネスとグローバルスタンダード　93

第7章
マイクロプロセッサの基礎　95

7.1 マイクロプロセッサ設計とは　95

7.2 マイクロプロセッサ設計の枠組　98

第8章 組込みプロセッサ 110

- 8.1 組込みとは 111
- 8.2 データパスと制御系 113

第9章 汎用プロセッサ 122

- 9.1 汎用化の仕組みとは 122
- 9.2 命令パイプライン 127

第10章 マイクロプロセッサの開発 134

- 10.1 マイクロプロセッサ設計の手法とは 134
- 10.2 設計工程 135
- 10.3 チップ化 147

第11章 マイクロプロセッサの最前線 150

- 11.1 マイクロプロセッサ設計に求められる高度な内容とは 150
- 11.2 マイクロプロセッサの開発傾向 167
- 11.3 設計生産性 170

第12章 ハードウェア・ソフトウェア間のインタフェース 176

- 12.1 レジスタ間処理 176
- 12.2 ポートによるインタフェース 177
- 12.3 汎用レジスタによるインタフェース 178

| | 12.4 変数レジスタによるインタフェース | 180 |

第13章 内部入出力デバイス 183

	13.1 ポート	183
	13.2 DA変換	186
	13.3 AD変換	188

第14章 表示信号発生 192

| | 14.1 LEDによる7セグメント表示 | 192 |
| | 14.2 RGBモニタの表示 | 195 |

第15章 音響信号発生 201

	15.1 音階の原理	201
	15.2 音響信号の発生と実験方法	203
	15.3 モノトーンの発生	203
	15.4 トーンバーストの発生	205
	15.5 休みの発生	206
	15.6 音階の発生	207
	15.7 重音の発生	208

索　引　213

第1部　デジタル技術

　デジタル技術は計算の道具や計算を活用する機器，すなわちコンピュータの発達を支えてきた．実はこのデジタル技術はコンピュータにより誘導され育てられ現代のデジタル時代を創ったのである．コンピュータとは数を数え，数を扱おうとする人類の有史以前からの思いである．現在のコンピュータ/マイクロプロセッサは半導体を主たる材料として作られている．そして，その用途はパーソナルコンピュータやスーパコンピュータのように個人利用や高速シミュレーションのために，また炊飯器や車などの機器やシステムの制御としてである．本書では，このようなデジタル技術とマイクロプロセッサについて，第1部でデジタル技術，第2部でマイクロプロセッサの原理と構造，第3部でマイクロプロセッサのインターフェースと応用を説明し，各章末に問題を示した．第1部第1章の前に，デジタル技術とコンピュータ/マイクロプロセッサの歴史を概観する．

〈デジタル技術とコンピュータの歴史〉
- デジタル技術，コンピュータと人間

　「デジタル技術は AND や OR の論理回路やブール代数から始まったのではありません．皆さんの手を見て下さい．手の指から始まったのです．手の指も私はコンピュータと思っています．」もちろん手の指だけでなく，小石や木切れやまた，骨や洞窟に刻まれた数字や模様も同じである．数の観念はこれら人間の発生時点から，またひょっとするとその前の種から持っていた能力かもしれない．人間の発生時点とは20万年前のホモ・サピエンスであり，その前の種とはさらに遠い500万年前の最初の人類と言われているアウストラ・ロピテクスである．

　指や小石を使う計算補助具もコンピュータであり，その時代からコンピュータを支えているのがデジタル技術である．手の指から現在に至るコンピュータを実現するデジタル技術の素材を簡単に説明し，コンピュータから要請されるデジタル技術の向上とコンピュータの発展の分類を示す．

- 数の必要性は割算のため？

　皆さんが日頃何気なく物や人を数えること，今のようにコンピュータが無い人類の発生時から，何気なくまた必然に数を数えるということは，人類にとり最も重要な事柄の1つである．まず，現代に至るまでの数の最も初期の段階での必要性を考え推測する．それは単に数を数えることと考えていた訳であるが，数を数えるとは数えるものがなくなるまで1の加算を繰返すことある．採集した植物や動物を数える事が目的であるが，その目的は何の為に行われるのか，この数に対する1つ目の数を単に数える事のその動機がとても弱いように思える．人間が数を数える能力を持つことに至ることは重要な必要性があってのことで，それが無くて起こることはないと考えられる．数を数える次に来る知性とは，加算，引算，掛算，割算の順と考えていたが，どうも違うのではと思い始めている．現在の人種に近い種が多数存在し唯一現在残っているのが我々(ホモ・サピエンス)1種類だけであることを考え合わせると，その時代，我々動物にとり最も重要な物の1つである食物が関わっていると考えてしまう．すなわち，採集した植物なり狩りで捕らえた動物を争いなく分配することができた種が生き延び発展し現在に至ると考えると，物を分けるというのが最初にあり，すなわち割算が第一の目的で割算のために，加算，引算，掛算の必要性が起こり，それらの数の計算をする力を得ていったとの推測を私はしてしまう．

- 農作物・暦・三角関数

　現代に至るまで，自然発生的な数の使われ方の2つ目は，暦や三角関数などである．農作物の作付け

と収穫のために，毎年その時期 (タイミング) ごとに行う種まきや収穫は重要で，それを外すと発芽ができなかったり，折角実った作物を例えば毎年起こるナイルの洪水で台無しにしたりする．それで暦の必要性が重要であり，また人心をまとめる上でも有効に使えたものと考える．暦は紀元前5000年前ごろから起こったと言われている．また，三角関数は同じくナイル川周辺で3000年前に税金の取立ての為の作付け面積の測量が必要になったことからの発明であると言われている．

- 「計算をする人々 (computer:コンピュータ)」の登場

　大洋航海から天文学が興り，17世紀には数学は益々発展し黄金時代を迎えるが，国勢調査や税金の算出など条件が多くまた件数が国家人口と同一の桁数の計算は大変な困難な仕事であった．これらの計算をする人達のことを「計算をする人々」すなわち「コンピュータ：computer」と言い，現在のコンピュータの語源になった．ここで，織物機，自動オルガン，水車や時計の技術が応用され，計算をする道具が作られ活用された．

- 数・コンピュータ・通信・制御

　「数を数えるという事は，人類にとり最も重要な事柄の1つである．」と前述したが，この「数・コンピュータ」にいろいろ関わりがあり補完し合い展開してきたのが「通信」と「制御」である．「数・コンピュータ」の始まりは，最初の人類であるアウストラ・ロピテクスとすると，前記したように500万年前からである．また，「通信」は犬や鳥などの鳴き声や身振りさらに匂いなども含まれ動物全体におよぶので，動物の始まりである5億年前からである．「制御」は動物，植物自身の行動と器官が制御の賜物である．そうなるとはるか，植物すなわち生物の発生時点である25億年前にまでさかのぼることになる．

　ここで示した制御，通信とコンピュータの関わりや生命体との関係は興味が尽きない．本論に話の筋を合わせまとめる．通信，制御は生命体の本来の働きであり，人間はそれらを道具や機械として人間機能の拡張として使ってきた．人間は知恵としての数の観念を道具とする，すなわちコンピュータとして実現した．この各時代のコンピュータは，その時代の道具として使われていた通信と制御の技術に助けられ実現してきた．そして1950年以降，今度はコンピュータが通信と制御の機能を拡大するのに大いに寄与している．

　今後，コンピュータ，通信と制御の発展方向を知ることは単に科学技術面に留まらず，経済や世界政治においても重要である．それらの発展方向を知るには，それらの利用価値 (ニーズ) からの考えに留まらず，素材すなわちデジタル技術とデジタル技術の担い手の展開方向を見定めることが重要である．デジタル技術の担い手とは，手の指からはじまり，小石，わら，そろばん，歯車，リレー (relay)，真空管と半導体である．これらデジタル技術の担い手が次の段階に進むことで大きくコンピュータは向上してきた．

〈デジタル技術の担い手 (素子)〉

コンピュータとの関わりを主に示す．

1) 指，小石，木切れ，わら，骨，洞窟の壁，地面; 500万年前〜現在
   計算補助具; 人間が計算の構想を立て，その手順に従い中間的の値を留めること及び最終値表示と記憶に使用．

2) 算盤，キープ，そろばん，数表，計算尺; 4000年前〜現在
   計算道具; 人間の計算の構想の一部またはそれ以上を具体的道具として実現．操作方法が重要．最終値の記憶はわら，骨や洞窟の壁も使用されまた紙への記録とタイプライタが使用．

3) 歯車; 起源前1000年〜現在 (コンピュータでの歯車の応用開発製造は1600年〜1970年)
   計算道具，機械計算機; 歯車を用いて演算の一部自動化．歯車 (10進) は「数える，表示，記憶」を実現．歯車の素材は木や貝から始まり金属に至る．

4) リレー; 1837年〜現在 (コンピュータでのリレーの応用開発製造は1890年〜1970年)
   機械計算機; 歯車の10進演算をリレーで模倣

5) 真空管; 1837年〜現在 (コンピュータでの真空管の応用開発製造は1904年〜1970年)

6) 半導体; 1947年〜現在 (2012年) 1チップのLSI (Large Scale Integration) に内蔵トランジスタ

数の最大は 10^9 個以上であり，今後ともこの内蔵トランジスタ数値は増加する．

〈コンピュータの発展の分類〉

　有史前の計算道具から現在のネットワークを含めコンピュータの発展を4分類に定める．それには3つの重要事項を定めた．1つ目は計算道具(計算補助具も含め)もコンピュータと定める．今まではコンピュータと計算道具との違いは，計算や処理の実行が自動であるものをコンピュータとし，人間が操作するものを計算補助具または計算道具と呼んでいた．計算補助具も計算道具もコンピュータとする．コンピュータと呼んでいるものも人間が関わりプログラムもシステムまた評価も人間が行ってきた．そのように働く意図を持って作られたもので，人間不在ではない．計算道具と何ら変わらないとの考えに基づく．

　2つ目はプログラム内蔵方式の世界初のコンピュータは何かと決めることである．この判定基準はコンピュータとして完成されたこと，実用されたこと，そして後世のコンピュータに受け継ぐ技術を与えたことの3点を満足することである．これらのどの項目においても十分な評価を得るのがイギリスケンブリッジ大学のモーリス・ヴィンセント・ウィルクス(Maurice Vincent Wilkes 1913.6.23-2010.11.29.)による1949年に開発したEDSAC(Electronic Delay Storage Automatic Computer)である．

　コンピュータの発展4分類を行うための3つ目の重要事項は，一般に歯車を使う計算機を機械計算機としているが，リレーと真空管を用いようとも歯車による10進演算をリレーまたは真空管で模倣する形式のものは機械計算機と分類した．もちろんリレーを使うコンピュータを電気計算機，真空管を使うコンピュータを電子計算機と呼ぶのは間違いでない．

　これら3つの重要項目に基づきコンピュータを発展経緯順に4分類にする．

第1分類 計算道具;(500万年前〜現在)
  1) 計算補助具;指，石，木切，骨，わら，洞窟の壁(人間操作)(500万年前〜現在)
  2) 計算道具:キープ，算盤，そろばん，数表，計算尺(道具)(4000年前〜現在)
  3) 機械計算道具;パスカル(Pascal)の加減算計算機，バベッジ(Babbage)の階差機関(1920年〜1900年)

第2分類 機械式計算機;1834年〜1948年
  1) バベッジ(Babbage)の解析機関 外部プログラムにより働く歯車によるコンピュータ現在のコンピュータの仕組みを持つ 1834年〜
  2) 統計機械 米ホレリス リレー計算機 1890年〜
  3) コロサス暗号解読器 英ブライアンアボン大学 真空管
  4) ハーバードマーク1 リレー 米エイケン，ホレリス ハーバード大 1944年
  5) ENIAC(Electronic Numerical Integrator and Calculator)
     米モークリ，エケット ペンシルバニア大 1946年

第3分類 プログラム内蔵方式コンピュータ ;1949年〜現在
  1) EDSAC ウィルクス 1949年
  2) EDSACⅡ ウィルクス 1952 マイクロプログラム発明;1964年実用 IBM360
  3) マイクロプロセッサ 1971年〜 TI TMS1000 インテル 4004
  4) PC(personal computer) 1988

第4分類 ネットワーク
  1) 半自動防空システム米 SAGE(Semi-Automatic Ground Enviroment) 1958年
  2) 世界初コンピュータネットワーク米 ARPGE(Advanced Research Projects Agency Network)1969
  3) ISDN 1980
  4) WWW 1990
  5) IMT-2000 次世代移動通信システム
  6) センサネットワーク，クラウドコンピューティング

第1章
デジタル技術における情報

□ 学習のポイント

コンピュータの応用面及び開発面においても，数値をはじめとして幾種もの情報とデータをコンピュータの内部でいかに融通よく汎用的に取り扱えるように決めることは重要なことである．

- 普段は何気なく見過ごしている情報を自らの身の回りから多くを見出し分類し，また情報とデータの仕分けにも取組んでほしい．
- 70年前頃まで，すなわち1940年代において第一線で活躍しているコンピュータ技術者も2進数を十分理解しておらず，歯車のイメージと10進数の自縛から脱することができなかった．2進数の理解を深める．

□ キーワード

情報，データ，序数，2進数，10進数，16進数，数量，大きさ，順序，番号

1.1 デジタル技術が取り扱う情報

現在一般家庭や仕事場で日常に使われる情報 (information) やデータ (data) を思いつくままに挙げていく．

金額，金利，長さ，距離，速度，加速度，高度，重さ，温度，信号は青色，年月日，家族の数，人口，物の数，本のページ数と行数，この本の24ページ目の18行目，バス停留場で2番目に並ぶ，今日の天気は曇りのち雨，AのJISのコードは16進表記で41，土地の大きさ，空間の大きさ，周波数，電圧など．

これらの情報やデータを分類すると以下のように分類される．

1) 物の数量のグループ；金額，金利，家族の数，人口，物の数
2) 物の大きさのグループ；長さ，距離，速度，加速度，高度，重さ，温度，面積，体積，周波数，電圧
3) 順序や割当された番号のグループ
   i) 順序；年月日，書物24ページ目の18行目，バス停留場で2番目に並ぶ，
   ii) 割当された番号；AのJISのコードは16進表記で41

4) 状況を伝えるグループ；信号は青色，今日の天気は曇りのち雨

以上が情報とデータの事例として挙げたが，情報，データ，また情報とデータの関係は何かを考える．

情報は岩波書店の広辞苑によると「① あることがらについてのしらせ．② 判断を下したり行動を起したりするために必要な，種々の媒体を介しての知識．」とある [1]．また，データは同じく岩波書店の広辞苑によると「① 立論・計算の基礎となる，既知のあるいは認容された事実・数値．資料．与件．② コンピュータで処理する情報．」とある [1]．これらから情報とデータの関係を，例を挙げて示す．

Aスーパーマーケットのみかんセールの広告；

「みかんの本場B県のみかん，Cキロで1000円，昨日の半額」この場合，まず情報とは"しらせ"，"知識"とあるので，これら全てが情報である．もちろんAスーパーマーケットも情報である．なぜなら情報を見る人によりAスーパーマーケットが地元であり簡単に行けるが，異なる遠い他府県のスーパーマーケットなら行けないということになるからである．

情報が少しわかり難いところがあるとすれば，情報に発信側の意図するところと受取側の状況という2つの立場があるためである．しかし，そこにどんな意図があろうとも，情報とはあくまで発信された全てのことを指す．先に情報とは"しらせ"，"知識"とあるが何も正しいまたは適正なことであるとは限らないのは当然である．

情報の発信側としてこの例においては，Aスーパーマーケットはこのみかんを買って欲しいのである．それで買う立場の人々がこれを買うと得をすることを正しい事実として並べ伝えるのである．このAスーパーマーケットはさらに裏の意図があるかもしれない．このみかんは本当に買う人々が大いに得をする商品であり，これで多くのお客を呼び込み，他の商品を一緒に買ってくれることが本当の狙いになる場合もある．

次にこの場合のデータとは"事実・数値"とあるので，事実とは「Aスーパーマーケット」，「B県のみかん」であり，また数値とは「Cキロで1000円」である．発信されたデータは受取側の状況によりこれらのデータは取捨選択され買いに行くか行かないかの行動になる．
データにおいても情報と同じくデータの発信する側の意図と受け取る側の状況がある．それで，受取側はそのデータにより，何かの判断をし行動する場合もある．また，データは取捨選択され，他のデータに組み込まれたりして新たなデータを生む場合もある．情報とデータは一度発信する側と受け取る側の状況により変化して行く場合もある．

また，情報とデータの区別が付きにくいと感じる場合もある．例えば，「信号は青色」，「今日の天気は曇りのち雨」などである．これらも情報とデータは明確に分かれている．情報は信号の色であり天気予想である．データは信号の色である「青色」，「黄色」や「赤色」であり，また天気予想の場合は「曇りのち雨」，「晴れ」や「曇り」である．

これらの情報とデータはコンピュータ，ネットワークや放送において日々取り扱われていて，それらをどのようなコードで表すかまた重要なことである．

例題演習1.1；人の日常生活の中で，情報，データがどのような役割を果たすか事例を挙げ考察せよ．（例題演習は，引続き解答もしくは解答例を示すが，まずはご自身でノートで演習を行い

その後，解答もしくは解答例を見て頂くことが望ましい．)

解答例 事例 1; 道を歩いていて久しぶりの知り合いと出会った．どちらともなく「やあ，こんにちは」と挨拶をする．しかし，何となくほとんど会話なく別れてしまう．そして，お互い相手を間違っていたことに後で気付く．

事例 2; 客は「このみかんを下さい．」と言って 350 円の値札と 7, 8 個入ったビニールに入れられたみかんを差し出す．「350 円になります」と店員が言う．客は「小銭がなくて」と言って 1000 円札を渡す．「いいですよ．650 円おつりです．ありがとうございました．」と店員．客は「ありがとう．」と言って立ち去る．

事例 1 において，なつかしい友人とお互い勘違いした．お互い視覚を通しての「情報」では 10 年前の小学校のクラスメイトに思えた．人は最も成長が著しい小学生の 12 歳の時の相手の面影の記憶すなわち「情報」でその 10 年後の成長と変化をも想定してしまうことができる．しかし，この事例ではお互いの勘違いであるのだが．また，後日その友人に連絡を取るかもしれない．間違った「情報」，「データ」であっても，次に新たな人間の行動を生む可能性もある．

事例 2 において，客は 1 人暮らしの学生であるので腐らせず食べ切れる個数とあまり高くなく色つやの良いみかんであることを判断して得ることができた．買うという判断は視覚を通しての「データ」で 7, 8 個のみかんと 350 円の値札であり，また，視覚を通しての「情報」で色つやの良いということであった．ここでの会話における「情報」，「データ」は補完的な役割で，それがゆえに自動販売機に置き換わることができる．しかし，調理を必要な食材の場合には，その調理のやり方などを聞いたり確認したいことがあり，それができる場合のみ購入することになる場合もある．

人の日常生活の中においてもともと「情報」，「データ」は満ち満ちている．「情報」，「データ」としてそれぞれ定義をすることは人の行動において余計なおせっかいかもしれない．1 人ひとりや多くの人すなわち群衆としての行動の仕方の解析において，またそれらのコンピュータ処理を施すために，「情報」，「データ」の定義と区別が必要になっている．これらは統計的手法により処理されるが，必ずしも個別の実態に適格に対応しているものでないということを知り，また，コンピュータ処理の結果も人間が設定した条件に基づくもので常に正しいとは限らないことをわかっておく必要がある．

1.2　2 進数

我々は日常の生活では 10 進数を使っている．しかし，コンピュータの内部で取り扱う数字やデータは 2 進数もしくは 2 進数に基づく 2 進化 10 進数である．これは，当然のように思えるかもしれないが，2 進数をコンピュータ開発者が使えるようになるのには並大抵のことではなかった．1940 年代リレーや真空管のような 2 進数と相性の良い 2 値の素子を使いながら，ハードウェアでの 2 進数の取扱いができていなかった [2]．10 進数の 1 桁を表す，すなわち 10 個の数字を表すのに 10 ビットを使っていた．

2 進数なら 10 ビットで 1024 の数値を表すことができるのに，ただでさえハードウェアの開発が大変な時期に効率の悪い方式は，開発実現の可否に直接つながる．デジタル技術の担い手

であるリレーや真空管の性格に合わせた使い方で新たなコンピュータ開発を目指すべきであった．その新たな考えと技術の 1 つが 2 進数と 2 値論理であった．その当時ほとんどの開発が歯車の呪縛から脱することができず，ひたすら歯車の模倣に終始していた．しかし，幾つかの開発や研究は 2 進数を使うコンピュータや暗号解読機などで取り組まれ，そのうちの 1 つの 1949 年に開発されたウィルクスによる EDSAC が世界初のプログラム内蔵方式コンピュータを実現した [3]．このコンピュータのハードウェアは 2 進数の論理回路で構成されている．これはジョージ・ブールによるブール代数により，論理回路を完全に論理式に置き換えその設計精度を高めた．

論理の最小単位はビット (bit) と呼ばれ 0 と 1 の 2 つの値をとる．2 値論理やバイナリ論理と呼ばれる．このビットを幾つか使うことにより，いわゆる 2 進数を構成する．
bit は biNary digit の略されたもので，2 進数の 1 桁を表す

    biNary: 2 つの，2 進数の

    digit:指，桁，アラビア数字 1〜10 を表す (数を指で数えた)

1 つのビットで 0,1 2 つの値

2 つのビットで 00, 01, 10, 11 4 つの値

3 つのビットで 000, 001, 010, 011, 100, 101, 110, 111 8 つの値

これは，1 つのビット，1 ビットで 2 つの値を表すことができる．$2^1 = 2$ のことである．

2 ビットでは $2^2 = 4$ であり，4 つの値を表すことができる．

3 ビットでは $2^3 = 8$ であり，8 つの値を表すことができる．

次に，4 ビット以降 8 ビットまで示す．

4 ビットでは $2^4 = 16$ であり，16 ヶの値を表すことができる．

5 ビットでは $2^5 = 32$ であり，32 ヶの値を表すことができる．

6 ビットでは $2^6 = 64$ であり，64 ヶの値を表すことができる．

7 ビットでは $2^7 = 128$ であり，128 ヶの値を表すことができる．

8 ビットでは $2^8 = 256$ であり，256 ヶの値を表すことができる．

8 ビットで 256 の数字を表すことができる．

8 ビットを 1 まとめにし，1 バイト (byte) と呼ぶ．特にコンピュータやマイクロプロセッサの内部のメモリやレジスタはバイト単位で構成される場合が多い．具体的には 1 バイト，2 バイト，4 バイト，8 バイトや 16 バイトなどである．

また，マイクロプロセッサはデータメモリやレジスタのビット幅で呼ばれる場合が多い．
4 ビットの場合は 4 ビットマイクロプロセッサ (マイコン)，8 ビットの場合は 8 ビットマイクロプロセッサ (マイコン)，16 ビットの場合は 16 ビットマイクロプロセッサ (マイコン) また 32 ビットの場合は 32 ビットマイクロプロセッサ (マイコン) などである．

1.3 数値の表記法

2 進数 4 ビットの数値を 10 進数で表した場合，16 進数で表した場合と 10 進数の序数で表した場合の一覧を表 1.1 に示す．一般に使う序数は順序数を簡略にしたものである．順序数とは

表 1.1 4ビットデータを 2 進数，10 進数，16 進数と序数で表した一覧表

4ビットデータ	2進数	10進数	16進数	序数
0000	0	0	0	1つ目
0001	1	1	1	2つ目
0010	10	2	2	3つ目
0011	11	3	3	4つ目
0100	100	4	4	5つ目
0101	101	5	5	6つ目
0110	110	6	6	7つ目
0111	111	7	7	8つ目
1000	1000	8	8	9つ目
1001	1001	9	9	10ヶ目
1010	1010	10	A	11ヶ目
1011	1011	11	B	12ヶ目
1100	1100	12	C	13ヶ目
1101	1101	3	D	14ヶ目
1110	1110	14	E	15ヶ目
1111	1111	15	F	16ヶ目

表 1.2 2 進数 4, 8, 16, 24, 32 ビットの表すことができる数の総数 L，最大値 M，最小値 S

2進数	4ビット	8ビット	16ビット	24ビット	32ビット
総数 L	16	256	65536	16777216	4294967296
最大値 M	15	255	65535	16777215	4294967295
最少値 S	0	0	0	0	0

物の順序を示す．自然数には，物の順序を示す機能と，物の個数を示す機能とがある [1]．

上記は 4 ビットデータで正の値を表す場合の，2 進数，10 進数，16 進数と序数の対比表である．4 ビットでは 16 の数字を表すことができ，そのときの数字の大きさは 0 から 15 である．8 ビットでは 256 の数字を表すことができ，そのときの数字の大きさは 0 から 255 である．

N ビットの 2 進数が正の値を表すとした時の，それらが表すことができる数字の総数 (L とする) と表すことができる数の最大値 (M とする) は次の式で示される．

$$L = 2^N$$
$$M = 2^N - 1$$

2 進数が 4 ビット，8 ビット，16 ビット，24 ビット，32 ビットで，表すことができる数の総数 L，最大値 M と最小値を表 1.2 に示す．

1.4 2 進数，8 進数，10 進数，12 進数，16 進数

我々が日常使っているのは 10 進数である．10 進数は人の指の数によりものの数を数えだしたために確立されたと言われている．また現在も指は数を数えるのに使われている．10 進数は人間と深い関係がある進数である．ある地域では 8 進数を歴史的に使い続けている種族がある．これもやはり人の指に関わるが，指の数ではなく指と指の間の谷を数えるので 8 進数になった

と考えられている．また，現在のメキシコのマヤ文明では紀元前2000年以上前より20進数を用い0も存在していた．ひょっとすると我々は8進数や20進数を使っていた可能性もある．8進数や16進数は2進数と親和性が高く，また12進数も数学的に優れた進数である．そういうことで10進数が絶対的なものでないと考えられる．

　また，10進数以外の進数も身の回りでいろいろ使われていることに気が付く．1ダースは今でも鉛筆やビールの個数に使われる．時間も午前，午後が各12時間．1年は12ヵ月である．これらは12進数で1年の月の満ち欠けの回数からの生まれた進数である．1分は60秒，円周は360°も12進数からの展開といわれている．1斤は16両，これは16進数である．中国のそろばんは16進数と10進数の共用である．

　ここで進数の一般形を考え10進数との関係を明らかにしていく．それにはまず進数の事例を示し，桁すなわち位取りを明らかにする．

10進数4桁の7318は(1.1)式のように示すことができる．

$$7318 = 7 \times 10^3 + 3 \times 10^2 + 1 \times 10^1 + 8 \times 10^0 \tag{1.1}$$

また，2進数4桁の1001は(1.2)式のように示すことができる．

$$1001 = 1 \times 2^3 + 0 \times 2^2 + 0 \times 2^1 + 1 \times 2^0 \tag{1.2}$$

また，16進数4桁の89ABは(1.3)式次のように示すことができる．

$$89AB = 8 \times 16^3 + 9 \times 16^2 + A \times 16^1 + B \times 16^0 \tag{1.3}$$

(1.1)式で10^3，10^2，10^1，10^0などの10を基数(radix,base)という．

　7318は「4桁の10進数」と呼ばれ，他の進数と区別する必要のあるときは「$7318_{(10)}$」や「$7318_{(10)}$」や「10進数7318」の書き方をする．

　(1.2)式で2^3，2^2，2^1，2^0などの2を同じく基数という．

　2進数で表す1001は「4桁の2進数」と呼ばれ，他の進数と区別する必要のあるときは「$1001_{(2)}$」や「$1001_{(2)}$」や「2進数1001」の書き方をする．

　(1.3)式で16^3，16^2，16^1，16^0などの16を同じく基数という．

89ABは「4桁の16進数」と呼ばれ，他の進数と区別する必要のあるときは「$89AB_{(16)}$」や「$89AB_{(16)}$」や「16進数89AB」の書き方をする．

　各進数の名前はこれらの基数を借りて名前にしている．すなわち，(1.1)式のように基数が10の場合は「10進数」，(1.2)式のように基数が2の場合は「2進数」と呼ぶ，(1.3)式のように基数が16の場合は「16進数」と呼ぶ．

　4桁の10進数，2進数と16進数については以上に示したが，以下に正の整数n桁r進数について一般形を(1.4)式に示す．また，正の小数n桁r進数について一般形を(1.5)式に示す．小数点は，左端に配した．ここで，rは基数(radix,base)で正の整数，係数A_jは正の整数で$0 \leq A_j < r$とする．

$$A_{n-1}A_{n-2}\cdots\cdots A_2A_1A_0 = A_{n-1}r^{n-1} + A_{n-2}r^{n-2} + \cdots + A_2r^2 + A_1r^1 + A_0r^0 \tag{1.4}$$

$$A_{n-1}A_{n-2}\cdots\cdots A_2A_1A_0 = A_{n-1}r^{-1} + A_{n-2}r^{-2} + \cdots + A_2r^{n-2} + A_1r^{n-1} + A_0r^n \tag{1.5}$$

(1.1) 式において，10 進数表示の 7318 は右から 4 桁目は $10^3(=1000)$ の位取り (重み) がされ，3 桁目は $10^2(=100)$ の位取りが，2 桁目は $10^1(=10)$ の位取りが，1 桁目は $10^0(=1)$ の位取りがされていることがわかる．同じく (1.2) 式において，2 進数表示の $1001_{(2}$ は右から 4 桁目は $2^3(=8_{(10)})$ の位取り (重み) がされ，3 桁目は $2^2(=4_{(10)})$ の位取りが，2 桁目は $2^1(=2_{(10)})$ の位取りが，1 桁目は $2^0(=1)$ の位取りがされていることがわかる．

そして，(1.2) 式の左辺は 2 進数表示の $1001_{(2}$ であるが，右辺は 10 進数表示の各桁の値を示し，その合計は 2 進数表示の $1001_{(2}$ の 10 進数表示であることがわかる．すなわち，

(1.2) 式の右辺; $1 \times 2^3 + 0 \times 2^2 + 0 \times 2^1 + 1 \times 2^0 = 8 + 0 + 0 + 1 = 9$

すなわち 2 進数表示の $1001_{(2}$ は 10 進数の 9 になる．

同じく，(1.3) 式において，16 進数表示の $89AB_{(16}$ は右から 4 桁目は $16^3(=4096_{(10)})$ の位取り (重み) がされ，3 桁目は $16^2(=256_{(10)})$ の位取りが，2 桁目は $16^1(=16_{(10)})$ の位取りが，1 桁目は $16^0(=1)$ の位取りがされていることがわかる．

そして，(1.3) 式の左辺は 16 進数表示の $89AB_{(16}$ であるが，右辺は 10 進数表示の各桁の値を示し，その合計は 16 進数表示の $89AB_{(16}$ の 10 進数表示であることがわかる．

すなわち，(1.3) 式の右辺；

$$\begin{aligned}
8 \times 16^3 + 9 \times 16^2 + A \times 16^1 + B \times 16^0 &= 8 \times 16^3 + 9 \times 16^2 + 10 \times 16^1 + 11 \times 16^0 \\
&= 8 \times 4096 + 9 \times 256 + 10 \times 16 + 11 \times 1 \\
&= 32768 + 2304 + 160 + 11 \\
&= 35243
\end{aligned}$$

すなわち 16 進数表示の $89AB_{(16}$ は 10 進数の 35243 になる．

例題演習 1.2; 次の数字を 10 進数ではいくつの数字になるか示して下さい．
(1) 2 進数 10010 (2) 16 進数 7387A (3) 8 進数 1234567 (4) 12 進数 89AB

解答;
(1) 2 進数 $10010 = 1 \times 2^4 + 0 \times 2^3 + 0 \times 2 + 1 \times 2^1 + 0 \times 2^0 = 16 + 0 + 0 + 2 + 0 = 18$
(2) 16 進数 $7318A = 7 \times 16^4 + 3 \times 16^3 + 1 \times 16^2 + 8 \times 16^1 + 10 \times 16^0 = 1224074$
(3) 8 進数 $1234567 = 1 \times 8^6 + 2 \times 8^5 + 3 \times 8^4 + 4 \times 8^3 + 5 \times 8^2 + 6 \times 8^1 + 7 \times 8^0 = 342423$
(4) 12 進数 $AB = 10 \times 121 + 11 \times 120 = 120 + 11 = 131$

1.5 各進数の関係

現在我々が日ごろ使っている 0, 1, 2, 3 はアラビア数字と呼ばれているが，インドで起こった数字でインド数字とも呼ばれることもある．漢字の一，二，三，四はアラビア数字を翻訳し発展したものであるし，ローマ数字は I，II，III，IV，V，VI と表され，I=1, V=5, X=10 に対して左右の値で加算したり減算したりで数字を形づくる．

進数を考える場合，10 までの進数は問題がないが 10 以上の進数の場合，例えば 10 進数で 11 を 1 桁で表すことが必要である．アラビア数字は，0 から 9 までの 10 個の数字はあるが，1 桁で 9 以上の数字はアラビア数字では存在しない．それで，現在はアルファベット文字 ABCDEF を順番に適応させることが行われている．それで，16 進数では 10 進数の 10 から 15 を A,B,C,D,E.F と対応させる．

例題演習 1.3; 2 進数から 16 進数までの進数で 10 進数の 0 から 20 までの値を示して下さい．
解答; 表 1.3 に示す．

表 **1.3** 10 進数 0 から 20 までの値の 2 進数から 16 進数までの進数による値一覧

2 進数	3	4	5	6	7	8	9	10	11	12	13	14	15	16
0	0	0	0	0	0	0	0	0	0	0	0	0	0	0
1	1	1	1	1	1	1	1	1	1	1	1	1	1	1
10	2	2	2	2	2	2	2	2	2	2	2	2	2	2
11	10	3	3	3	3	3	3	3	3	3	3	3	3	3
100	11	10	4	4	4	4	4	4	4	4	4	4	4	4
101	12	11	10	5	5	5	5	5	5	5	5	5	5	5
110	20	12	11	10	6	6	6	6	6	6	6	6	6	6
111	21	13	12	11	10	7	7	7	7	7	7	7	7	7
1000	22	20	13	12	11	10	8	8	8	8	8	8	8	8
1001	100	21	14	13	12	11	10	9	9	9	9	9	9	9
1010	101	22	20	14	13	12	11	10	A	A	A	A	A	A
1011	102	23	21	15	14	13	12	11	10	B	B	B	B	B
1100	110	30	22	20	15	14	13	12	11	10	C	C	C	C
1101	111	31	23	21	16	15	14	13	12	11	10	D	D	D
1110	112	32	24	22	20	16	15	14	13	12	11	10	E	E
1111	120	33	30	23	21	17	16	15	14	13	12	11	10	F
10000	121	100	31	24	22	20	17	16	15	14	13	12	11	10
10001	122	101	32	25	23	21	18	17	16	15	14	13	12	11
10010	200	102	33	30	24	22	20	18	17	16	15	14	13	12
10011	201	103	34	31	25	23	21	19	18	17	16	15	14	13
10100	202	110	100	32	26	24	22	20	19	18	17	16	15	14

今までは 10 進数に慣れ親み進数への意識が無かったが，表 1.3 を例題演習 1.3 により作成して，10 進数以外の進数への違和感が少しでも減ったことに期待する．表 1.3 を周囲深く見る．各進数とも 1 番はじめの数字は全ての進数で 0 である．2 番目の数字，すなわち 10 進数で 1 は同じく全ての進数で 1 である．3 番目の数字，すなわち 10 進数で 2 は，2 進数のみ桁上がりが発生し 10 であり，他の進数は全て 2 である．4 番目の数字，すなわち 10 進数で 3 は，2 進数は 11 であり，3 進数のみ桁上がりが発生し 10 であり，残りの他の進数は全て 3 である．続いて順次 1 つづつ増加させていくと，m 番目の数字では "$m-1$" 進数が桁上げを起し 2 桁の数字になり，m 進数以上では全て m である．

次いで，10 進数で 7 である行を見ると大きい進数から 8 進数までは全て 7 であり，7 進数以降右に向って 10, 11, 12, 13 と進み 3 進数では 21, 2 進数で 111 となる．さらに，10 進数で

18 の値の行では，16 進数では 12，以降右側へ 1 つづつ進数を減らすごとに 13, 14, 15, 16, 17, 18 と 10 進数で，さらに 9 進数では 20, 8 進数で 22, 7 進数では 24, 6 進数では 30, 5 進数では 33, 4 進数では 102, 3 進数では 200, 2 進数では 10010 である．

例題演習 1.4; 表 1.3 において，10 進数で 18 の値の行では，16 進数では 12，以降右側へ 1 つづつ進数を減らすごとに 13, 14, 15, 16, 17, 18 と 10 進数でさらに 9 進数では 20, 8 進数では 22, 7 進数では 24, 6 進数では 30, 5 進数では 33, 4 進数では 102 になる理由を述べてください．

解答; 表 1.3 は左から右に進数が 1 つづつ増加されて行く．問題のように 10 進数で 18 の値の行では 16 進数では 12 で 1 回の桁上げがなされ 2 桁の数値である．16 進数の 12 に比べ 15 進数では 2 桁への桁上げが 1 つ早く起こるため 1 つ大きい値である 13 になる．同様に 10 進数まで進数の数を 1 つ減らすごとに 14, 15, 16, 17, 18 の値になる．次の 9 進数では，2 桁目へに 2 回の桁上げが起こるため，20 となり 8 進数では 22, 7 進数では 24 となる．同じく次の 6 進数では 2 桁目へに 3 回の桁上げが起こるため 30 となり，5 進数では 33 となる．次の 4 進数では 3 桁目への桁上げが起こるため 102 になる．

例題演習 1.5; 表 1.3 において，10 進数で 18 の値の行では全ての進数の値は 10 進数では 18 の値であることを確認して下さい．

解答; (1.4) 式により 16 進数より順に 18 の値であることが表 1.4 により確認できた．

表 1.4 10 進数で 18 の値の各進数から 10 進数への変換例

進数	演算			
16	$12 = 1 \times 16^1 + 2 \times 16^0$	$= 1 \times 16 + 2 \times 1$	$= 16 + 2$	$= 18$
15	$13 = 1 \times 15^1 + 3 \times 15^0$	$= 1 \times 15 + 3 \times 1$	$= 15 + 3$	$= 18$
14	$14 = 1 \times 14^1 + 4 \times 14^0$	$= 1 \times 14 + 4 \times 1$	$= 14 + 4$	$= 18$
13	$15 = 1 \times 13^1 + 5 \times 13^0$	$= 1 \times 13 + 5 \times 1$	$= 13 + 5$	$= 18$
12	$16 = 1 \times 12^1 + 6 \times 12^0$	$= 1 \times 12 + 6 \times 1$	$= 12 + 6$	$= 18$
11	$17 = 1 \times 11^1 + 7 \times 11^0$	$= 1 \times 11 + 7 \times 1$	$= 11 + 7$	$= 18$
10	$18 = 1 \times 10^1 + 8 \times 10^0$	$= 1 \times 10 + 8 \times 1$	$= 10 + 8$	$= 18$
9	$20 = 2 \times 9^1 + 0 \times 9^0$	$= 2 \times 9 + 0 \times 1$	$= 18 + 0$	$= 18$
8	$22 = 2 \times 8^1 + 2 \times 8^0$	$= 2 \times 8 + 2 \times 1$	$= 16 + 2$	$= 18$
7	$24 = 2 \times 7^1 + 4 \times 7^0$	$= 2 \times 7 + 4 \times 1$	$= 14 + 4$	$= 18$
6	$30 = 3 \times 6^1 + 0 \times 6^0$	$= 3 \times 6 + 0 \times 1$	$= 18 + 0$	$= 18$
5	$33 = 3 \times 5^1 + 3 \times 5^0$	$= 3 \times 5 + 3 \times 1$	$= 15 + 3$	$= 18$
4	$102 = 1 \times 4^2 + 0 \times 4^1 + 2 \times 4^0$	$= 1 \times 16 + 0 \times 4 + 2 \times 1$	$= 16 + 0 + 2$	$= 18$
3	$200 = 2 \times 3^2 + 0 \times 3^1 + 0 \times 3^0$	$= 2 \times 9 + 0 \times 3 + 0 \times 1$	$= 18 + 0 + 0$	$= 18$
2	$10010 = 1 \times 2^4 + 0 \times 2^3 + 0 \times 2^2 + 1 \times 2^1 + 0 \times 2^0$			
	$= 1 \times 16 + 0 \times 2 + 0 \times 2 + 1 \times 2 + 0 \times 1 = 16 + 0 + 0 + 2 + 0$			$= 18$

各進数から 10 進数への変換は (1.4) 式への適応で可能である．(1.4) 式を参照．(1.4) 式において，左辺の $A_{n-1}A_{n-2} \ldots A_2 A_1 A_0$ は r を基数する時 r 進数の値であり，これが求める数字である．また，(1.4) 式において，右辺の $A_{n-1}r^{n-1} + A_{n-2}r^{n-2} + \cdots + A_2 r^2 + A_1 r^1 + A_0 r^0$ は r を基数する時 r 進数の 10 進数表示である．ゆえに，各進数はこの左辺と等しく，求まる

$A_{n-1}A_{n-2}\ldots A_2A_1A_0$ の値が各進数である．

ここでは，10 進数の 18 を 2 進数，7 進数と 16 進数に変換を示す．

まず 2 進数の場合，(1.4) 式は次のように示すことができる．

$A_4 2^4 + A_3 2^3 + A_2 2^2 + A_1 2^1 + A_0 2^0 = 18$ ただし $A_4 A_3 A_2 A_1 A_0 (A_J)$ は 0 または 1

2 進数 5 桁の数字の最大値は 31 であるので，10 進数 18 の場合に対応できる．

ここから，2 つの方式で解く．

第 1 の方式；

$$A_4 2^4 + A_3 2^3 + A_2 2^2 + A_1 2^1 + A_0 2^0 = 18$$

左右を 2 で割る．　　　左辺 $= A_4 2^3 + A_3 2^2 + A_2 2^1 + A_1 2^0$　余り A_0

　　　　　　　　　　　右辺 $= 18 \div 2 = 9$　　　　　　　　　　余り 0

ゆえに $A_0 = 0$，$A_4 2^3 + A_3 2^2 + A_2 2^1 + A_1 2^0 = 9$

引続き左右を 2 で割る．左辺 $= A_4 2^2 + A_3 2^1 + A_2 2^0$　　　余り A_1

　　　　　　　　　　　右辺 $= 9 \div 2 = 4$　　　　　　　　　　　余り 1

ゆえに $A_1 = 1$，$A_4 2^2 + A_3 2^1 + A_2 2^0 = 4$

引続き左右を 2 で割る．左辺 $= A_4 2^1 + A_3 2^0$　　　　　　　余り A_2

　　　　　　　　　　　右辺 $= 4 \div 2 = 2$　　　　　　　　　　　余り 0

ゆえに $A_2 = 0$，$A_4 2^1 + A_3 2^0 = 2$

引続き左右を 2 で割る．左辺 $= A_4 2^0$　　　　　　　　　　　　余り A_3

　　　　　　　　　　　右辺 $= 2 \div 2 = 1$　　　　　　　　　　　余り 0

ゆえに $A_3 = 0$，$A_4 2^0 = 1$

$A_4 2^0 = A_4 \times 1 = 1$

ゆえに $A_4 = 1$

まとめると，$A_4 = 1$，$A_3 = 0$，$A_2 = 0$，$A_1 = 1$，$A_0 = 0$

10 進数の 18 は $1 \times 2^4 + 0 \times 2^3 + 0 \times 2 + 1 \times 2^1 + 0 \times 2^0$ で表すことができる．2 進数表示では 10010 になる．

第 2 の方式；

第 1 の方式同様次の式において $A_4 2^4 + A_3 2^3 + A_2 2^2 + A_1 2^1 + A_0 2^0 = 18$ である．A_4，A_3，A_2，A_1，A_0 の各値を A_4 より順に決めていく．$2^4 = 16$ であるので，$A_4 = 1$ である．$A_3 2^3 + A_2 2^2 + A_1 2^1 + A_0 2^0 = 2$ になる．同様に，$2^3 = 8$ であるので，$A_3 = 0$ である．$A_2 2^2 + A_1 2^1 + A_0 2^0 = 2$ になる．同様に，$2^2 = 4$ であるので，$A_2 = 0$ である．$A_1 2^1 + A_0 2^0 = 2$ になる．同様に，$2^1 = 2$ であるので，$A_2 = 1$ である．$A_0 2^0 = 0$ になので，$A_0 2^0 = 0$ である．それで，第 1 の方式と同じく，$A_4 = 1$，$A_3 = 0$，$A_2 = 0$，$A_1 = 1$，$A_0 = 0$

10 進数の 18 は $1 \times 2^4 + 0 \times 2^3 + 0 \times 2^2 + 1 \times 2^1 + 0 \times 2^0$ で表すことができる．

2 進数表示では 10010 になる．

次いで，7 進数の場合，7 進数の 1 桁で示せる値の範囲は 0～6 である．そして，数字の総数は 7 である．

7 進数の 2 桁の最大値は 7 進数 66 で示せる値の範囲は 0～66 で 10 進数では 0～66 で 49 の数

字であるので，10進数の18の値は7進数2桁で十分表せる．
それで，次のような式がなりたつ．
$A_1 7^1 + A_0 7^0 = 18$
2進数と同様にA_1, A_0を求める．
左右を7で割る．左辺 $= A_1 7^0$　　　余り A_0
　　　　　　　　　右辺 $= 18 \div 7 = 2$　余り 4
ゆえに $A_0 = 4$, $A_1 7^0 = 2$
$7^0 = 1$であるので，$A_1 = 2$
10進数の18は $2 \times 7^1 + 4 \times 7^0$ で表すことができる．
7進数表示では24になる．
次いで，16進数の場合は16進数の1桁で示せる値の範囲は0〜F(=15)である．そして，16進数の2桁で示せる値の範囲は00〜FF(=255)である．それで，10進数の18の値は16進数2桁で十分表せるので，次のような式がなりたつ．
$A_1 16^1 + A_0 16^0 = 18$
2進数7進数と同様にA_1, A_0を求める．
左右を16で割る．左辺 $= A_1 16^0$　　　余り A_0
　　　　　　　　　右辺 $= 18 \div 16 = 1$　余り 2
ゆえに $A_0 = 2$, $A_1 16^0 = 1$
$16^0 = 1$であるので，$A_1 = 1$
10進数の18は $1 \times 16^1 + 2 \times 16^0$ で表すことができる．16進数表示では12になる．

演習問題

設問1 人類が数という観念を持ち，数を数えはじめたのはなぜか．自身の推測と考えをまとめ論じなさい．

設問2 コンピュータ，通信と制御の人間との関わりとはなにか．自身の推測と考えをまとめ論じなさい．

設問3 次の数字ではいくつの数字を表すことができるか示せ．
(1) 2進数9ビット (2) 2進数10ビット (3) 2進数11ビット (4) 2進数12ビット

設問4 次の数字で表すことができる総数L，最小値Sと最大Mの値を示せ．
(1) 2進数13ビット (2) 2進数14ビット (3) 2進数15ビット (4) 2進数16ビット

設問5 次の各進数の値を10進数に変換しなさい．
(1) $AB_{(16)}$ (2) $10011101_{(2)}$ (3) $7135_{(8)}$ (4) $1AB72_{(12)}$ (5) $8271_{(9)}$ (6) $4321_{(5)}$

設問6 10進数18の値は，次の各進数ではどのような値になるか，その値を求めよ．但し，1章5項に示す2つの方法のどちらか一方を使うこと．
(1) 3進数 (2) 4進数 (3) 5進数 (4) 6進数 (5) 8進数 (6) 9進数 (7) 11進数 (8) 12進数 (9) 14進数 (10) 15進数

設問7 10進数318の値は，次の各進数ではどのような値になるか，その値を求めよ．ただし，1章5項に示す2つの方法のどちらか一方を使うこと．
(1) 2進数 (2) 3進数 (3) 4進数 (4) 5進数 (5) 7進数 (6) 8進数 (7) 9進数 (8) 11進数 (9) 14進数 (10) 15進数

設問8 示す値を次の進数に変換しなさい．
(1) $1024_{(7)}$ 11進数 (2) $CE_{(15)}$ 3進数 (3) $73EF_{(16)}$ 8進数，4進数，2進数 (4) $101011101_{(2)}$ 16進数，8進数，4進数

参考文献

[1] 情報，データ：広辞苑 第六版 新村出編 岩波書店 2008.1.11.

[2] H.H. Goldstine and A. Goldstain "The Electronic Numerical Integrator and Computer (ENIAC)" 1946.

[3] M.V. Wilkes, D.J. Wheeler, S. Gill "The Preparration of Programs for an Electronic Digital Computer," Addison-Wesley,1951.

参考図書

[1] 中澤喜三郎:"計算機アーキテクチャと構成方法",朝倉書店
[2] 佐藤達男:"電子計算機",オーム社,第3刷,(1967)
[3] 水野忠則:"コンピュータネットワーク概論第2版",ピエゾン・エュケーション
[4] 示村悦治:"自動制御とはなにか",コロナ社
[5] Maurice V. Wilks 中村信江 中村明:ウィルクス自伝 "Memories of a Computer Pioneer" 丸善株式会社 (1992)

第2章
数値の表記

□ 学習のポイント

　1940年代のコンピュータ技術者は2進数の存在を知り，それを自身のコンピュータの設計開発に積極的に取り入れた者が，初めてプログラム内蔵式のコンピュータを実現することができた．それは1949年ウィルクスによるEDSACである．それほど，1940年代のコンピュータにとりハードウェア開発が困難であり，数値の扱い方1つでハードウェアを大きく増すことになり，それがコンピュータ開発を可能にするかどうかのぎりぎりの境界であった．このように数値の考え方と取扱方法は，今度はコンピュータを使う側と学ぶ側にとって重要なことになる．この章ではこれらを説明して行く．

- 正と負の数字を同時に取り扱う幾つかの方式の特質を理解する．
- コンピュータの演算器での演算は人が紙の上で行う演算とは異なることを理解する．
- 現在は使わずとも，2の補数を使う引き算は論理的に理解することは有効である．

□ キーワード

正の数字，負の数字，2進数，2の補数，2進化10進数，文字の表記法

2.1　正の数字，負の数字

　これまでは，正の数字における各進数について説明してきた．少し拡張して，正の数字と負の数字を同時に取り扱う方法について説明する．すなわち，決められたビット幅にこれら正の数字と負の数字をどのようにコード化することであり，基本的な方式として次の3つを示す．

1) 符号と絶対値
2) 2の補数; 正の値はそのままの値を使用．負の値は2の補数値を使用．
3) 1の補数; 正の値はそのままの値を使用．負の値は1の補数値を使用．

　これらの基本的な方式による4ビットコード化一覧を表2.1に示す．表2.1において，符号と絶対値での正と負の数字で表す方法では，その長所は直観的にわかり易く正の値と負の値のコードを対称形にすることができる．これは補数の活用を含め2進数の加算減算がよく認識していなかった頃に使われた．この短所は数字としての0が+0と−0が存在することで，これらを表す2つのコードが数0であることの確認が数値演算の中で適時必要になり，演算実行上

表 2.1　正の数字と負の数値の 4 ビットコード化一覧

2進数	正の整数	符号と絶対値	2の補数値	1の補数値
0000	0	+0	0	+0
0001	1	+1	+1	+1
0010	2	+2	+2	+2
0011	3	+3	+3	+3
0100	4	+4	+4	+4
0101	5	+5	+5	+5
0110	6	+6	+6	+6
0111	7	+7	+7	+7
1000	8	−0	−8	−7
1001	9	−1	−7	−6
1010	A	−2	−6	−5
1011	B	−3	−5	−4
1100	C	−4	−4	−3
1101	D	−5	−3	−2
1110	E	−6	−2	−1
1111	F	−7	−1	−0

不具合 (バグ:bug) の発生が多くなる可能性を持つ．また，加算と減算において数字の符号を意識する必要があり，また有効数字範囲からの食み出しの判断も 2 の補数や 1 の補数に比べ多く必要になる．

　2 の補数で負の値を表す方法では，この短所は正の値より負の値が 1 つ多くなり正と負の数字の対称性を損ねる．また，最上位ビットの値で正の数字か負の数字かの判断容易であるが，1 の補数の場合と同じくそれらの絶対値に共通性がない．しかし，その長所は正負合わせて 0 が 1 つであり，負の数を補数で表しているので当然であるが減算が容易であり，正負の数字を意識することなく加算と減算が可能である．現在最もよく使われている正と負の数字の表し方は，負の数字に 2 の補数値を使う方法である．

　1 の補数で負の値を表す方法では，符号と絶対値の場合と同じく，この短所は数字としての 0 が +0 と −0 が存在することで，これらを表す 2 つのコードが数 0 であることの確認が数値演算の中で適時必要になり，バグの発生が多くなる．しかし，現代に比べ 1950 年代のハードウェアの機能が低くまた，製造費用が高いときには加算器で減算の演算を実施する際には 1 の補数で負の値を表す方法は大いに活用された．1 の補数はハードウェアとしても簡易な反転回路 (インバータ回路) で可能であり，補数による加算後 2 の補数でなく 1 の補数のためさらに 1 の加算を実施し最終的に減算を実現する．

　正と負の値をもつ 4 ビットの 2 つの値 A と B の加算の値 S を表 2.2 に示す．負の値は 2 の補数を使う．すなわち，これら A, B, S の関係は (2.1) 式になる．

$$A + B = S \tag{2.1}$$

表 2.2 は，4 ビットの取り得る全ての値における (2.1) 式の値 S を示したものである．演算する値は 4 ビットと小さいが 8, 16, 32 や 64 ビットであっても以下に示す特性は全く同一である．

　表 2.2 において，水平軸を A 軸，垂直軸を B 軸とする．中心から A 軸は右方向にプラスの値

表 2.2 2つの4ビット値の加算結果一覧; 負数は2の補数で表す. 2つの4ビット値 $A+B$ (正, 正), (正, 負), (負, 正), (負, 負) を一から四象限までに示す. 各数値は演算結果であり, 括弧を付けた数値 (数値) は異常演算を表す. コンピュータの演算器としては, オーバーフローフラグ (V フラグ) を設けその値を1にすることにより異常演算の検出を可能にしている.

	第二象限							B 正					第一象限			
−1	0	1	2	3	4	5	6	**7**	7	(−8)	(−7)	(−6)	(−5)	(−4)	(−3)	(−2)
−2	−1	0	1	2	3	4	5	**6**	6	7	(−8)	(−7)	(−6)	(−5)	(−4)	(−3)
−3	−2	−1	0	1	2	3	4	**5**	5	6	7	(−8)	(−7)	(−6)	(−5)	(−4)
−4	−3	−2	−1	0	1	2	3	**4**	4	5	6	7	(−8)	(−7)	(−6)	(−5)
−5	−4	−3	−2	−1	0	1	2	**3**	3	4	5	6	7	(−8)	(−7)	(−6)
−6	−5	−4	−3	−2	−1	0	1	**2**	2	3	4	5	6	7	(−8)	(−7)
−7	−6	−5	−4	−3	−2	−1	0	**1**	1	2	3	4	5	6	7	(−8)
−8	−7	−6	−5	−4	−3	−2	−1	**0**	0	1	2	3	4	5	6	7
−8	**−7**	**−6**	**−5**	**−4**	**−3**	**−2**	**−1**	A 負 / A 正	**0**	**1**	**2**	**3**	**4**	**5**	**6**	**7**
(7)	−8	−7	−6	−5	−4	−3	−2	**−1**	−1	0	1	2	3	4	5	6
(6)	(7)	−8	−7	−6	−5	−4	−3	**−2**	−2	−1	0	1	2	3	4	5
(5)	(6)	(7)	−8	−7	−6	−5	−4	**−3**	−3	−2	−1	0	1	2	3	4
(4)	(5)	(6)	(7)	−8	−7	−6	−5	**−4**	−4	−3	−2	−1	0	1	2	3
(3)	(4)	(5)	(6)	(7)	−8	−7	−6	**−5**	−5	−4	−3	−2	−1	0	1	2
(2)	(3)	(4)	(5)	(6)	(7)	−8	−7	**−6**	−6	−5	−4	−3	−2	−1	0	1
(1)	(2)	(3)	(4)	(5)	(6)	(7)	−8	**−7**	−7	−6	−5	−4	−3	−2	−1	0
(0)	(1)	(2)	(3)	(4)	(5)	(6)	(7)	**−8**	−8	−7	−6	−5	−4	−3	−2	−1
	第三象限							B 負					第四象限			

0, 1, 2 をとり 7 が最大値の正の値である. また, 中心から A 軸は左方向にマイナスの値 $-1, -2$ とをとり -8 が最小値の負の値である. 今度は B 軸において, 中心から B 軸は上方向にプラスの値 0, 1, 2 をとり 7 が最大値の正の値である. また, 中心から B 軸は下方向にマイナスの値 $-1, -2$ とをとり -8 が最小値の負の値である.

　正と負の値を持つ整数の加算の特性を以下示す. 表 2.2 の第 I 象限は, A 軸, B 軸とも 0~7 の正の値で加算の結果を表している. また, ( ) で数字を示しているのが異常計算であることを示す. この異常計算とは, 「4 ビットで表す正と負の値」の範囲を超えることをいう. 例えば正の最大値は 7 であるが, これに 1 を加算すると -8 になる. 最大値の 7 を超えたため, 「4 ビットで表す正と負のコード」では正しい値である 8 を表す手段がない. ハードウェアの演算結果の -8 の値が誤りであるということを表す手段は既に「4 ビットで表す正と負のコード」には

表 2.3 正と負の値を持つ数の最小値，最大値，-1 の値，0 の値
（ただし，負数は 2 の補数で表す）

データ長	最小値	-1 の値	0 の値	最大値
4 ビット	$-8(1000)_{(2)}$	$-1(1111)_{(2)}$	$0(0000)_{(2)}$	$7(0111)_{(2)}$
8 ビット	$-128(1000\ 0000)_{(2)}$	$-1(1111\ 1111)_{(2)}$	$0(0000\ 0000)_{(2)}$	$127(0111\ 1111)_{(2)}$
16 ビット	$-32768(8000)_{(16)}$	$-1(FFFF)_{(16)}$	$0(0000)_{(16)}$	$32767(7FFF)_{(16)}$
32 ビット	-2147483648 $(8000\ 0000)_{(16)}$	$-1(FFFF\ FFFF)_{(16)}$	$0(0000\ 0000)_{(16)}$	2147483647 $(7FFF\ FFFF)_{(16)}$

なく，ハードウェアは新たなフラグを用意する．このフラグは加算の結果最大値の 7 の値もしくは最小値の -8 の値を越えたかどうかを示すため，オーバフローフラグ (V フラグ) と名付けられている．ゆえに，正と負の値を持つ整数の加算の実行ごとにこの V フラグの値の確認がソフトウェアにより必要になる．

同じようにオーバフローを起こす象限は第 III 象限で，A 軸，B 軸とも $-1 \sim -8$ の負の値で加算の結果を表に示されている．加算された値は -8 から $+7$ で 4 ビットの全ての値を持つ．第 II，IV 象限は $0 \sim 7$ の正の値と $-1 \sim -8$ の負の値の加算で，その結果はオーバフローすることなく全て有効な演算になる．加算された値は -8 から $+6$ 値を持ち，最大値の $+7$ の値は持たないのは第 II，IV 象限において，最大値は $-1+7=6$ であり $0+7=7$ は第 I 象限に属するためである．2 の補数を持ちうる場合 0 は 1 つで正の数の方に属させて表にしたことによる．すなわち表 2.1 に示されるように，正の数のグループに 0 を入れ $0 \sim 7$ の 8 つの個数であり，負の数字は $-1 \sim -8$ の同じく 8 つの個数を持つ．もし，1 の補数を使い表 2.2 をを書くと 2 の補数を使う現在のものに比べ表としての対称性はより明確になる．しかし，-8 は表からなくなり，$+0$ の -0 の同じ数字列と行が 2 つづつ重複することになる．

正と負の値を持つ整数の加算の場合は以上示した V フラグが必要であるが，正の数 (または負の数) の加算と減算の場合は，同じくそれらの最大値または最小値を超えたことを検出するフラグとしてキャリーフラグとボローフラグが用意されている．「4 ビットで表す正と負の値」の加算の全ての演算結果の表 2.2 であるが，これは 3 ビットの正の値の場合と 3 ビットの負の値の場合のにも適応できる．

加算の場合を示す．第 I 象限は 3 ビットで表す正の値同志の加算であり，その演算結果が 7 を超えるため異常計算であるので ( ) 付きの値として表示しキャリーフラグを 1 にする．また，第 III 象限は 3 ビットで表す負の値同志の加算であり，その演算結果が -7 を超えるため異常計算であるので ( ) 付きの値として表示しボローフラグを 1 にする．

コンピュータで数値を扱う場合の重要事項の 1 つが，その数値範囲である．人が 1 つひとつの計算を手計算をする場合と異なり，コンピュータでの演算処理ではその数値範囲を超える異常計算にたいして，ソフトウェア自身が判断して処理することの為にオーバフローフラグ，キャリーフラグとボローフラグが少なくとも必要になる．

表 2.3 に正と負の値を持ち負数は 2 の補数で表す，4,8,16,32 ビットの数値の最小値，-1 の値，0 の値と最大値を示す．表 2.2 の説明における加算でオーバフローして V フラグ $=1$ が立ち異常と見なされるということは，最大値の値を上回ること及び最小値の値を下回ることである．

データ長	最小値	−1 の値	0 の値	最大値
3 ビット	$-4(100)_{(2)}$	$-1(111)_{(2)}$	$0(000)_{(2)}$	$+3(011)_{(2)}$
5 ビット	$-16(1\ 0000)_{(2)}$	$-1(1\ 1111)_{(2)}$	$0(0\ 0000)_{(2)}$	$+15(0\ 1111)_{(2)}$
7 ビット	$-64(1000\ 000)_{(2)}$	$-1(111\ 1111)_{(2)}$	$0(0000\ 0000)_{(2)}$	$+63(011\ 1111)_{(2)}$
9 ビット	$-256(100)_{(2)}$	$-1(1FF)_{(2)}$	$0(0\ 0000\ 0000)_{(2)}$	$+256(0FF)_{(2)}$

例題演習 2.1; 数値のデータ長が 3 ビット, 5 ビット, 7 ビット, 9 ビットで表すことができる連続する数字の最小値, 最大値, −1 の値と 0 の値を 10 進数と 2 進数で示してください. ただし, 正と負の値を持ち負数は 2 の補数で表すとする.

解答; 10 進数と 2 進数で示し方を $+7(0111)_{(2)}$ のように表す. $+7$ は 10 進数, $(0111)_{(2)}$ は 2 進数である. 表 2.3 と同形の表で示す.

2.2 補数

補数は整数の負の数字を表す主な方法であり, また, 加算器しか持たず減算器をもたない古いコンピュータでは引算に補数を使った. 表 1.2 の "2 の補数" で 4 ビットの数値の場合を考える. どのように正と負の数値が 4 ビットのコードに配置されるかを確かめる.

n の補数を $C(n)$ であらわす. すると, 4 ビットの数値で 1 の補数, すなわち -1 は $C(1)$ である. -2 は $C(2)$ で, -3 は $C(3)$ で, 以下同様に -8 は $C(8)$ である. さらに 10 進数から 4 ビット 2 進数に置き換える. すると, 4 ビットの数値で $0001(1)$ の補数, すなわち $-0001(-1)$ は $C(0001)$ である. $-0010(-2)$ は $C(0010)$ で, $-0011(-3)$ は $C(0011)$ で, 以下同様に $-1000(-8)$ は $C(1000)$ である.

ここで, $0001(1)$ の補数 (すなわち -0001 は $C(0001)$) を求める.
$0001 + C(0001) = 10000$ であるので,

$$C(0001) = 10000 - 0001$$
$$= 1111$$

これは $0001 + 1111 = 10000$ より両辺から 0001 を引き去ると $1111 = 10000 - 0001$ より明らかである.

すなわち $0001(1)$ の補数 (-1) は 1111.

以下, 同様に $0010(2)$ の補数 (すなわち -0010 は $C(0010)$) を求める.
$0010 + C(0010) = 10000$ $C(0010) = 10000 - 0010 = 1110$ $0010(2)$ の補数 (-2) は 1110.
$0011(3)$ の補数 (すなわち -0011 は $C(0011)$) を求める.
$0011 + C(0011) = 10000$ $C(0011) = 10000 - 0011 = 1101$ $0011(3)$ の補数 (-3) は 1101.
$0100(4)$ の補数 (すなわち -0100 は $C(0100)$) を求める.
$0100 + C(0100) = 10000$ $C(0100) = 10000 - 0100 = 1100$ $0100(4)$ の補数 (-4) は 1100.
$0101(5)$ の補数 (すなわち -0101 は $C(0101)$) を求める.

$0101 + C(0101) = 10000 \, C(0101) = 10000 - 0101 = 1011$ 0101(5)の補数(-5)は1011. 0110(6)の補数(すなわち -0110 は$C(0110)$)を求める.

$0110 + C(0110) = 10000 \, C(0110) = 10000 - 0110 = 1010$ 0110(6)の補数(-6)は1010. 0111(7)の補数(すなわち -0111 は$C(0111)$)を求める.

$0111 + C(0111) = 10000 \, C(0111) = 10000 - 0111 = 1001$ 0111(7)の補数(-7)は1001. 1000(8)の補数(すなわち -1000 は$C(1000)$)を求める.

$1000 + C(1000) = 10000 \, C(1000) = 10000 - 1000 = 1000$ 1000(8)の補数(-8)は1000.

以上で,-1 から -8 までの負の数値の表し方が決まった.

0から7までは純2進数の値とするので,0000から0111の値である.

一番小さい数字から順に16の数字(10進数)と4ビットの2進コードを示す.

-8 ;1000, -7 ;1001, -6 ;1010, -5 ;1011, -4 ;1100, -3 ;1101

-2 ;1110, -1 ;1111, 0 ;0000, $+1$;0001, $+2$;0010, $+3$;0011

$+4$;0100, $+5$;0101, $+6$;0110, $+7$;0111

したがって,表1.2の "2の補数" で4ビットの数値の場合,どのように正と負の数値が4ビットのコードに配置されるかを得た.補数は整数の負の数字を表す主な方法であり "2の補数" で負の数字を表す方法はよく使われる.純2進数4ビットでは16個の数字を表すことができ,-8 より $+7$ までの10進数値に対して,先に示した4ビット2進数コードが対応される.4ビット2進数では,-8 より $+7$ までの16個の数字のみの対応で,これらが1つの連続する数字のまとまりである(表1.2参照).-8 より小さい数字も無ければまた,$+7$ より大きい数字も存在しない.しかし,$+7(0111)$ に $+1$ にすると演算器は1000に,また $-8(1000)$ に -1 にすると演算器は0111になる.それで,これらの値を超える場合は異常演算の実行であるとして一般にはフラグ(Vフラグ)を立ててプログラム自身にあるいはプログラム設計者やコンピュータ操作者に知らせる仕組みを持つ.

今度は,4ビットが全て正の時は4ビット2進数では,0より $+15$ までの16個の数字の対応で,これらが1つの連続する数字のまとまりである(表1.2参照).0より小さい数字も無ければまた,$+15$ より大きい数字も存在しない.そして,$+15(1111)$ に $+1$ を加えると演算器は0000に,また0(0000)に -1 にする($+1$ を減ずる)と演算器は1111になる.それで,これらの値を超える場合は異常演算の実行であるとして一般にはフラグ(C,Bフラグ)を立ててプログラム自身にあるいはプログラム設計者やコンピュータ操作者に知らせる仕組みを持つ.

ここでは,説明のため4ビットと小さい値を例にあげている.現在使われているマイクロプロセッサの演算器は4ビット,8ビット,16ビット,32ビットとそのビットの種類も多い.もちろんPCなどコンピュータでは32ビットとそれ以上に及ぶ.また,もちろん先に挙げたフラグ(V,C,Bフラグ)を使い数値の範囲を広げることは可能であるがあくまで応用ソフトウェアでの範疇のことになる.しかし,それも有限である.我々が机の上で考える数はその時々の状況に合わせ制限を取り除けるが,コンピュータ上での数値はそのような柔軟さは持ち合わせていないことに注意が必要である.

補数は整数の負の数字を表すことができ，また，それゆえ減算器をもたない古いコンピュータでは加算器を使い引算も可能にする．補数について一般的にまとめる．集合において例えば 0 から 9 までの 10 進数 1 桁の数字において，全てを含む集合を全体集合といい U で表すと U は (2.2) 式になる．

$$U = \{0,1,2,3,4,5,6,7,8,9\} \tag{2.2}$$

このうち 3 の倍数は U に対して部分集合と呼ばれる．

3 の倍数の部分集合を A で表すと A は (1.8) 式になる．

$$A = \{3,6,9\} \tag{2.3}$$

また，奇数の部分集合を B で表すと B は (1.9) 式になる．

$$B = \{1,3,5,7,9\} \tag{2.4}$$

また，偶数を部分集合にすることも，また，一般的に意味を持たない任意の数字の集まり例えば 1,2,5 なども部分集合にすることができる．

全体集合から (2.3) 式，3 の倍数の部分集合 $A = \{3,6,9\}$ を除く集合を，全体集合 U における部分集合 A の補集合と呼ばれ否部分集合 A と表記される．集合 A の補集合は (2.5) 式で表される．

$$\text{集合 } A \text{ の補集合 (否部分集合 } A) = \{0,1,2,4,5,7,8\} \tag{2.5}$$

ここで，補数は集合の要素の数を対象にしている．すなわち，この場合には全体が 10 個の要素から成り立ち，3 の倍数は 3 個であるそして補数は補集合の 7 個を指すことになる．

10 進数の 1 桁なら数字としては 0〜9 で 10 個の数字が全体である．ここで部分集合 A が 3 ならその補数は $10 - 3 = 7$ である．

また，10 進数 2 桁の場合は数字としては 0〜99 で 100 個の数字が全体である．

ここで部分集合 A が 33 ならその補数は $100 - 33 = 67$ である．

また，10 進数 N 桁の場合は数字としては 0〜9$\cdots$9 で 9 が N 桁並び 10^N 個の数字がありこれが全体である．ここで部分集合 A が m ならその補数は $10^N - m$ である．

単に 23 の 10 の補数を求めよと言うのも，全体の数がわかっていなければ答えようがない．全体が 100 の場合はその補数は 77 であり，また，全体が 10000 の場合はその補数は 9977 になる．また，さらに何も 10 進数といえども 10 の冪数，10, 100, 1000, 10000 にこだわることもない．

全体 64 における 23 の補数と言う事もありうる．この場合の補数は 41 である．

次には 2 進数の場合も全く同じで，2 進数 4 ビットなら数字としては 0000〜1111 で 2^4(16) 個の数字がありこれが全体である．ここで部分集合 A が 0011(3) ならその補数は $2^4 - 0011 = 1000 - 0011 = 1101(16 - 3 = 13)$ である．数字の個数を扱うのに最初の数字 0000 も 1 個目であり 1111 は 16 個目である．16 個目の数字は 1111 で 15 と呼ばれることに要注意である．次に，さらに 2 進数 8 ビットなら数字としては 00000000〜11111111(0〜255) で 2^8(256) 個の数字がありこれが全体である．ここで部分集合 A が 10010011(147) ならその補数は

$2^8 - 10010011 = 10000000 - 10010011 = 10101101 (256 - 147 = 109)$ である．

これなど全体が 2^8 や 2^4 等これまでの 2 進数の補数は一般に 2 の補数と呼ばれるものである．その前の例は全体が 10 や 100 などで 10 の冪数で一般に 10 の補数と呼ばれる．しかし，これまでに事例には挙げていないが全体が $2^8 - 1$ や $2^4 - 1$ は一般に 1 の補数と呼ばれるものであり，また，全体が 10 の冪数 -1 のものは一般に 9 の補数と呼ばれるものである．これら 1 の補数や 9 の補数はハードウェアが現在のように十分使えない時に，10 や 2 の補数を直接取るのでなく，9 や 1 の補数を取りそれらの結果に $+1$ にするハードウェアの構成を採用した．1 の補数を取るには各桁を比較的簡易なインバータ回路で実用できる．

例題演習 2.2; 次の補数を求めよ．ただし，途中経過も示すこと．
(1) 全体の数字 10 進数の 10 の時の 4 の補数． (2) 10 進数 3 桁の時の 128 の補数．
(3) 最大の数が 999 の時の 128 の補数． (4) 2 進 4 ビットの時の 2 進数 0101 の補数．
(5) 2 進 3 ビットの時の 2 進数 101 の補数． (6) 2 進 8 ビットの時の 10 進数 129 の補数．
(7) 2 進 10 ビットの時の 16 進数 129 の補数．

解答;
(1) $10 - 4 = 6$; 6 (2) $1000 - 128 = 872$; 872 (3) $1000 - 128 = 872$; 872 (4) 2 進数 $10000 - 0101 = 1011$; 1011 (5) 2 進数 $1000 - 101 = 11$; 11 (6) 2 進 8 ビットの数字の総数は 256 $256 - 129 = 127$; 10 進数 127 (7) 2 進 10 ビットの数字の総数の 16 進数表示は 400 16 進数表示での計算 $400 - 129 = 2D7$; 16 進数 2D9

2.3 数字と文字の表記法

これまでの項では，各種の数値や言語がデータ (コード) としてデジタル回路やコンピュータで取扱いに関して示してきた．また，各進数の関係，正の整数，負の整数とこれらの加算と減算におけるオーバフローの問題を示した．

また，日常使用している 10 進数ではなく 2 進数が主力になることを示してきた．デジタル回路やコンピュータの内部でどの進数が最も同じ数を表すのに素子数が少なくなるかという問題である．計算上は e(2.7・) であるが，e(2.7・) の値に近い整数は 3 であり 3 進数ということになる．現在 1 つの素子で 3 値を経済的に実用することはまだ難しい．そうすると 3 値の実現はメモリ 2 ビットを使用するがことになる．そうなると 2 進数はメモリ 1 ビットで済むので，進数の中で最も素子数の使用が少ない進数となる．

それ故にデジタル回路やコンピュータの内部では，現在のところは 2 進数が使われている．現在なお 10 進数の計算が必須であるが歴史的にいろいろ工夫されてきた 2 進化 10 進法 (binary-coded decimal notation) により 2 進法を基に 10 進数の演算を行う．"歴史的にいろいろ工夫されてきた" と述べたが，この意味はその当時 1950〜1980 年においては現在に比べハードウェアが速度と規模で弱小であった．それ故，ここで挙げている 2 進化 10 進法においてもいろいろ工夫され，最小必要ビットの 4 ビットから 5 ビットのものや 8 ビットのものまで作られてきた．工夫対象の主たる技術的項目は減算用補数値算出時のハードウェア及びプログラムの削減

表 2.4 整数 2 進化 10 進法のコード表

10 進数	2 進化 10 進数のコード
0	0000
1	0001
2	0010
3	0011
4	0100
5	0101
6	0110
7	0111
8	1000
9	1001

やノイズ等によるデータ誤り検出の可能性の拡大である．

以下，数字と文字の表記法として，まず数字の表記法として整数純 2 進数，整数 2 進化 10 進数，固定少数点，浮動少数点を，そして，文字の表記法として JIS8 ビットコード表を示す．

1) 整数純 2 進数

バイト単位で使われる場合が多い．整数純 2 進数を 1 バイト，2 バイト，3 バイト，4 バイトと及び 4 ビット，2 ビット，1 ビットなども，各システムのプログラムの中でソフトウェア設計者の比較的自由な考えで使われる．

1 バイトの整数純 2 進数を (2.6) 式示す．

$$2^7 2^6 2^5 2^4 2^3 2^2 2^1 2^0 \tag{2.6}$$

数値の範囲は; $0_{(10)} \sim 255_{(10)}$　数値の個数は; $256_{(10)}$

2^7 を最上位桁 (ビット) MSD(MSB)(most significant digit(bit)) と称する．

2^0 を最下位桁 (ビット) LSD(LSB)(least significant digit(bit)) と称する．

2) 整数 2 進化 10 進法 (数)

2 進法を基に 10 進数の演算を行うときの 10 進数対応の 2 進コードである．このコード表は 4 ビットで構成されている．表 2.4 に示す．

3) 固定少数点方式 (fixed-point system)

バイト単位で使われる場合が多い．1 バイト，2 バイト，3 バイト，4 バイトと各システムの中でソフトウェア設計者の比較的自由な考えで使われる．

1 バイトの固定少数点数を (2.7) 式示す．

$$d_7 d_6 d_5 d_4 d_3 d_2 d_1 d_0 \tag{2.7}$$

数値の範囲は; $-0.1111111_{(2)} \sim +0.1111111_{(2)}$

$-0.1111111_{(2)}$ は $-0.99609375_{(10)}$，であり，また，$+0.1111111_{(2)}$ は $+0.99609375_{(10)}$ である．

数値の範囲は;$-0.99609375_{(10)} \sim +0.99609375_{(10)}$ ではない．

10 進数では数値の範囲は表示できない．なぜなら，10 進数で連続的な値をとることができないからである．

d_7 は符号 (sing digit)

d_7d_6 の間が少数点位置 (任意に決めることはできる．一般に MSD の 1 つ上に置くことが多い)

$d_6; 2^{-1}, d_5; 2^{-2}, d_4; 2^{-3}, d_3; 2^{-4}, d_2; 2^{-5}, d_1; 2^{-6}, d_0; 2^{-7}$

数値の個数は;$256_{(10)}$ 個

正の個数は $128_{(10)}$ 個 $+0$ を含む

負の個数は $128_{(10)}$ 個 -0 を含む

4) 浮動少数点方式 (floating-point number)

事例として IEEE の場合単精度 32 ビット，倍精度 64 ビットと拡張倍精度がある．これらのシステムは閉じられた使われ方より得られた数値は他のシステムで使われることが多いため規格を守り演算プログラムは開発される．

32 ビット浮動少数点を (2.8) 式に示す．

$$Se_7e_6e_5e_4e_3e_2e_1e_0m_{22}m_{21}m_{20}m_{19}$$
$$m_{18}m_{17}m_{16}m_{15}m_{14}m_{13}m_{12}m_{11}m_{10}m_9m_8m_7m_6m_5m_4m_3m_2m_1m_0 \quad (2.8)$$

S は符号 (sing digit)，ここで，$e_6 \sim e_0$ は指数部で e(exponent)，$m_{22} \sim m_0$ は仮数部で m(mantissa) である．浮動少数点方式の数字 N を (2.9) 式に示す．$m_{22} \sim m_0$ を M とし，$e_6 \sim e_0$ を E とする．

$$N = s \times M \times r^E \quad (2.9)$$

r は基数で，浮動少数点方式であるので $r = 2$ の場合が多い．

数値の範囲は;$-(2^{24}-1)2^{127} \sim +(2^{24}-1)2^{127}$

5) 文字の表記法

1 バイト (8 ビット) にローマ字 (英数字)，カナ，特殊文字，制御文字のコードが日本工業規格 (JIS;Japan Industrial Standard) で決められている．ローマ字 (英数字，特殊文字) のコードを表 2.5 に，カナのコードを表 2.6 に示す (これらは JIS X 0201 文字コード表より書写した．)．制御文字のコードは略する．また，漢字はローマ字 (英数字)，カナ，特殊文字，制御文字と一緒に 2 バイト (16 ビット) のコードが JIS X 0208

表 2.5 において，数字は 0 から 9 までが 16 進数 30, 31, 32, 33, 34, 35, 36, 37, 38, 39 と順に並んでいる．これらの文字コードから 2 進数の数を変換が容易な工夫である．また，ローマ字 (英文字) の大文字と小文字の関係も，大文字コード+16 進数 20=小文字コードとなる．

例えば A,a の場合大文字 A が 16 進数 41，小文字 a が 16 進数 61 である．また，カナコードの表 2.6 においては，アイウエオが 16 進数 B0 より順に並ぶ．アイウエオの 5 文字単位はコードには反映されていない．一括した対比表で十分であると考える．

表 2.5 ローマ字コード 英数字，特殊文字

16進数	+0	+1	+2	+3	+4	+5	+6	+7	+8	+9	+A	+B	+C	+D	+E	+F
20		!	"	#	$	%	&	'	(	)	*	+	,	-	.	/
30	0	1	2	3	4	5	6	7	8	9	:	;	<	=	>	?
40	@	A	B	C	D	E	F	G	H	I	J	K	L	M	N	O
50	P	Q	R	S	T	U	V	W	X	Y	Z	[	¥	]	^	_
60	`	a	b	c	d	e	f	g	h	i	j	k	l	m	n	o
70	p	q	r	s	t	u	v	w	x	y	z	{	|	}	~	

表 2.6 カナコード

16進数	+0	+1	+2	+3	+4	+5	+6	+7	+8	+9	+A	+B	+C	+D	+E	+F
A0		。	「	」	、	・	ヲ	ァ	ィ	ゥ	ェ	ォ	ャ	ュ	ョ	ッ
B0	ー	ア	イ	ウ	エ	オ	カ	キ	ク	ケ	コ	サ	シ	ス	セ	ソ
C0	タ	チ	ツ	テ	ト	ナ	ニ	ヌ	ネ	ノ	ハ	ヒ	フ	ヘ	ホ	マ
D0	ミ	ム	メ	モ	ヤ	ユ	ヨ	ラ	リ	ル	レ	ロ	ワ	ン	゛	゜

例題演習 2.3; 次の文章を JIS コードのカナと数字で表して下さい．「1 バイト (8 ビット)」
解答; 表 2.5 と表 2.6 を参照する．　A2 31 CA DE B2 C4 28 38 CB DE AF 04 29 A3

演習問題

設問1 4ビットで正の数字を表す方法を示せ．

設問2 4ビットで正と負の数字を表す方法を3つ示せ．

設問3 設問2においてそれらの長所と短所を説明し示せ．

設問4 数値のデータ長が2ビット，6ビット，10ビット，15ビットで表すことができる連続する数字の最小値，最大値，−1 の値と 0 の値を 10 進数と 2 進数で示せ．ただし，正と負の値を持ち負数は 2 の補数で表すとする．

設問5 次の値を求めよ．
　(1) 全体の数字が10進数の10で，その時の7の補数
　(2) 10進数3桁の時の255の補数
　(3) 全体の数字が999の時の255の補数
　(4) 2進数4ビットの時の2進数11の補数
　(5) 2進数8ビットの時の100の補数
　(6) 全体の数字が232102の時の7387の補数

参考図書

[1] 高橋秀俊：“情報科学の歩み，”岩波講座 情報科学 1．岩波書店 (1983)

第3章
ブール代数

> **□ 学習のポイント**
>
> ジョージ・ブール (George Boole: 1815〜1864) はイギリスの数学者，哲学者でデジタル論理の設計支援する記号論理学・ブール代数 (boolean algebra) の基本を作った．その論文は「思考の法則の研究 (an investigation of the law thought: 1847,1954 年)」[1] で，本来の目的は数学や哲学などの命題の定義や証明であった．ブールの死後これらの論文を友人が出版し，リレー回路に 1900 年前半から相次いで適応され体系付けられていった．現在，ハードウェアの論理設計をはじめソフトウェアやシステム開発にも適応活用されている．
>
> この章ではブール代数について説明する．具体的な使い方は第 5 章の論理回路で実施する．

> **□ キーワード**
>
> ブール代数，要素，元 (element)，集合，ベン図表，カルノー図，ド・モルガンの法則，論理関数，真理値表，加法標準形，主加法標準形，乗法標準形，主乗法標準形

3.1 ブール代数とは

　よくこれだけ上手く合致したと思うのが，現在の論理回路とブール代数である．ブール自身は論理回路への適応など思いも拠らないことであった訳である．ブール代数を生んだブールの論文「思考の法則の研究」の論理値が 1 か 0 の 2 値であることには驚きである (もちろん集合論も含めて)．なぜなら，デジタル技術の発展について第 1 章で触れたように，人間の手の指から始まり歯車の 10 進数で 1 つの成果を得て，そしてより効率のいいデジタル素子を求めその時々の科学技術を結集しリレー，真空管，半導体と発展させてきた．リレーを除き真空管とトランジスタはアナログ回路としても大活躍するが，これらリレー，真空管，半導体は同じく 2 値論理回路としての機能を十分に発揮する．哲学，数学からの思考や論理の探求と，技術・工学からの何世紀もかけての汗と努力から見出したものが，同じ 2 値論理であることに改めて驚愕する．また，数を表すのに 2 進数は最も効率が良いということも第 1 章で述べた．ブール代数，論理回路と 2 進数の 3 者は相性の良いシステムに最善なハードウェア設計を進めることになる．

　ブールの論文「思考の法則の研究」に影響を受け，今のブール代数に体系付けたのが E. V.

Huntington (1904) [2] であった．リレー回路にブール代数をはじめて取り入れたのは中島章 (1936 年) [3] と C. E. Shuannon (1936) [4] であるとされ，また，中島章はブール代数の存在を知らず．リレー回路よりブール代数と同じものに至ったとの話もある．

3.2 ブール代数の公理

公理と定義については簡略したりして幾つもの亜流を作る必要がない．忠実に E. V. Huntington (Moutgomery Phister, jr) [2] によって示されたものに沿って説明を付加する．ブール代数は現行の代数とも似ている箇所も多く理解し易いが，その集合論を背景にもつブール代数の公理から定理さらに具体的応用とその論理展開は重要である．

3.2.1 規則と用語

要素または元 (element); K を集合としたとき，集合の要素または元とする．

用語には普遍集合，空集合，単項演算子，二項演算子，部分集合，真部分集合，上位集合，真上位集合がある．

要素; K を集合としたときの構成物の元

集合 K を構成している元 a，元 b，元 c，元 d を集合 K の要素と言う

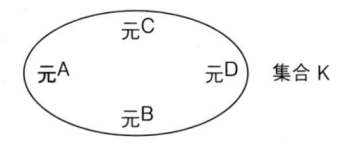

3.2.2 公理

公理 1a; もし，元 (element)A が K の要素であり，B もまた K の要素であるとすると，A+B もまた K の要素である．

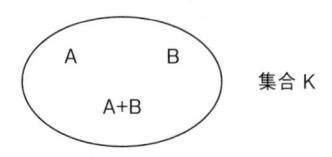

公理 1b; もし，元 A が K の要素であり，B もまた K の要素であるとすると，A・B もまた K の要素である．

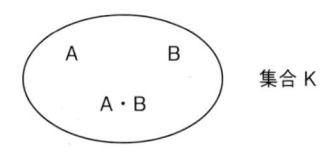

公理2a; Kに属するいかなる元Aに対しても，A+0=Aとなるような元0がある．

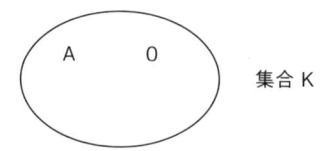

$$\boxed{A \quad 0} \quad \text{集合 K}$$

公理2b; Kに属するいかなる元Aに対しても，A・1=Aとなるような元1がある．

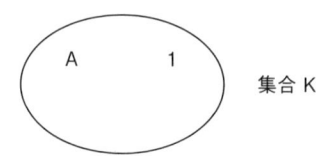

$$\boxed{A \quad 1} \quad \text{集合 K}$$

公理3a; 元A, Bが集合Kに属するときは，A+B=B+A

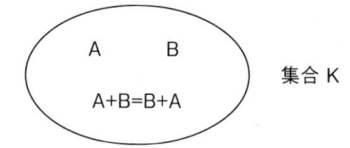

$$\boxed{\begin{array}{c} A \quad B \\ A+B=B+A \end{array}} \quad \text{集合 K}$$

公理3b; 元A, Bが集合Kに属するときは，A・B=B・A

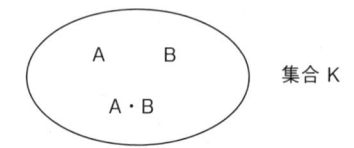

$$\boxed{\begin{array}{c} A \quad B \\ A \cdot B \end{array}} \quad \text{集合 K}$$

公理4a; 元A, B, Cが集合Kに属するときは，A+(B・C)=(A+B)・(A+C)

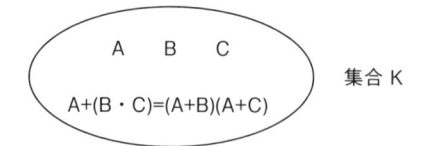

$$\boxed{\begin{array}{c} A \quad B \quad C \\ A+(B \cdot C)=(A+B)(A+C) \end{array}} \quad \text{集合 K}$$

公理4b; 元A, B, Cが集合Kに属するときは，A・(B+C)=(A・B)+(A・C)

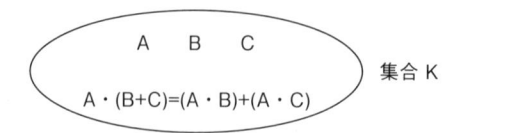

$$\boxed{\begin{array}{c} A \quad B \quad C \\ A \cdot (B+C)=(A \cdot B)+(A \cdot C) \end{array}} \quad \text{集合 K}$$

公理5; もし公理2における元0および1が唯一のものであるとすると，集合Kに属するあらゆる元Aに対して，A・$\overline{A}$=0, A+$\overline{A}$=1となるような元$\overline{A}$が存在する．

```
        ┌─────────────────────┐
        │    A      Ā         │
        │                     │   集合 K
        │  A・Ā=0   A+Ā=1     │
        └─────────────────────┘
```

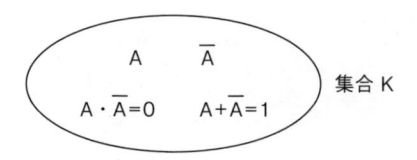

公理 6; 集合 K の中には，X≠Y であるような少なくとも 2 つの元 X, Y が存在する．

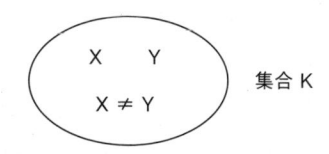

```
        ┌─────────────────────┐
        │    X      Y         │
        │                     │   集合 K
        │      X ≠ Y          │
        └─────────────────────┘
```

以上公理 1 から公理 6 を示した．公理 1 から公理 3 はさらに 2 つずつに分類されている．この分類は・と + の演算に関してこの代数が完全な対称性，あるいは相対性をもつことを示している．もし，公理 2a と公理 2b いずれにおいても，0 を 1 に，1 を 0 にと置き換え，全ての + を・で，・を + で置き換えたとすると，結果はもとの公理と双対な公理となり，これらの公理の関係を双対性があると言う．

公理 2a と公理 2b からの展開形の公理 2a′ と公理 2b′ を追加する．

公理 2a′; K に属するいかなる元 A に対しても，A+1=1 となるような元 1 がある．

公理 2b′; K に属するいかなる元 A に対しても，A・0=0 となるような元 0 がある．

例題演習 3.1; 公理 2a と公理 2b2 つの公理を，0 を 1 に，1 を 0 に，全ての+を・に，・を+に置き換え新たな公理を作ってください．

解答; 公理 2a「K に属するいかなる元 A に対しても，A+0=A となるような元 0 がある．」

公理 2a を，0 を 1 に，1 を 0 に，全ての + を・に，・を+に置き換えると次式を得る．

「K に属するいかなる元 A に対しても，A・1=A となるような元 1 がある．」

これは，公理 2b である．

公理 2b「K に属するいかなる元 A に対しても，A・1=A となるような元 1 がある．」

公理 2b を，0 を 1 に，1 を 0 に，全ての + を・に，・を + に置き換えると次式を得る．

「K に属するいかなる元 A に対しても，A+0=A となるような元 0 がある．」

これは，公理 2a である．

指示された処理をすると公理 2a のものは公理 2b にまた，公理 2b のものは公理 2a になる．

3.2.3　公理の無矛盾性のベン図表 (Venn diagram) による証明

集合 K は，ベン図表の図 3.1 において，四角形の中の全領域として定義されているとする．この集合ある元 A は，正方形内の点のある集合，例えば与えられた閉曲線内の全ての点とする．元 B も同様である．元 (A+B) は A および B を含む領域であり，元 (A・B) は A および B の共通の領域である．公理を調べてみれば公理 1a，公理 1B，公理 3a 公理 3B，公理 6 が全てみたされていることがわかる．また，もし 0 を全く点のない集合，1 を正方形の全域の点の集合の意味とすると，明らかに公理 2a，公理 2b は矛盾ない．

図 3.2(a) において，A+(B+C) は全ての影の部分である．また，図 3.2(b) において，(A+B)・

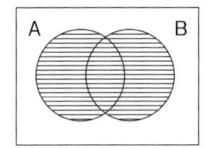

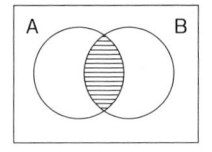

影の部分が A+B　　　　影の部分が A・B

図 **3.1**　ベン図表による公理の無矛盾の証明 1

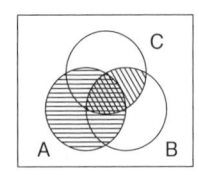

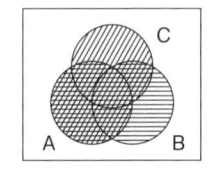

(a) 影の部分全体が A+(B・C)　　(b) 2 重になった影の部分が (A+B)・(A+C)

図 **3.2**　ベン図表による公理の無矛盾の証明 2

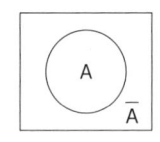

図 **3.3**　ベン図表による公理の無矛盾の証明 3

A+C は A+B の影と A+C の影の重なりあった部分である．全く同じ方法で公理 4b 不矛盾性が示された．

図 3.3. において，$\overline{A}$ が正方形内の A に属さないあらゆる点と解釈すると，公理 5 は明らかに矛盾しない．A と $\overline{A}$ を示している．$A+\overline{A}=1$ は明白である．このとき，A と $\overline{A}$ の関係をお互いに補元の関係にあるという．A の補元は $\overline{A}$ であり，また $\overline{A}$ の補元は A である．

3.3　ブール代数の定理

公理から一連の定理が演繹される．

定理 1a; 公理 2a における元 0 は唯一のものとする．

証明　0_1 と 0_2 の 2 つの元 0 があるとする．
あらゆる A に対し公理 2a が成立する $A+0_1=A$，$A+0_2=A$　　公理 2a
$A=0_2$ を第 1 式へ，$A=0_1$ を第 2 式に入れる
$$0_2+0_1=0_2,\ 0_1+0_2=0_1$$
公理 3a が成立する　$0_2+0_1=0_1+0_2$　　　公理 3a
したがって，$0_2=0_1$．

定理 1b; 公理 2b における元 **1** は唯一のものとする．

証明 1_1 と 1_2 の 2 つの元 **1** があるとする．
あらゆる A に対し公理 2b が成立する $A1_1=A$　$A1_2=A$　　公理 2b

$A=\mathbf{1}_2$ を第 1 式へ，$A=\mathbf{1}_1$ を第 2 式に入れる　$\mathbf{1}_2\mathbf{1}_1 = \mathbf{1}_2$　$\mathbf{1}_1\mathbf{1}_2 = \mathbf{1}_1$　公理 3b
公理 3b が成立する $\mathbf{1}_2\mathbf{1}_1 = \mathbf{1}_1\mathbf{1}_2$ したがって，$\mathbf{1}_2 = \mathbf{1}_1$.

定理 2a; $A+A=A$

証明
$$\begin{aligned}
A+A &= (A+A)\cdot 1 & &\text{公理 2b} \\
&= (A+A)(A+\overline{A}) & &\text{公理 5} \\
&= A+A\cdot \overline{A} & &\text{公理 4a} \\
&= A+0 & &\text{公理 5} \\
&= A & &\text{公理 2a}
\end{aligned}$$

定理 2b; $A\cdot A=A$

証明
$$\begin{aligned}
A\cdot A &= A\cdot A+0 & &\text{公理 2a} \\
&= A\cdot A+A\cdot \overline{A} & &\text{公理 5} \\
&= A\cdot (A+\overline{A}) & &\text{公理 4b} \\
&= A\cdot 1 & &\text{公理 5} \\
&= A & &\text{公理 2b}
\end{aligned}$$

「定理 2a と定理 2b はお互いに双対」であるという．

2 つの関係式があって，その一方の全ての + と・を入替，全ての 1 と 0 を入れ替えることによって他方が導かれる．

定理 3a; $A+1=1$

証明
$$\begin{aligned}
A+1 &= (A+1)\cdot 1 & &\text{公理 2b} \\
&= (A+1)\cdot (A+\overline{A}) & &\text{公理 5} \\
&= A+\overline{A}\cdot 1 & &\text{公理 4a} \\
&= A+\overline{A} & &\text{公理 2b} \\
&= 1 & &\text{定理 5}
\end{aligned}$$

定理 3b; $A\cdot 0=0$

図 3.3. のベン図表による公理の無矛盾の証明 3 を参考にすると，明白である．

定理 4a; $A+A\cdot B=A$

証明
$$\begin{aligned}
A+A\cdot B &= (A\cdot 1)+(A\cdot B) & &\text{公理 2b} \\
&= A\cdot (1+B) & &\text{公理 4b} \\
&= A\cdot 1 & &\text{公理 3a} \\
&= A & &\text{公理 2b}
\end{aligned}$$

定理 4b; $A(A+B) = A$　図 3.1 のベン図表による公埋の不矛盾の証明 1 参考．

定理 5; $\overline{A}$ はただ 1 つ決定される．

証明　A が $A+\overline{A}_1 = A+\overline{A}_2 = 1$, $A\cdot \overline{A}_1 = A\cdot \overline{A}_2 = 0$ となるような $\overline{A}_1$ と $\overline{A}_2$ を持つとすると

$$\begin{aligned}
\overline{A}_2 &= 1 \cdot \overline{A}_2 & \text{公理 2b} \\
&= (A + \overline{A}_1) \cdot \overline{A}_2 & \text{公理 3a} \\
&= A \cdot \overline{A}_2 + \overline{A}_1 \cdot \overline{A}_2 & \text{公理 2b} \\
&= 0 + \overline{A}_1 \cdot \overline{A}_2 & \text{公理 5} \\
&= \overline{A}_1 \cdot A + \overline{A}_1 \cdot \overline{A}_2 & \text{公理 5} \\
&= \overline{A}_1 \cdot (A + \overline{A}_2) & \text{公理 4b} \\
&= \overline{A}_1 \cdot 1 & \text{公理 5} \\
&= \overline{A}_1 & \text{公理 2b}
\end{aligned}$$

したがって $\overline{A}$ はただ 1 つ存在してこれを A の補元 (complement) と定義される．

定理 6; $(\overline{\overline{A}}) = A$

証明 $\overline{A}$ の補元を求める．$\overline{A} + A = 1$, $A \cdot \overline{A} = 0$ を満足するので，$\overline{A}$ の補元は A である．

定理 7a; $\overline{A+B} = \overline{A} \cdot \overline{B}$ ［ド・モルガンの法則］(ド・モルガンの法則のド・モルガンとはイギリスの数学者 Augustus de Morgan (1806 年〜1871 年) のことである．)

証明 証明手順．$(A+B) + \overline{A} \cdot \overline{B} = 1$, $(A+B) \cdot \overline{A} \cdot \overline{B} = 0$ を示す．それで，定理 5 と公理 5 を適応することにより $(A+B)$ と $\overline{A} \cdot \overline{B}$ が互いに補元であることがわかる．まず，補助定理 1a と 1b を証明する．

補助定理 1a;
$$\begin{aligned}
A + (\overline{A} + c) &= 1 \cdot [A + (\overline{A} + c)] & \text{公理 2b} \\
&= (A + \overline{A}) \cdot [A + (\overline{A} + c)] & \text{公理 5} \\
&= A + \overline{A} \cdot (\overline{A} + c)] & \text{公理 4b} \\
&= A + \overline{A} & \text{定理 4b} \\
&= 1 & \text{公理 5}
\end{aligned}$$

補助定理 1b; $A \cdot (\overline{A} \cdot c) = 0$ これは，助定理 1a の証明の双対である．

それで，定理 7b は以下証明を示す．
$$\begin{aligned}
(A+B) + \overline{A} \cdot \overline{B} &= [(A+B) + \overline{A}] \cdot [(A+B) + \overline{B}] & \text{公理 4b} \\
&= 1 \cdot 1 & \text{補助定理 1a} \\
&= 1 & \text{公理 2b} \\
(A+B) \cdot \overline{A} \cdot \overline{B} &= A \cdot (\overline{A} \cdot \overline{B}) + B \cdot (\overline{A} \cdot \overline{B}) & \text{公理 4b} \\
&= 0 + 0 & \text{補助定理 1b} \\
&= 0 & \text{公理 2b}
\end{aligned}$$

定理 7b; $\overline{A \cdot B} = \overline{A} + \overline{B}$ ［ド・モルガンの法則］

これは，助定理 1a の証明の双対である．

ついで真理値表による証明を示す．表 3.1 において定理 7b の左辺と右辺に取りうる全ての A と B の値に対して，左辺と右辺の値が全て同じ値になることにより，左辺と右辺の論理式が等しいということがいえる．これが定理 7b の成立する証明となる．

表 3.1 定理 7b の真理値表による証明

左辺				右辺				
A	B	A・B	$\overline{A \cdot B}$	A	B	$\overline{A}$	$\overline{B}$	$\overline{A}+\overline{B}$
0	0	0・0	1	0	0	1	1	1
0	1	0・1	1	0	1	1	0	1
1	0	1・0	1	1	0	0	1	1
1	1	1・1	0	1	1	0	0	0

例題演習 3.2; 次の補元を求める．$A \cdot (B+\overline{C} \cdot D+E \cdot \overline{F})$

$A \cdot (B+\overline{C}D+E\overline{F})$ の補元
$\quad = \overline{A \cdot (B+\overline{C} \cdot D+E \cdot \overline{F})}$
$\quad = \overline{A}+\overline{B+\overline{C} \cdot D+E \cdot \overline{F}}$ 　　定理 7b
$\quad = \overline{A}+\overline{B} \cdot \overline{\overline{C} \cdot D} \cdot \overline{E \cdot \overline{F}}$ 　　定理 7a
$\quad = \overline{A}+\overline{B} \cdot (C+\overline{D}) \cdot (\overline{E}+F)$ 　　定理 7a

例題演習 3.3; 次の補元を求める．$A \cdot B \cdot C+D \cdot E \cdot F$

ABC+DEF の補元
$\quad = \overline{A \cdot B \cdot C+D \cdot E \cdot F}$
$\quad = \overline{A \cdot B \cdot C} \cdot \overline{D \cdot E \cdot F}$ 　　定理 7a
$\quad = (\overline{A}+\overline{B}+\overline{C}) \cdot (\overline{D}+\overline{E}+\overline{F})$ 　　定理 7b

ここで，ブール代数式の補元を求めた結果の確認をとる，簡単な方法を示す．

それは，「ブール代数式の全ての+を・に，全ての・を+に変更．さらに各文字は補元に変更することにより補元を求めることができる」ことである．

定理 8a と定理 8b は算術和および積と同様である．

定理 8a; (A+B)+C=A+(B+C)

定理 8b; (A・B)・C=A・(B・C)

定理 9a; $A+\overline{A} \cdot B=A+B$

証明 $A+\overline{A} \cdot B=(A+\overline{A}) \cdot (A+B)$ 　　公理 4a
$\qquad \quad = A+B$ 　　　　　　　　公理 5, 公理 2b

定理 9b; $A \cdot (\overline{A}+B)=A \cdot B$

証明 真理値表による証明を表 3.2 に示す．表 3.1 の場合と同様の証明手法である．

表 3.2 定理 9b の真理値表による証明

左辺			右辺		
A	B	$A \cdot (\overline{A}+B)$	A	B	A・B
0	0	0	0	0	0
0	1	0	0	1	0
1	0	0	1	0	0
1	1	1	1	1	1

定理 10; $(A+B) \cdot (\overline{A}+C)=A \cdot C+\overline{A} \cdot B$

証明　　　　　　$(A+B)\cdot(\overline{A}+C) = A\cdot\overline{A}+A\cdot C+\overline{A}\cdot B+B\cdot C$　　公理 4b

$\phantom{(A+B)\cdot(\overline{A}+C)} = A\cdot C+\overline{A}\cdot B+B\cdot C\cdot(A+\overline{A})$　　公理 5

$\phantom{(A+B)\cdot(\overline{A}+C)} = A\cdot C\cdot(1+B)+\overline{A}\cdot B\cdot(1+C)$　　公理 2b, 公理 4b

$\phantom{(A+B)\cdot(\overline{A}+C)} = A\cdot C+\overline{A}\cdot B$　　定理 3

定理 11a; $\overline{A\cdot C+B\cdot\overline{C}} = \overline{A}\cdot C+\overline{B}\cdot\overline{C}$

証明　　　　　　$\overline{A\cdot C+B\cdot\overline{C}} = \overline{A\cdot C}\cdot\overline{B\cdot\overline{C}}$　　公理 7a

$\phantom{\overline{A\cdot C+B\cdot\overline{C}}} = (\overline{A}+\overline{C})\cdot(\overline{B}+C)$　　定理 8b

$\phantom{\overline{A\cdot C+B\cdot\overline{C}}} = \overline{A}\cdot C+\overline{B}\cdot\overline{C}$　　定理 10

定理 11b; $\overline{(A+C)\cdot(B+\overline{C})} = (\overline{A}+C)\cdot(\overline{B}+\overline{C})$

証明　　　　　　$\overline{(A+C)\cdot(B+\overline{C})} = \overline{A+C}+\overline{B+\overline{C}}$　　公理 7a

$\phantom{\overline{(A+C)\cdot(B+\overline{C})}} = \overline{A}\cdot\overline{C}+\overline{B}\cdot C$　　定理 10

$\phantom{\overline{(A+C)\cdot(B+\overline{C})}} = (\overline{A}+C)\cdot(\overline{B}+\overline{C})$　　定理 8b

3.4 論理関数

3.4.1 一般関数から論理関数へ

　ここまでのブール代数またはブール代数式はブール関数と呼ばれ，またそれは論理関数 (logical function) でもある．ここではブール代数の章の中の論理関数ということで単に論理関数とする．ここで，論理関数を一般に良く知られた関数から順に説明する．

　それで例えば，車を時速 20 km で 2 時間走らせば 40 km 進むが，3 時間走らせば 60 km 進む．これを関数の形で書き表すと，次の (3.1) 式になる．

$$y = 20t \tag{3.1}$$

y; 車の進む距離 (km)，t; 車を走らせる時間 (h)

さらに一般の形にすると，次の (3.2) 式になる．

$$y = f(t) \tag{3.2}$$

また，$f(t)$ を具体的に示す場合，(3.3) 式になる．

$$f(t) = 20t \tag{3.3}$$

これら全て関数である．(3.1) 式の関数は y で，変数は t．

　(3.2) 式の関数は y と $f(t)$ で，変数は t．

　(3.3) 式の関数は $f(t)$ と $20t$ で，変数は t である．

　これは 1 つの変数 t を持つ関数である．

　次に変数を 2 つの場合示す．まず関数を (3.4) 式に示す．

$$y = f(v,t) \quad f(v,t) = v\cdot t \tag{3.4}$$

この関数は車が速度 v(km/h) で時間 t(h) を走った時の距離 (km) を示す．

表 3.3　関数 $y = f(v, t)$, $f(v, t) = vt$ の走行距離一覧 (v=20 km, 40 km, t=30 分, 1 時間, 1 時間 30 分, 2 時間)

時間	速度; v=20 km	v=40 km
30 分	10 km	20 km
1 時間	20 km	40 km
1 時間 30 分	30 km	60 km
2 時間	40 km	80 km

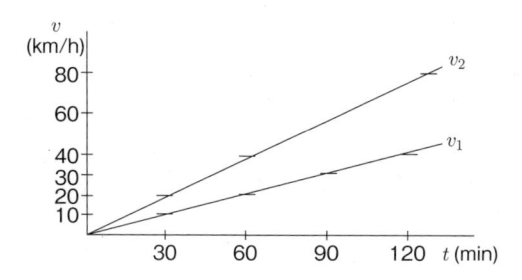

図 3.4　関数 $f(v, t) = v \cdot t$ のグラフ (v_1=20 km/h, v_2=40 km/h 時間は 120 分まで)

表 3.4　論理関数 $y = f(v, t)$, $f(v, t) = v \cdot t$ の全ての状態一覧
(v 動き：論理 1=有, 論理 0=無　t 時間の経過：論理 1=有, 論理 0=無)

速度 v	時間 t	$f(v, t) = v \cdot t$	
0	0	0	車は 0 速度で 0 時間移動中
0	1	0	車は 0 速度で t 時間移動中
1	0	0	車は v 速度で 0 時間移動中
1	1	1	車は v 速度で t 時間移動中

関数は $y = f(v, t)$，変数は 2 つの独立変数 v, t である．

複数の変数を持つ関数を「多変数関数」という．さらに (3.4) 式の関数を考察する．

v は速度で 0 km からせいぜい一般道路の制限速度までの 40 km を一応の目安とする．

t は走行時間で 0 時間から安全運転に必要な連続運転時間の 2 時間を一応の目安とする．

速度 20 km ($v = 20$) の場合 30 分で 10 km，1 時間で 20 km，1 時間 30 分で 30 km，2 時間で 40 km の走行することになる．また，速 40 km ($v = 40$) の場合 30 分で 20 km，1 時間で 40 km，1 時間 30 分で 60 km，2 時間で 80 km の走行することになる．

これを一覧にして表 3.3 に示す．

表 3.3 はいくつものことを表している．例えば速度 20 km で 2 時間走ると 40 km 走行できるが，速度 40 km であると 1 時間で同じ距離を走行できるなどである．しかし，(3.4) 式の関数は次に示す図 3.4 のグラフで示すほうが関数 $f(v, t) = v \cdot t$ を詳細に表すことができる．

(3.4) 式において，2 つの変数 速度 v と時間 t を異なる観念に変える．すなわち v は速度の大きさではなくて動いている (論理 1)，動いていない (論理 0)．また，t は動いている動いていないにかかわらず時間の経過あり (論理 1)，時間の経過なし (論理 0) とする．変数を論理 1 と論理 0 にすることにより 関数 $f(v, t) = v \cdot t$ は多変数関数の論理関数になる．

この論理関数の変数の全ての組合せの論理関数値を表 3.4 に示す．

3.4.2 論理関数

論理関数 (ブール代数) はまた多変数関数でもある．定理 10 は，(A+B)・($\overline{A}$+C)=A・C+$\overline{A}$・B で，関数としては，次のように (3.5), (3.6) 式の 2 つの形に表せる．ただし，2 つの関数は全く同じものである．

$$f(A, B, C) = (A + B) \cdot (\overline{A} + C) \tag{3.5}$$

$$f(A, B, C) = A \cdot C + \overline{A} \cdot B \tag{3.6}$$

3.4.3 真理値表

(3.5) 式と (3.6) 式の場合 3 つの変数をもつ．それで，3 つの変数の値の組合せは 8 組できる．この 8 組の変数値とその時の論理関数値を一覧にした表を真理値表と称する．(3.5) 式と (3.6) 式の真理値表を表 3.5 に示す．

表 3.5 式 (3.5) と式 (3.6) の真理値表

変数 A B C	(A+B)・($\overline{A}$+C)	A・C+$\overline{A}$・B
0 0 0	0	0
0 0 1	0	0
0 1 0	1	1
0 1 1	1	1
1 0 0	0	0
1 0 1	1	1
1 1 0	0	0
1 1 1	1	1

表 3.5 の真理値表により (3.5) 式と (3.6) 式が等しいことがわかる．改めて定理 10 を真理値表で証明したことになる．(3.5) 式の論理式 (A+B)・(A+C) と (3.6) 式の論理式 A・C+$\overline{A}$・B と真理値表は全く同じ値を表している．

前出の一般の関数 (3.1) 式とその関係をまとめた表 3.3 は，関数 (3.1) 式の一部分を表しているのにすぎない．しかし，論理関数においてはその真理値表とその式は全く同一の論理を意味している．それで，論理関数から真理値表を求めることもできるし，また真理値表から論理関数を求めることもできる．今後，論理関数を求める場合も論理式や論理回路を設計する場合も真理値表から出発できる．これは具体的な設計の技術活動において十分注目すべきことである．真理値表は重要で有用である．その使い方は，論理式から変数による論理関数値の確認を実施し論理式の評価・テストができる．また必要な値を真理値表として作成し論理式を得るという使い方がされる．

3.5 論理関数の運用

3.5.1 最大項と最小項

(3.5) 式と (3.6) 式の変数を見ると，$(A+B)\cdot(\overline{A}+C)$ のように項の和の積の形のものが，次いで項の積の和の形に変形され，また，$A\cdot C+\overline{A}\cdot B$ のように項の積の和の形のものが，次いで項の和の積の形に変形される．前者を論理関数の最大の部分すなわち項の和を「最大項 (maxterm)」として論理関数の標準形としている．また，論理関数の最小の部分すなわち項の積を「最小項 (minterm)」として同じく標準形としている．

変数が 2 つの場合，最大項は次の 4 つである．

$$\overline{A}+\overline{B},\ \overline{A}+B,\ A+\overline{B},\ A+B$$

そして，論理関数として必要な論理を得る為にそれらを積の形で論理関数にする．

また，最小項は次の 4 つである．

$$\overline{A}\cdot\overline{B},\ \overline{A}\cdot B,\ A\cdot\overline{B},\ A\cdot B$$

そして，論理関数として必要な論理を得る為にそれらを和の形で論理関数にする．

以上を具体的に次の 3.5.2 節でカルノー図を使い説明をする．

3.5.2 カルノー図

集合論のためにオイラー (Leonhard Euler: 1707-1783) や前出したベン (John Venn: 1834-1923) が論証をわかり易くするための図形をさらに論理関数のために工夫をしたものがカルノー図 (Maurice Karnaugh: 1950 年代ベル研) によるカルノー図である．カルノー図の例として 2 変数 A,B の論理関数を図 3.5 に示す．変数は A, $\overline{A}$, B, $\overline{B}$ の 4 領域に分けられ，A, $\overline{A}$ は B, $\overline{B}$ とお互い重ねあっているため図 3.5(a) のように $\overline{A}\cdot\overline{B}$, $\overline{A}\cdot B$, $A\cdot\overline{B}$, $A\cdot B$ と 4 分割される．

図 3.5(a) と (b) のカルノー図において $\overline{A}+B$ の最大項の領域は，$\overline{A}\cdot\overline{B}$, $\overline{A}\cdot B$, $A\cdot B$ の 3 つの最小項の合わせたものである．すなわち 3.2 節で述べた補元がカルノー図上で示される．

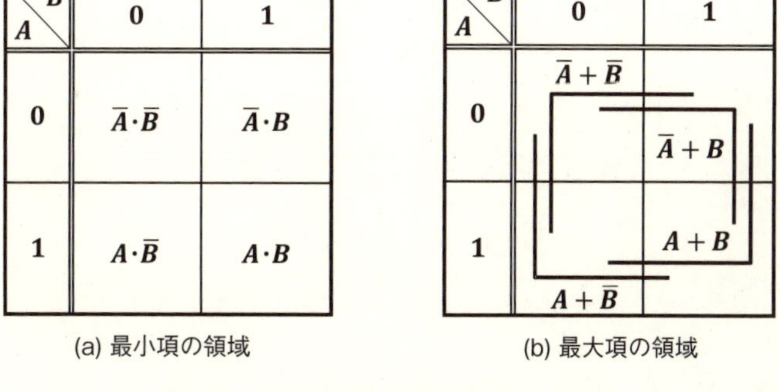

(a) 最小項の領域　　(b) 最大項の領域

図 **3.5** 2 変数 A,B 論理関数のカルノー図

最大項 $\overline{A}+B$ の補元は最小項の残りの $A\cdot\overline{B}$ である．

最大項 $\overline{A}+B$ の補元を今度は演算で (3.7) 式を求める．

ド・モルガンの法則より．

$$\overline{\overline{A}+B} = A\cdot\overline{B} \tag{3.7}$$

逆もまた真であるので，最小項の $A\cdot\overline{B}$ の補元は最大項 $\overline{A}+B$ である．

すなわち (3.7)′ 式が成立する．

$$\overline{A\cdot\overline{B}} = \overline{A}+B \tag{3.7}'$$

もちろん，ド・モルガンの法則を使い式の演算からも，また，今回示したカルノー図からも式 (3.7) と式 (3.7)′ を求めることができる．

さらに，図 3.5 のカルノー図より次の 2 項目があきらかである．

1) 2 つの異なる最小項の掛算は 0 である．
2) 2 つの異なる最大項の和は 1 である．

3.5.3 最小項と最大項

変数が 2 つの場合の最小項の組合せも含めて定義できる論理関数の数は 15 個でそれらの全ての一覧を表 3.6 に示す．

表 3.6 2 変数論理関数の最小項とそれらの組合せによる論理関数一覧 (論理関数を f_{mines} で表す．min は論理関数最小項の minterm より，また e は最小項の構成数，s は順序番号である)

最小項の構成数 1;	$f_{min10}=\overline{A}\cdot\overline{B}$　　$f_{min11}=\overline{A}\cdot B$　　$f_{min12}=A\cdot\overline{B}$　　$f_{min13}=A\cdot B$
最小項の構成数 2;	$f_{min20}=\overline{A}\cdot\overline{B}+\overline{A}\cdot B$　　$f_{min21}=\overline{A}\cdot\overline{B}+A\cdot\overline{B}$　　$f_{min22}=\overline{A}\cdot\overline{B}+A\cdot B$
	$f_{min23}=\overline{A}\cdot B+A\cdot\overline{B}$　　$f_{min24}=\overline{A}\cdot B+A\cdot B$　　$f_{min25}=A\cdot\overline{B}+A\cdot B$
最小項の構成数 3;	$f_{min30}=\overline{A}\cdot\overline{B}+\overline{A}\cdot B+A\cdot\overline{B}$　　$f_{min31}=\overline{A}\cdot B+A\cdot\overline{B}+A\cdot B$
	$f_{min32}=\overline{A}\cdot\overline{B}+A\cdot\overline{B}+A\cdot B$　　$f_{min33}=\overline{A}\cdot\overline{B}+\overline{A}\cdot B+A\cdot B$
最小項の構成数 4;	$f_{min40}=\overline{A}\cdot\overline{B}+\overline{A}\cdot B+A\cdot\overline{B}+A\cdot B$

表 3.6 の f_{min40} は，図 3.5 のカルノー図の 4 分割された最小項の全てを持つので論理 1 である．f_{min40} を除き最小項で示されている論理関数 14 個は全て最大項で表すことができる．これらのなかから最小項の構成数 1，2，3 から 1 つずつ最大項への変換を示す．

まず $f_{min10}=\overline{A}\cdot\overline{B}$ の最大項へ変換を示す．図 3.5 のカルノー図より $\overline{A}\cdot\overline{B}$ は，$\overline{A}\cdot\overline{B}$ 以外の 3 つの最小項の和の否定になるため次の式が成立する．$\overline{A}\cdot\overline{B}$ と $\overline{A}\cdot B+A\cdot\overline{B}+A\cdot B$ は互いに補元の関係にある．

$$\begin{aligned} f_{min10} = \overline{A}\cdot\overline{B} &= \overline{\overline{A}\cdot B+A\cdot\overline{B}+A\cdot B} \\ &= \overline{\overline{A}\cdot B}\cdot\overline{A\cdot\overline{B}}\cdot\overline{A\cdot B} \quad\text{[ド・モルガンの法則]} \\ &= (A+\overline{B})\cdot(\overline{A}+B)\cdot(\overline{A}+\overline{B}) \end{aligned}$$

続いて $f_{min20}=\overline{A}\cdot\overline{B}+\overline{A}\cdot B$ を最大項へ変換を示す．

$$f_{min20} = \overline{A}\cdot\overline{B} + \overline{A}\cdot B = \overline{A\cdot\overline{B} + A\cdot B}$$
$$= \overline{\overline{A}\cdot\overline{B}\cdot\overline{A}\cdot B} \quad [\text{ド・モルガンの法則}]$$
$$= (\overline{A} + B)\cdot(\overline{A} + \overline{B}) \quad [\text{ド・モルガンの法則}]$$

続いて $f_{min30} = \overline{A}\cdot\overline{B} + \overline{A}\cdot B + A\cdot\overline{B}$ を最大項へ変換を示す．

$$f_{min30} = \overline{A}\cdot\overline{B} + \overline{A}\cdot B + A\cdot\overline{B} = \overline{A\cdot B}$$
$$= \overline{A} + \overline{B} \quad [\text{ド・モルガンの法則}]$$

例題演習 3.4; 定理10の証明を3つ示せ．(定理10;$(A+B)\cdot(\overline{A}+C) = A\cdot C + \overline{A}\cdot B$)
解答; 1) 1つ目，表3.2のように真理値表から求めることができる．

2) 2つ目，カルノー図を使い定理10の左辺=右辺を示す．

$(A+B)\cdot(\overline{A}+C)$ をカルノー図からから求める．

$$(A+B)\cdot(\overline{A}+C) = \overline{A}\cdot B\cdot\overline{C} + \overline{A}\cdot B\cdot C + A\cdot\overline{B}\cdot C + A\cdot B\cdot C$$

$A\cdot C + \overline{A}\cdot B$ をカルノー図からから求める．

$$A\cdot C + \overline{A}\cdot B = \overline{A}\cdot B\cdot\overline{C} + \overline{A}\cdot B\cdot C + A\cdot\overline{B}\cdot C + A\cdot B\cdot C$$

カルノー図より2つが等しいことがわかる．ゆえに $(A+B)\cdot(\overline{A}+C) = A\cdot C + \overline{A}\cdot B$

3) 3つ目，式の運用で定理10の左辺=右辺を示す．

$$（左辺） = (A+B)\cdot(\overline{A}+C) = \overline{A}\cdot A + \overline{A}\cdot B + A\cdot C + B\cdot C$$
$$= \overline{A}\cdot B + A\cdot C + B\cdot C$$
$$= \overline{A}\cdot B + A\cdot C + B\cdot C\cdot(A+\overline{A})$$
$$= \overline{A}\cdot B + A\cdot C + B\cdot C\cdot A + B\cdot C\cdot\overline{A}$$
$$= \overline{A}\cdot B(1+C) + A\cdot C\cdot(1+B)$$
$$= \overline{A}\cdot B + A\cdot C$$
$$= A\cdot C + \overline{A}\cdot B = （右辺）$$

例題演習 3.5; 変数が2つの場合の論理関数で表すことができる最小項14個を，論理が等しい最大項で表せ．

解答; 変数が2つの場合の最大項で表すことができる論理関数の数は15個である．前記した表3.6に最小項をこれら最大項で表す．表に示すように最少項の f_{min40} は最大項で表わすことができない．また最大項の f_{max40} は最小項で表すことができない．表3.7に問題の論理が等しい14個の最大項と互いに表すことのできない f_{min40} と f_{max40} を示す．

3.5.4 標準形

変数の積の形でそれらが和になっている論理関数を「加法標準形(disjunctive normal form)」

表 **3.7** 変数が 2 つの場合の最大項と最小項の関係一覧 (これらの論理関数を f_{mines}, f_{maxes} で表す. min は論理関数最小項の minterm より, f_{maxes} は論理関数最大項の maxterm より, また $_e$ は最小項の構成数, $_s$ は順序番号である)

最小項			最大項
−		$(A+B)\cdot(A+\overline{B})\cdot(\overline{A}+B)\cdot(\overline{A}+\overline{B})$	$=f_{max40}=0$
$f_{min10}=\overline{A}\cdot\overline{B}$	=	$(A+\overline{B})\cdot(\overline{A}+B)\cdot(\overline{A}+\overline{B})$	$=f_{max30}$
$f_{min11}=\overline{A}\cdot B$	=	$(A+B)\cdot(\overline{A}+B)\cdot(\overline{A}+\overline{B})$	$=f_{max31}$
$f_{min12}=A\cdot\overline{B}$	=	$(A+B)\cdot(A+\overline{B})\cdot(\overline{A}+\overline{B})$	$=f_{max32}$
$f_{min13}=A\cdot B$	=	$(A+B)\cdot(A+\overline{B})\cdot(\overline{A}+B)$	$=f_{max33}$
$f_{min20}=\overline{A}\cdot\overline{B}+\overline{A}\cdot B$	=	$(\overline{A}+B)\cdot(\overline{A}+\overline{B})$	$=f_{max20}$
$f_{min21}=\overline{A}\cdot\overline{B}+A\cdot\overline{B}$	=	$(A+\overline{B})\cdot(\overline{A}+\overline{B})$	$=f_{max21}$
$f_{min22}=\overline{A}\cdot\overline{B}+A\cdot B$	=	$(A+B)\cdot(\overline{A}+\overline{B})$	$=f_{max22}$
$f_{min23}=\overline{A}\cdot B+A\cdot\overline{B}$	=	$(\overline{A}+B)\cdot(A+\overline{B})$	$=f_{max23}$
$f_{min24}=\overline{A}\cdot B+A\cdot B$	=	$(\overline{A}+B)\cdot(A+B)$	$=f_{max24}$
$f_{min25}=A\cdot\overline{B}+A\cdot B$	=	$(A+\overline{B})\cdot(A+B)$	$=f_{max25}$
$f_{min30}=\overline{A}\cdot\overline{B}+\overline{A}\cdot B+A\cdot\overline{B}$	=	$(\overline{A}+\overline{B})$	$=f_{max10}$
$f_{min31}=\overline{A}\cdot B+A\cdot\overline{B}+A\cdot B$	=	$(A+B)$	$=f_{max11}$
$f_{min32}=\overline{A}\cdot\overline{B}+A\cdot\overline{B}+A\cdot B$	=	$(A+\overline{B})$	$=f_{max12}$
$f_{min33}=\overline{A}\cdot\overline{B}+\overline{A}\cdot B+A\cdot B$	=	$(\overline{A}+B)$	$=f_{max13}$
$f_{min40}=\overline{A}\cdot\overline{B}+\overline{A}\cdot B+A\cdot\overline{B}+A\cdot B=1$			−

といい, また, 前項の最小項のみで構成されそれらの和になっている論理関数を「主加法標準形 (principal disjunctive normal form)」という. 同じく, 変数の和の形でそれらが積になっている論理関数を「乗法標準形 (conjunctive normal form)」といい, また, 前項の最大項のみで構成される和の形でそれらが積になっている論理関数を「主乗法標準形 (principal conjunctive normal form)」という.

3 変数の加法標準形である (3.8) 式を主加法標準形に変形すると (3.9) 式になる. (3.9) 式の加法標準形は, 全てが最小項で表している.

$$\overline{A}\cdot B\cdot\overline{C}+A\cdot\overline{B}+A\cdot B\cdot C \tag{3.8}$$

$$\overline{A}\cdot B\cdot\overline{C}+A\cdot\overline{B}\cdot C+A\cdot\overline{B}\cdot\overline{C}+A\cdot B\cdot C \tag{3.9}$$

前項の表 3.6 の f_{min10} から f_{min40} までの 15 の論理関数は全て主加法標準形である. 同じく 3 変数の乗法標準形である (3.10) 式を主乗法標準形に変形すると (3.11) 式になる. (3.11) 式の主乗法標準形は, 全てが最大項で表ている.

$$(\overline{A}+B+\overline{C})\cdot(A+\overline{B})\cdot(A+B+C) \tag{3.10}$$

$$(\overline{A}+B+\overline{C})\cdot(A+\overline{B}+C)\cdot(A+\overline{B}+\overline{C})\cdot(A+B+C) \tag{3.11}$$

前項の表 3.7 の f_{max10} から f_{max40} までの 15 の論理関数は全て主乗法標準形である.

例題演習 3.6; $f_{min40}=1$, $f_{max40}=0$ を示して下せ.

解答; $f_{min40}=1$ を示す.

$$f_{min40}=\overline{A}\cdot\overline{B}+\overline{A}\cdot B+A\cdot\overline{B}+A\cdot B=\overline{A}\cdot(\overline{B}+B)+A\cdot(\overline{B}+B)=\overline{A}+A=1$$

BC\A	00	01	11	10
0	$\bar{A}\cdot\bar{B}\cdot\bar{C}$	$\bar{A}\cdot\bar{B}\cdot C$	$\bar{A}\cdot B\cdot C$	$\bar{A}\cdot B\cdot\bar{C}$
1	$A\cdot\bar{B}\cdot\bar{C}$	$A\cdot\bar{B}\cdot C$	$A\cdot B\cdot C$	$A\cdot B\cdot\bar{C}$

図 3.6　3 変数のカルノー図

CD\AB	00	01	11	10
00	$\bar{A}\cdot\bar{B}\cdot\bar{C}\cdot\bar{D}$	$\bar{A}\cdot\bar{B}\cdot\bar{C}\cdot D$	$\bar{A}\cdot\bar{B}\cdot C\cdot D$	$\bar{A}\cdot\bar{B}\cdot C\cdot\bar{D}$
01	$\bar{A}\cdot B\cdot\bar{C}\cdot\bar{D}$	$\bar{A}\cdot B\cdot\bar{C}\cdot D$	$\bar{A}\cdot B\cdot C\cdot D$	$\bar{A}\cdot B\cdot C\cdot\bar{D}$
11	$A\cdot B\cdot\bar{C}\cdot\bar{D}$	$A\cdot B\cdot\bar{C}\cdot D$	$A\cdot B\cdot C\cdot D$	$A\cdot B\cdot C\cdot\bar{D}$
10	$A\cdot\bar{B}\cdot\bar{C}\cdot\bar{D}$	$A\cdot\bar{B}\cdot\bar{C}\cdot D$	$A\cdot\bar{B}\cdot C\cdot D$	$A\cdot\bar{B}\cdot C\cdot\bar{D}$

図 3.7　4 変数のカルノー図

$f_{max40}=0$ を示す．

$$f_{max40} = (A+B)\cdot(A+\bar{B})\cdot(\bar{A}+B)\cdot(\bar{A}+\bar{B})$$
$$= (A+B)\cdot(\bar{A}+\bar{B})\cdot(A+\bar{B})\cdot(\bar{A}+B)$$
$$= (A\cdot\bar{A}+A\cdot\bar{B}+B\cdot\bar{A}+B\cdot\bar{B})(A\cdot\bar{A}+A\cdot B+\bar{B}\cdot\bar{A}+\bar{B}\cdot B)$$
$$= (A\cdot\bar{B}+B\cdot\bar{A})(A\cdot B+\bar{B}\cdot\bar{A})$$
$$= (A\cdot\bar{B}\cdot A\cdot B+A\cdot\bar{B}\cdot\bar{B}\cdot\bar{A}+B\cdot\bar{A}\cdot A\cdot B+B\cdot\bar{A}\cdot\bar{B}\cdot\bar{A})=0$$

3 変数と 4 変数のカルノー図を図 3.6 と図 3.7 に示す．

3.5.5　論理関数の簡単化

　論理関数の簡単化とは「項の数をより少なくし，各項における積の数または和の数をより少なくする」ことである．また，標準形への変形は簡単化の 1 つである．標準形には加法標準形，主加法標準形，乗法標準形と主乗法標準形がある．論理関数の簡単化の目的は他の論理関数と比較したり，その機能を解析しようとするところにある．

　また，論理関数の簡単化や標準形への変形は，LSI の論理回路設計においてもよく使われる．チップサイズを小さくする為に構成する MOS トランジスタの数を削減したり，また，論理回路の処理速度を速くするための論理を構成するなどである．他の目的としては，大電流駆動や高耐圧特性を持たせたりノイズ対策と低消費電力化など論理回路の変形や工夫などはとても重要な技術の 1 つである．

　ここでは，論理関数を構成する項の数をより少なくし，また各項における積の数をより少なくすることを (3.12) 式で行う．

$$f = \bar{A}\cdot B\cdot\bar{C}\cdot D + \bar{A}\cdot B\cdot C\cdot D + A\cdot B\cdot\bar{C}\cdot D + A\cdot B\cdot C\cdot D \qquad (3.12)$$

4 変数のカルノー図に (3.12) 式のマークを入れると図 3.8 (a) になる．これより $\bar{A}\cdot B\cdot D$ と

図 3.8 (a) (3.12) 式のカルノー図 (b) $\overline{A}\cdot BD$ と ABD で共通化 (C) $B\overline{C}D$ と BCD で共通化

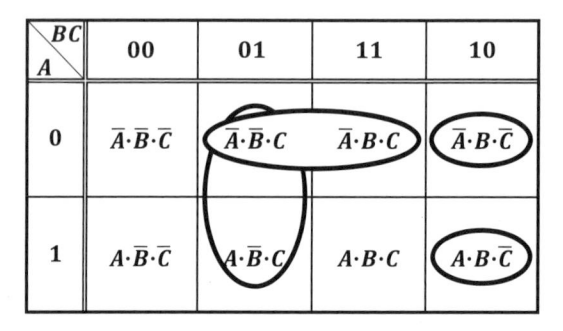

図 3.9 (3.14) 式のカルノー図

$A\cdot B\cdot D$ で共通化すると図 3.8 (b) を得る．また，同じく $B\cdot\overline{C}\cdot D$ と $B\cdot C\cdot D$ で共通化すると図 3.8 (C) を得る．図 3.8 (b) では (3.12) 式は (3.13) 式に変形簡単化され，また，図 3.8 (C) では (3.12) 式は (3.14) 式に変形簡単化される．この 2 つの簡単化は途中過程はことなるが同じ論理関数の $B\cdot D$ を得る．

$$f = \overline{A}\cdot B\cdot D\cdot(\overline{C}+C) + A\cdot B\cdot D\cdot(\overline{C}+C) = \overline{A}\cdot B\cdot D + A\cdot B\cdot D$$
$$= B\cdot D\cdot(\overline{A}+A) = B\cdot D \tag{3.13}$$
$$f = B\cdot\overline{C}\cdot D\cdot(\overline{A}+A) + B\cdot C\cdot D\cdot(\overline{A}+A) = B\cdot\overline{C}\cdot D + B\cdot C\cdot D$$
$$= B\cdot D\cdot(\overline{C}+C) = B\cdot D \tag{3.14}$$

次に 3 変数の論理関数 (3.15) 式を簡単化しまた主加法標準形と主乗法標準形を求める．

$$f = \overline{A}\cdot B\cdot\overline{C} + A\cdot B\cdot\overline{C} + \overline{A}\cdot C + \overline{B}\cdot C \tag{3.15}$$

まず，(3.15) 式の論理関数を図 3.9 のカルノー図で示す．

簡単化では「項の数をより少なくし，各項における積の数または和の数をより少なくする」を実現する．(3.15) 式は (3.16) 式と (3.17) 式に簡単化される．

$$f = \overline{A}\cdot B\cdot\overline{C} + A\cdot B\cdot\overline{C} + \overline{A}\cdot C + \overline{B}\cdot C$$

A \ BC	00	01	11	10
0	$\overline{A}\cdot\overline{B}\cdot\overline{C}$	$\overline{A}\cdot\overline{B}\cdot C$	$\overline{A}\cdot B\cdot C$	$\overline{A}\cdot B\cdot\overline{C}$
1	$A\cdot\overline{B}\cdot\overline{C}$	$A\cdot\overline{B}\cdot C$	$A\cdot B\cdot C$	$A\cdot B\cdot\overline{C}$

図 **3.10** 式 (3.16) のカルノー図

A \ BC	00	01	11	10
0	$\overline{A}\cdot\overline{B}\cdot\overline{C}$	$\overline{A}\cdot\overline{B}\cdot C$	$\overline{A}\cdot B\cdot C$	$\overline{A}\cdot B\cdot\overline{C}$
1	$A\cdot\overline{B}\cdot\overline{C}$	$A\cdot\overline{B}\cdot C$	$A\cdot B\cdot C$	$A\cdot B\cdot\overline{C}$

図 **3.11** 式 (3.17) のカルノー図

$$= \mathrm{B}\cdot\overline{\mathrm{C}}\cdot(\overline{\mathrm{A}}+\mathrm{A})+\overline{\mathrm{A}}\cdot\mathrm{C}+\overline{\mathrm{B}}\cdot\mathrm{C} = \mathrm{B}\cdot\overline{\mathrm{C}}+\overline{\mathrm{A}}\cdot\mathrm{C}+\overline{\mathrm{B}}\cdot\mathrm{C} \tag{3.16}$$

$$\begin{aligned}
\mathrm{f} &= \overline{\mathrm{A}}\cdot\mathrm{B}\cdot\overline{\mathrm{C}}+\mathrm{A}\cdot\mathrm{B}\cdot\overline{\mathrm{C}}+\overline{\mathrm{A}}\cdot\mathrm{C}+\overline{\mathrm{B}}\cdot\mathrm{C}\\
&= \overline{\mathrm{A}}\cdot\mathrm{B}\cdot\overline{\mathrm{C}}+\mathrm{A}\cdot\mathrm{B}\cdot\overline{\mathrm{C}}+\overline{\mathrm{A}}\cdot\mathrm{C}\cdot(\overline{\mathrm{B}}+\mathrm{B})+\overline{\mathrm{B}}\cdot\mathrm{C}\cdot(\overline{\mathrm{A}}+\mathrm{A})\\
&= \overline{\mathrm{A}}\cdot\mathrm{B}\cdot\overline{\mathrm{C}}+\mathrm{A}\cdot\mathrm{B}\cdot\overline{\mathrm{C}}+\overline{\mathrm{A}}\cdot\overline{\mathrm{B}}\cdot\mathrm{C}+\overline{\mathrm{A}}\cdot\mathrm{B}\cdot\mathrm{C}+\overline{\mathrm{A}}\cdot\overline{\mathrm{B}}\cdot\mathrm{C}+\mathrm{A}\cdot\overline{\mathrm{B}}\cdot\mathrm{C}\\
&= \overline{\mathrm{A}}\cdot\mathrm{B}\cdot\overline{\mathrm{C}}+\mathrm{A}\cdot\mathrm{B}\cdot\overline{\mathrm{C}}+\overline{\mathrm{A}}\cdot\mathrm{B}\cdot\mathrm{C}+\overline{\mathrm{A}}\cdot\mathrm{B}\cdot\overline{\mathrm{C}}+\overline{\mathrm{A}}\cdot\overline{\mathrm{B}}\cdot\mathrm{C}+\mathrm{A}\cdot\overline{\mathrm{B}}\cdot\mathrm{C}\\
&= \mathrm{B}\cdot\overline{\mathrm{C}}\cdot(\overline{\mathrm{A}}+\mathrm{A})+\overline{\mathrm{A}}\cdot\mathrm{B}\cdot(\overline{\mathrm{C}}+\mathrm{C})+\overline{\mathrm{B}}\cdot\mathrm{C}\cdot(\overline{\mathrm{A}}+\mathrm{A})\\
&= \mathrm{B}\cdot\overline{\mathrm{C}}+\overline{\mathrm{A}}\cdot\mathrm{B}+\overline{\mathrm{B}}\cdot\mathrm{C} \qquad (3.17)
\end{aligned}$$

すなわち，(3.16) 式と (3.17) 式ついて「項の数をより少なくする」は 4 つの項より 3 つの項に少なくし，「各項における積の数をより少なくする」は変数 3 つの積から変数 2 つの積に少なくできた．ここで注目すべきは (3.15) 式の簡単化で異なる式の論理式を得たことでである．(3.16) 式のカルノー図を図 3.10 に (3.17) 式のカルノー図を図 3.11 に示す．2 つのカルノー図は同じ値を示すが論理式は異なる．

次に論理式の (3.15) 式，(3.16) 式と (3.17) 式の主加法標準形を求める．主加法標準形は最小項のみで論理式を構成するので，図 3.9，図 3.10 と図 3.11 の 3 つのカルノー図より明らかなように，全て同一の論理式になることが分かる．その論理式は (3.18) 式であり，カルノー図は図 3.12 である．

$$\mathrm{f} = \overline{\mathrm{A}}\cdot\overline{\mathrm{B}}\cdot\mathrm{C}+\overline{\mathrm{A}}\cdot\mathrm{B}\cdot\mathrm{C}+\overline{\mathrm{A}}\cdot\mathrm{B}\cdot\overline{\mathrm{C}}+\mathrm{A}\cdot\overline{\mathrm{B}}\cdot\mathrm{C}+\mathrm{A}\cdot\mathrm{B}\cdot\overline{\mathrm{C}} \tag{3.18}$$

BC A	00	01	11	10
0	$\overline{A}\cdot\overline{B}\cdot\overline{C}$	$(\overline{A}\cdot\overline{B}\cdot C)$	$(\overline{A}\cdot B\cdot C)$	$(\overline{A}\cdot B\cdot\overline{C})$
1	$A\cdot\overline{B}\cdot\overline{C}$	$(A\cdot\overline{B}\cdot C)$	$A\cdot B\cdot C$	$(A\cdot B\cdot\overline{C})$

図 3.12 式 (3.18) の主加法標準形のカルノー図

BC A	00	01	11	10
0	$\overline{A}\cdot\overline{B}\cdot\overline{C}$	$\overline{A}\cdot\overline{B}\cdot C$	$\overline{A}\cdot B\cdot C$	$\overline{A}\cdot B\cdot\overline{C}$
1	$A\cdot\overline{B}\cdot\overline{C}$	$A\cdot\overline{B}\cdot C$	$A\cdot B\cdot C$	$A\cdot B\cdot\overline{C}$

図 3.13 式 (3.19) の補元のカルノー図

主乗法標準形は図 3.12 (図 3.9, 図 3.10, 図 3.11 どれも同じである) のカルノー図より論理関数の補元すなわち (3.19) 式を求める. 補元の補元を求め論理式の運用で最大項に変形し (3.20) 式を得ることができる.

$$\overline{f} = \overline{A}\cdot\overline{B}\cdot\overline{C} + A\cdot\overline{B}\cdot\overline{C} + A\cdot B\cdot C \tag{3.19}$$

$$\begin{aligned}
f = \overline{\overline{f}} &= \overline{\overline{A}\cdot\overline{B}\cdot\overline{C} + A\cdot\overline{B}\cdot\overline{C} + A\cdot B\cdot C} \\
&= \overline{\overline{A}\cdot\overline{B}\cdot\overline{C}} \cdot \overline{A\cdot\overline{B}\cdot\overline{C}} \cdot \overline{A\cdot B\cdot C} \\
&= (A+B+C)\cdot(\overline{A}+B+C)\cdot(\overline{A}+\overline{B}+\overline{C}) \tag{3.20}
\end{aligned}$$

(3.20) 式のカルノー図は図 3.12 になることは明らかである. また, (3.19) 式の補元のカルノー図を本来のカルノー図と区別し, 図 3.13 に示す試みをした.

以上において (3.15) 式 (論理関数) の論理式運用により, 2 つの簡単化と 2 つの標準化を示した. これらは全て同一の値をもつが論理式は異なる形になる. ここではカルノー図において全て確認をして進めた. 先に示した真理値表においても同様の確認が出来る.

例題演習 3.7; 次の論理関数を簡単化せよ.

(1) $f_1 = \overline{A}\cdot\overline{B}\cdot C + A\cdot\overline{C} + B\cdot C + A\cdot\overline{B}\cdot C$

(2) $f_2 = \overline{A}\cdot\overline{B} + A\cdot\overline{C} + \overline{A}\cdot C + B\cdot C$

解答例;

(1) $f_1 = A + C$ または $f_1 = (A+\overline{B}+C)\cdot(A+B+\overline{C})$

(2) $f_2 = A \cdot B + \overline{B} \cdot \overline{C} + \overline{A} \cdot C$, $f_2 = \overline{A} \cdot \overline{B} + A \cdot \overline{C} + B \cdot C$ または $f_2 = (A + \overline{B} + C) \cdot (\overline{A} + B + \overline{C})$

演習問題

設問1 次の論理関数を簡単化せよ．
(1) $f_1 = \overline{A} \cdot B \cdot C + \overline{A} \cdot \overline{C} + \overline{A} \cdot C$
(2) $f_2 = \overline{C} \cdot D + A \cdot \overline{B} \cdot C \cdot \overline{D} + A \cdot \overline{B} \cdot \overline{C} \cdot D + A \cdot \overline{B} \cdot C \cdot D + A \cdot B \cdot \overline{C} \cdot \overline{D}$
(3) $f_3 = \overline{A} \cdot \overline{C} + B \cdot C + A \cdot C + \overline{A} \cdot \overline{B}$
(4) $f_4 = A \cdot \overline{B} \cdot \overline{D} + \overline{A} \cdot \overline{B} \cdot \overline{C} \cdot \overline{D} + \overline{B} \cdot C \cdot \overline{D} + A \cdot B \cdot \overline{C} \cdot \overline{D}$

設問2 次の論理関数をカルノー図，真理値表を使わず論理演算で簡単化せよ．また，簡単化後カルノー図と真理値表で確認のこと．
(1) $f_1 = \overline{A} \cdot \overline{B} \cdot C + \overline{A} \cdot B \cdot \overline{C} + \overline{A} \cdot B \cdot C$ (2) $f_2 = A \cdot B + \overline{A} \cdot B + A \cdot \overline{B}$
(3) $f_3 = A \cdot \overline{B \cdot C} + A \cdot B \cdot C + A \cdot B \cdot \overline{C}$

設問3 次の論理関数を主加法標準形と主乗法標準形に簡単化(変形)せよ．
解答は主加法標準形，主乗法標準形の順に示す．
(1) $f_1 = B \cdot C + A \cdot \overline{C}$ (2) $f_2 = \overline{B} \cdot C + \overline{A} \cdot D + A \cdot \overline{B} \cdot D$ (3) $f_3 = (\overline{B} + C) \cdot (B \cdot C + A \cdot \overline{C})$

設問4 次の論理関数を簡単化せよ．
(1) $f_1 = A \cdot \overline{B} \cdot C \cdot \overline{D} + A \cdot B \cdot C \cdot D + A \cdot B \cdot C \cdot \overline{D} + A \cdot \overline{B} \cdot C \cdot D$
(2) $f_2 = \overline{A} \cdot B \cdot \overline{C} + A \cdot B \cdot \overline{C} + \overline{A} \cdot C + \overline{B} \cdot C$

設問5 2つの変数を持つ論理関数について次に記すことを示せ．
(1) 最大項と最小項の全てを，論理式とカルノー図で示す．
(2) 最小項で表すことができる全ての論理関数を示す．
(3) 最大項で表すことができる全ての論理関数を示す．
(4) 最小項と最大項の関係を示す．

参考文献

[1] George Bools, "An Investigation of the Laws of Thought," Dover Publications, New York (1954).

[2] Edward V.Huntington, "Set of I$\overline{D}$epe$\overline{D}$ent Postulates for The Algebra of Logic," Trans. American Mathematical Society, 5, pp. 288-309 (1904).

[3] http://museum.ipsj.or.jp/computer/dawn/0002.html

[4] Claude.E.Shannon, "Symbolic Analysis of Relay and Switching Circuits," A.I.E.E.

Trans., 57, pp. 38-80 (1938), "Claude.Elwood.Shannon Collected Papers," IEEE PRESS IEEE information theory Society, Sposor, pp. 471-495 (1991).

参考図書

[1] M・フィスター，尾崎弘訳，"デジタル計算機の論理設計，"朝倉書店 (1974)
[2] 成島弘・小高明夫，"ブール代数とその応用，"東海大学出版会，第 1 刷 (1983)

第4章
論理素子

□ 学習のポイント

　コンピュータは一貫してデジタル論理を発展させてきた．それはコンピュータの構成素材の改良と新たな発明によるものであった．その歴史は人間の歴史に相当する．コンピュータが人間の指，小石，わら，そろばんや歯車の時代は，コンピュータを支えるデジタル技術の担い手はその働きが誰からもよくわかる素材であった．それらの素材は演算，その結果の表示と記憶のいわゆるコンピュータとして必要とする3つの機能を持ち合わせていた．

　一方リレーからはじまる，近代から現在に至るデジタル技術の担い手はリレー，真空管，ダイオードとMOSトランジスタなどの半導体である．新たな2値論理と2進数を獲得して，これらはコンピュータの機能を飛躍的に向上させた．これら現代のデジタル技術の担い手は指や歯車に比べると極端に機能が低く単一の働きしかできないように見える．この単一の働きとは驚くことには全てスイッチである．そして，このスイッチという素材は幾つも集合し現在のLSIを実現し大きい働きをすることになる．

□ キーワード

　人間の指，そろばん，歯車，計算補助具，計算道具，リレー，真空管，ダイオード，MOSトランジスタ，半導体

4.1 論理構成の素材 (人間の指，そろばん，歯車)

　人類が数を数える最初は，数を数える論理を実現するものが人間の指であった．そして，未だにあり続ける．人間の指を補強するために小石，わらなどが使われだし，これらを計算補助具とも呼ばれる．計算補助具がその形を固定し道具にまで達した．それがそろばんである．そろばんは1980年代まではいろいろな職場で見かけたが現在は見かけない．しかし，2012年現在，そろばんでの計算は脳の鍛錬と集中力強化に有効とされ，学校教育から離れて小中学生の習い事の1つになっている [1]．人々の計算を助けたそろばんがその役目を終えた今，今度は教育の材料になる．そろばんのような道具は人間も育てる．しかし，発展した現代コンピュータシステムやCADは同じく人間も育てるが，またしかし，多くの人間を堕落させることになるのかしれない．

　次にくる歯車を使った計算道具はそろばんのように使い方に慣れる必要もなく，だれでも使えるようにしたものである．すなわちそれを使う人間は各桁の計算と桁上げをそろばんのよう

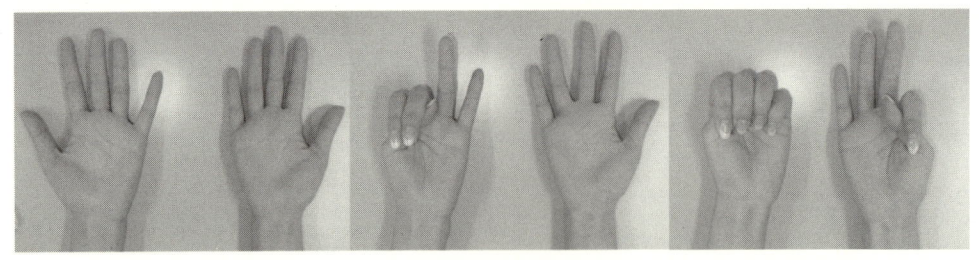

(a) 0 を表す　　　　　　(b) 3 を表す　　　　　　(c) 7 を表す

図 4.1　人間の指による数え方

にする必要がなく，主に注意して置数を行うことに専念すればいいことになる．

4.1.1　人間の指

10 進数は人間の指が 10 本であり，数を数えるのに指を使った結果 10 進数が自然発生的に確立されたと考えられている．また，南アメリカのある地域でのインディオでは 8 進数を使っていた．これは，指と指の間を数えるので 8 進数になったといわれている．手の指で数える場合の最小の論理素子は 1 つの指である．例えば指が伸びたものが 0 で，その指が折られているのは 1 である．10 本の指を使い 1 から 10 までの 10 個の 数を表した．10 本の指での数え方を図 4.1 に示す．指で数える数え方は最も原始的なやり方であり，この数え方は紀元前ところか少なくとも人間 (ホモサピエンス) の発生時からまたはその前の種からやっていたかもしれない．

図 4.1 (a) は両手を広げ，数を数える順備段階である．手の甲でなく腹を見せた状態であり，数えると指を折りたたむ．論理からするとこれは 0 を表すが，数を数えるのに指を使いはじめた当時は 0 と考えていたか，または数無しと考えていたかどうかは定かでない．同じく図 4.1 (b) は 3 を数えた時で，親指，人指と中指をおりたんでいる．図 4.1 (c) は 7 を数えた状態でこれも人と地域により異なると思うが，右手に移る時は左手と同じく親指から順に指を折る．

この指での数え方は 1 つの指を折って 1 であり (もちろん全ての指を折っている状態から 1 つの指ごとに伸ばしていくことも同様である)1 からはじまる．指で数えるのは 1 から 10 までで最後の数字は 10 であるので桁を跨ぐことになる．これが人間として自然な数え方と思われる．0 からはじめると 1 つの指を折り 0 であり，全ての指を折ったところで 9 である．これは現在コンピュータやコンピュータ応用のシステムで採用されている数の数え方である．しかし，人間本来の物の数の数え方は 10 本の指を使い 1 から 10 まで数えるのが自然であると思える．またこの場合 1 つも無い場合は，ゼロ (0) でなくて無いという意味であったことも考えられる．

しかし，ここからは反対の話をすることにになる．0 はインドで発明されたと一般に言われているが，マヤ文明は紀元前数千年より 0 を使いまた，彼らは 20 進数を用い膨大な暦を記憶していたことがわかっている．マヤ文明の 0 はまるで握り拳 (こぶし) を描いた図である．握り拳が 0 なら，日本以外の諸外国でよく見かける指を伸ばしていく数え方の妥当性が伺える．これはひょっとすると 0 を意識している数え方かも知れない．

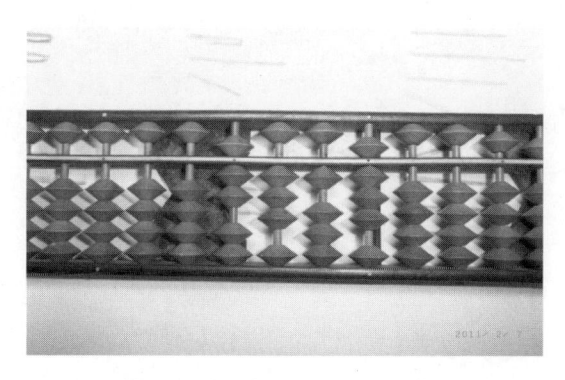

図 4.2 そろばんによる 7318 の表示

4.1.2 そろばん

そろばんは木切れや小石を使い，溝をつけた地面や木の平板の上で計算をする紀元前 4000～5000 年より存在していたといわれるアバカス (abacus，算盤) から発展した [2]．起源は幾つかあるがローマから中東を経て中国に渡ったと考えられている．そろばんの発明は中国で紀元前 1000 年といわれている．現存する中国そろばんは 10 進と 16 進併用であり，1 桁は 7 つ玉 (珠) であった．そろばんは 1600 年頃日本に伝わり改良されそれが全世界に伝わった．図 4.2 に示すように，1 桁 5 つの珠により構成されている．数を数える基本は指と同じであるが，指からの発展は 3 点あり，1 つは指のように人間の一部を使うのでなく道具にしたこと，2 つ目は桁数の導入，3 つ目は桁数内での 0.5 桁とも言うべき 5 珠の導入である．これらはそろばん以前の算盤や，わらでの演算，ローマ数字やマヤの数字にも見られる．1 桁は 5 個の玉を持つ．境の枠からから下段は 4 つの玉を持ち玉 1 つが 1 である．上段は 1 つの玉を持ち玉 1 つが 5 の数字を表す．写真の数字は 7318 の 4 桁の数字を表している．1 桁は 1 が 4 玉と 5 が 1 玉で構成されている．

4.1.3 歯車

歯車は 1600 年代から実用に使われ幾つかの機械計算道具としてのコンピュータが生まれた．1623 年ヴィルヘルム・シッカート (Wilhelm Schickard) による「計算する時計 (Calculating Clock)」や 1645 年ブレーズ・パスカル (Blaise Pascal) による「パスカリーヌ (Pascaline)」[3] である．さらにこのコンピュータは近代まで実用が続き日本では大本寅治郎によるタイガー計算器が 1923 年～1970 年まで販売された．しかし，紀元前より時計や自動オルガンなどで歯車が使われており，また何らかのコンピュータも存在したと言われている [4]．

図 4.3 の右側に 2 つの歯車が 10 進 2 桁の 17 を示す歯車の機構を示す．これは 17 を表し，右の歯車が 1 桁目であり左の歯車が 2 桁目である．この 17 に 4 を加える場合は，右の歯車を左回りに 4 つの単位を回すと表示の値は 1 になる．このとき 1 桁目の桁上げの爪が 2 桁目の 10 ある歯車を 1 つ回し，2 桁目は 2 を表示する．これは桁上げの自動化である．17 に 4 を加えると 21 になる．このような歯車は 10 進数の桁ごとに 1 つの歯車を持ち，それらは 1 つ下の桁よりの桁上げの機能と自己の歯車が 9 から 0 に 1 つ値が上がる時に，1 つ上の桁に桁上げの機能

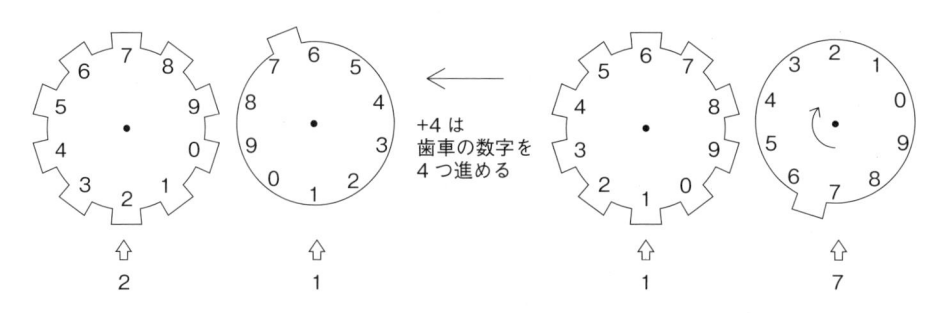

図 4.3　歯車による 17+4 の実行

をもつ．それで歯車は1つ下の歯車から桁上げを受け取る10の溝を持つ円盤と，1つ上の桁に桁上げを伝える1つの爪の円盤のそれぞれ2つの円盤が一体化されコンピュータのための歯車が作られる．図4.3には2つの円盤が一体化された図は省略されているが，10の溝を持つ円盤は2桁目にまた1つの爪の円盤は1桁目に示されている．

　歯車はコンピュータの3つの重要機能としての，数値の演算，その演算結果の表示とその値の保持を1つの歯車で実現する．歯車は人類技術史上特筆すべきことの1つである．当初から現代においても動力を伝えまた論理演算を実現する．そして，時計，水車，風車，オルゴール，自動オルガンなど紀元前からいろいろな道具，機器やシステムに使われていく．それらの1つにコンピュータがある．コンピュータ史上ではこの歯車が余りにもすばらしすぎたため，歯車のコンピュータから次の世代のコンピュータに進むには，後述するが歯車の観念を完全に捨て去る必要があった．歯車はそれ位の威力と魅力を持つ．

　その当時の技術では歯車の観念を捨て去り，数字の扱いを合理的な開発と生産の負担の少ない考えにする必要があった．リレーや真空管と言う電気，電子の論理素子を使いながら歯車の模倣 (エミュレーション) に力を費やすことになり十分な成果を得ることがなかなかできなかった．コンピュータの歯車からの脱却は，次の3項目を同時に実現することにより可能となった．これらは，数値を扱うハードウェアを歯車模倣の10進数1桁を10ビットを使うのでなく4ビットで実現する10進から2進への転換，2つ目は当時考えられていたハードウェア構成でなく，それを極端に削減しプログラムの力を借りる現代コンピュータ構造の源流である構造，3つ目はプログラム内蔵方式の現代コンピュータアーキテクチャである．これを実現したのが前述したケンブリッジ大学のウィルクスによる1949年のEDSACである．

4.1.4　人間の指，そろばんと歯車への発展

　ここで，17に4を加える演算を手の指，そろばんと歯車とその操作の複雑度と頭の使い方を調べる．指の場合はいろいろな数え方があるが，18と発声し指を1つ折り，次に19と発声し指を1つずつ折っていく．そして，21と発声したところで4つの指が折られており，4を加えるので演算が終了し，そのときの加算結果が21であることがわかる．指折の場合の加算の方法は，1の加算が何回実行するかというやり方が基本であると考えている．1の加算の結果 (答え) はその次の数字であるので容易である．

　次にそろばんの場合の加算は，初歩段階では3通りに分かれる．1つ目は，前出の人間の指

のやり方を使う場合，これを1桁の暗算も使わないので「暗算併用無 (そろばん操作)」とここでは称する．2つ目は，1桁以上の暗算を使いその演算結果を置数していく，これを「暗算併用 (そろばん操作)」とここでは称する．3つ目は暗算に加え補数処理も行う「暗算併用補数処理 (そろばん操作)」とここでは称する操作である．「暗算併用無 (そろばん操作)」は，まずそろばんに17が置数され，そして1桁に1つずつ1を加え，18をそろばんに置数する．以下順に合計4回繰返しその4回の判断を指かそろばん上で行う．途中桁上げも起こり21がそろばんに置数されて演算結果を得る．先に述べた指折の場合と同じことがなされている．単に指がそろばんの珠に変わっただけであるが，複数の桁の加算が可能にしている．

「暗算併用 (そろばん操作)」の場合は，そろばんに17が置数され，そして，1桁目の7+4を暗算で11をえる．1桁目を1を置数し，2桁目に1を加え2とする．

3つ目の「暗算併用補数処理 (そろばん操作)」の補数処理とは，補数処理とは，17に4を加える場合に1桁めの7に4の加算で7+4=11とは考えずに，7−6=1と4を加算するのでなく，4の補数6を引く補数処理を行い10の桁に1を加算する．このやり方はこれは誰も教えなくとも直観的にそろばんを扱う者が納得して操作していると考えている．先に示したが，そろばんが小中学生の課外学習として好評というのがうなずける一例である．

歯車の場合17に4を加える演算は1桁目に4目盛り分の歯車を回す．なわち，1，2，3，4と数えるたびに1目盛り分だけ歯車を回せばよい．桁上げのことも気にすることなく歯車が自動的処理をする．

17+4の場合，指では1の加算を4回し桁上げに注意が必要である．そろばんの場合は暗算をしない場合は指と同じであり，暗算の場合も桁上げに注意が必要である．歯車コンピュータの場合は単に4を加えるだけでよく桁上げは自動で行われるので配慮は不要となる．

ここまでで，指，そろばんと歯車コンピュータの取扱いを説明したが，もう少しそれぞれの特徴を顕著にするため4桁同士の加算の場合を示す．すなわち4217+7318とする．指の場合，4217に1を7318回加えることになる．1の加算が1秒掛かるとすると，2時間1分58秒掛かる (もちろん，7318に1を4217回加算する場合は1時間10分17秒になる)．これだけ指を折るのも大変で10ごとに正の字を書き上げなければならない．

そろばんで暗算しない場合は，4217の置数に14回の指での操作が必要．そして，1桁目は1の加算を8回と桁上げ1回，2桁目は1の加算を1回，3桁目は1の加算を3回，4桁目は1の加算を7回と桁上げ1回で都合1の加算19回と桁上げ2回，先の置数と合計は35回 (19+2+14=35) すなわち35秒になる．

次にそろばんで1桁加算の暗算 (補数計算も含める) をする場合は，1桁目の演算結果の1桁目の置数1回と桁上げ1回，2桁目の演算結果の2桁目の置数1回，3桁目の演算結果の3桁目の置数1回，4桁目の演算結果の4桁目の置数1回と桁上げ1回の都合4回の演算結果の置数と2回の桁上げ最初の4217の置数は4回で合計10回 (4+4+2=10) 10秒になる．

歯車コンピュータの場合，桁上げを考慮することなくその値のメモリ分を数えながらダイアルを回すことになる．すなわち1桁目は8メモリ分，2桁目は1メモリ分，1桁目は3メモリ分，1桁目は7メモリ分で都合19メモリ分 (8+1+3+7=19) になる．指の場合と同様に計算

表 4.1 指，そろばん，歯車コンピュータの加算時間比較 4217+7318 の場合

	指	そろばん		歯車コンピュータ
操作	1つずつの加算	1つずつの加算	1桁暗算	各桁の歯車
操作回数	7318	21	6	19
演算時間 1操作＝1秒	2時間1分58秒	21秒	6秒	19秒

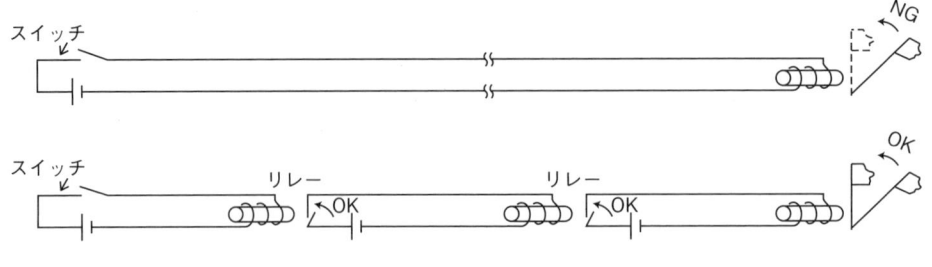

図 4.4 リレーによる電気通信の改良

時間を算出すると 19 秒となる．

　以上それぞれの場合の加算時間を表 4.1 に示す．4 桁同士の加算を指で行うのは実際大変な作業になるが他との比較のためにあえて示した．歯車コンピュータより 1 桁の暗算を使うそろばんの方が早い結果を得ている．これは加算の 1 例での話であるが，このそろばんでの演算の優秀さが東洋において歯車コンピュータや引続くプログラム内蔵方式のコンピュータの必要性を感じることなく新たな計算機器の発明の芽が出なかったと思われる．このことは科学技術に携わる我々にとり重要な事実として認識する必要がある．

4.2 論理回路構成素子 (リレー，真空管，半導体)

　コンピュータの論理構成の素子である人間の指，そろばんと歯車に続くのは，リレー，真空管，半導体の論理回路構成素子である．ここでの注目点は，人間の指，そろばんと歯車は計算をすることを直接追及し獲得していった素子であるが，しかし，リレー，真空管，半導体は初めからコンピュータのためにその基本の働きを発見発明されたのでないことである．これらがどのような探求の結果見つけ出され利用され，さらにコンピュータの論理回路構成素子になったかを十分注目していきたい．

4.2.1 リレー

　リレーは継電器の名のごとく，運動会などのリレー競技のようにその発明時の用途は，図 4.4 に示す電気通信に使われたことによる名前である．それは電気抵抗により電圧が低下し電気として作用しなくなる前に，次の新たな回路のスイッチを電磁石により働かせて引き渡す仕組みで，必要な長さに応じこれらの引継ぎを繰り返す．このリレーの発明は，コンピュータはもとより現代デジタル技術の飛躍の源である．リレー以後論理回路の素材は全てスイッチと前記したが，これらのスイッチの構造を物理的な視点から見るとリレーは金属の接点であり，真空管

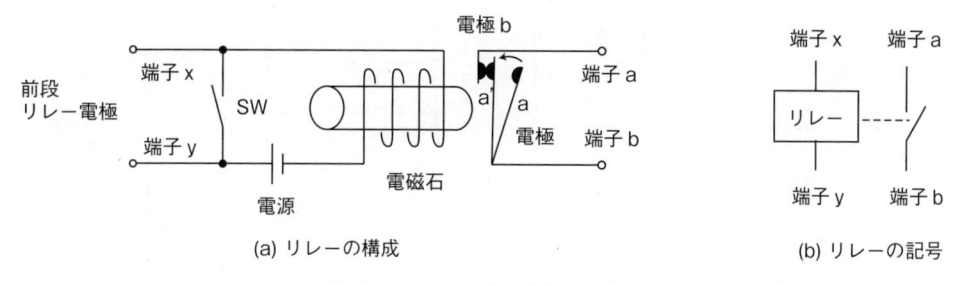

図 4.5 リレーの基本動作と機能図

は電子線そして半導体では電子とホールである．

　リレーの発明は，その前段階として 1820 年に電流による磁界の発生がオランダの物理学者エルステッド (Hens Christian Oersted) [5] により発見され，それを基に電磁石の発明が 1825 年にイギリスのスタージョン (William Sturgeon) [6] により，引き続きアメリカのヘンリー (Joseph Henry) [7] が 1831 年にリレーを発明した．

　リレー初期の実用は米国のモールス (Samuel Finley Breese Morse) [8] によるよりものである．1835 年に英文字のモールス符号を考案し，1837 年には電磁石を用いた電信機を開発した．図 4.4 は最後の旗を揚げる様子を示されているが，まさにいくつものリレーを介してモールス信号を通信した．

　リレーは発明当初より幾つもの機械に使われ，現在も使われている．リレーの基本動作と機能は図 4.5 (a) に，またリレーの記号を図 4.5 (b) に示す．図 4.5 (a) に示すように，スイッチまたは前段のリレーの電極が接続されるとコイルに電流が流れ鉄の軸が電磁石になり磁界が発生し，電極 a が引付けられ電極 a' まで動き電極 b と接続され，閉じた回路 a，b が形成される．この端子 a，b の間を閉じるか開くかを決めるスイッチが端子 a，b の回路と異なる回路で起動される．

　それは，入力側の端子 x と端子 y と出力側の端子 a と端子 b の間は電磁石によるスイッチの開閉で行っているため，電気的には入力側と出力側は完全に独立している．このため，リレーは興味ある有効な働きを実現し，現代においてもとても有効な仕組みであるといえる．リレーも現在も存在しまた半導体にそれらの仕組みが受け継がれている．リレーの有効な機能を次に箇条書で示す．

i) 増幅作用，伝達作用；減衰する信号を増強する．
ii) 変換作用，スイッチ作用；直流電流印加でアナログの音楽信号が伝わる．
iii) 論理演算作用 (ホレリスのパンチカード 1890 年，ハーバードマーク I 1944 年)；
　1800 年後半より 1900 年後半まで多くのコンピュータ，デジタル機器や制御装置に使われた．
iv) メモリ機能；論理演算作用の 1 つ．

　リレーを論理演算に使う場合と論理積 (AND 回路) と論理和 (OR 回路) について，図 4.6 に示す．図 4.6 (a) は AND 回路である．入力 A と入力 B の両方のリレーに電圧がかかり 2 つ

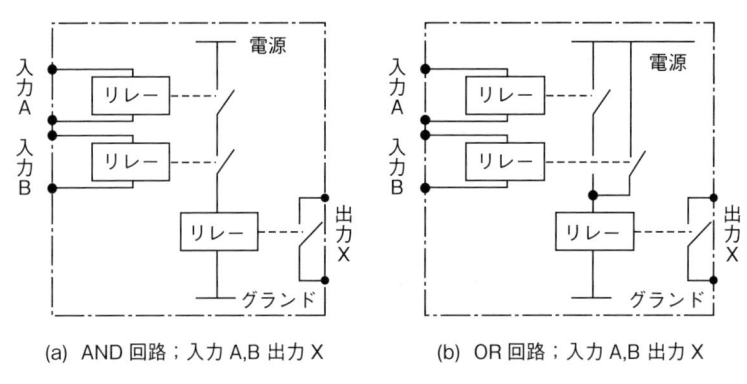

(a) AND 回路；入力 A,B 出力 X　　(b) OR 回路；入力 A,B 出力 X

図 4.6　リレーによる AND 回路と OR 回路

のスイッチが閉じてはじめて，出力 (負荷) リレーに電流が流れ出力スイッチが閉じることができる．図 4.6 (b) は OR 回路である．入力 A と入力 B のどちらか片方のリレーに電圧がかかりどちらか少なくとも 1 つのスイッチが閉じていれば，出力 (負荷) リレーに電流が流れ出力スイッチが閉じることができる．

4.2.2　真空管

一般に真空管と呼ばれ，または電子管と呼ばれこともある．真空管が幅広く使われていた 1960 年代までイギリスでは valve，米国では tube と呼ばれていた．電子管は electron tube を和訳したものであり，真空管は vacuum tube を和訳したものであるが，vacuum tube と呼ばれている事例は当時の文献では少ないようだ [9]．

ガイスラー (Johann Heinrich Wilhelm Geisler) の真空放電管の発明は 1855 年 [10]，この時代からブラウン管も着目され 1897 年ブラウン (F.Braun) [11] により発明されている．1904 年にイギリスのフレーミング (J.A.Fleming) が高周波検波用に 2 極管を開発し特許を手得した [12]．この 2 極管が真空管の起源とされている．さらに，1907 年に米国のフォレストが (Lee de Forest) が 3 極管を発明し信号の増幅も可能にした [13]．この 3 極管の発明の動機は 2 極管の特許対策のためであった．しかし，3 極管の増幅作用は以降の真空管の新たな機能拡大への基礎となった．1915 年にショットキー (Schottky) による 4 極管発明 [14] され，さらに 1927 年に 5 極管以後多極管や複合管と展開されることになる [15]．機能も高周波増幅，変調が容易に実現可能となり，受信機や放送局が充実していった．そして，その真空管が 1940 年代から 1960 年代頃までコンピュータやラジオやテレビジョンなどの各種機械にも使われた．

真空管の写真を図 4.7 に示す．真空管としては代表的な形状 3 種類で右側から ST (strangle taper) 管，GT (glass tube) 管，mT (miniature) 管である．また，大きさの比較のための 5 円硬貨を入れている．主に開発された時期は ST 管と GT 管が 1930-1950 年代，mT 管が 1950-1970 年代で生産はその後 20 年ほど継続された．現在も開発されている真空管は電子レンジなどに使われるマイクロ波を発生させるマグネトロン (magnetron) や天体観測などに用いられる光電子増倍管がある [16]．

真空管の働きの仕組みは図 4.8 に示す真空管の表記記号で説明する．真空の中で金属をヒー

図 4.7 真空管のいろいろ

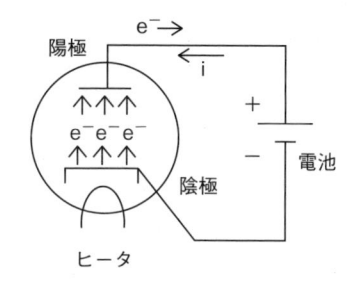

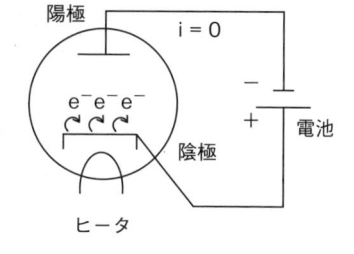

(a) 陰極に−，陽極に＋；電流が流れる
　　iは電流，e⁻は電子を表す

(b) 陰極に＋，陽極に−；電流が流れない

図 4.8 極管の動作

タで加熱すると，金属内部の自由電子の運動エネルギーが高くなり金属外部に放出される．このような現象を熱電子放出と呼ばれる．加熱されるのが陰極 (cathode:カソード) で，陽極 (anode:アノード) をプラス電位に陰極をマイナス電位にすると，陰極より放出された電子は陽極に引寄せられ確保される．図 4.8 の (a) に示すように陽極をプラス電位に保つ限り，陰極より電子は陽極に移動しその逆に陽極から陰極に電流が流れる．また，もし，陽極が陰極に比べマイナス電位であるなら，図 4.8 の (b) に示すように電子の移動は起こらない．

このように陽極と陰極の 2 つの電極を持つ真空管を 2 極真空管と呼び，この特性を利用し交流電源から直流電源を得るための整流作用や電波の検波作用，またデジタル回路にはインバータ回路，波形成形や信号増幅回路に使われる．

さらに図 4.6 に 3 極真空管の表記記号を示す．2 極真空管の陰極と陽極の間に笊 (ザル) のような隙間がある電極が設置されている．この電極は格子 (grid:グリッド) と呼ばれ図 4.8 (a) における 2 極真空管の動作電流を制御することができる．図 4.8 (a) において，格子が新たに追加されているのが図 4.9 (a) になる．この電極には 0 V からマイナス方向の電圧が印加され，陰極から陽極に流れる電子を制御する．図 4.10 に示すように，格子入力電圧に陽極電流は逆比例する特性を持つ．この特性は 3 極真空管特性として知られ，この傾きで格子電位を陽極電流として増幅作用を行うことができる．この特性によりオーディオ信号の低周波増幅から高周波増幅までできる．

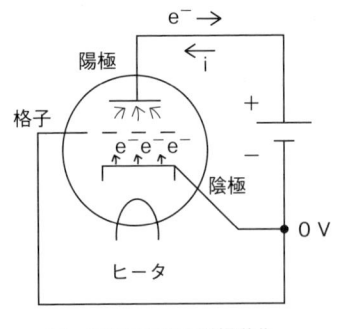

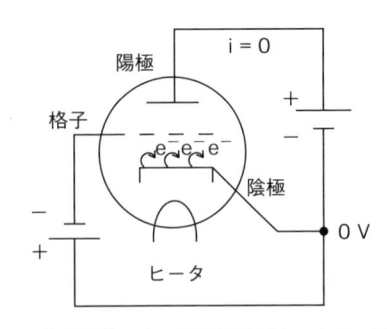

(a) 3極真空管の増幅動作　　(b) 格子電位により陽極電流がカットオフ時

図 4.9　3極管の動作と論理回路への適用

図 4.10　3極真空管の特性例

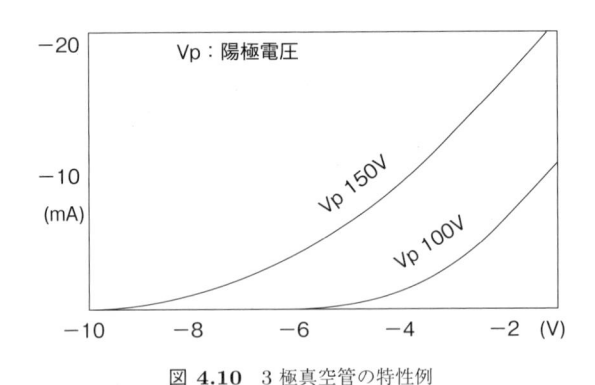

　図 4.9 (a) は格子と陰極が同電位の時で陰極から陽極への電子は十分流れる．また図 4.9 (b) は格子電位を陰極電位に比べ低くしていくと，陰極から陽極への電子の流れは徐々に小さくなって行きいずれ流れなくなる (カットオフ)．このことにより格子電圧を用いて陰極から陽極への電子の流れを制御することができる．

　デジタル技術への適応は，3極真空管の増幅機能特性を使わず，その両端の陽極電流が十分に流れる特性と，全く流れなくなる (カットオフ) 特性の2点を使う．真空管の経年変化である劣化の問題に対して有利な使い方になる．図 4.10 において，陽極電圧が 100 V で格子電圧が 0 V の時は，12 mA の陽極電流が流れるが，格子電圧を −5 V 以下にすると陽極電流は流れなくなる．この陽極電流が 12 mA と 0 mA を次の真空管の格子入力電圧の 0 V と −5 V にすることで，真空管によるデジタル回路を可能とする．

　真空管を使っての論理回路への適応を図 4.11 に示す．2 つの入力 inA と inB に対して，両方に −5 V の電圧をかけると陽極電流は流れない．出力端子 outX は 100 V になる．2 つの入力 inA と inB で少なくとも 1 つに 0 V の電圧をかけると陽極電流は流れる．出力 outX 端子は 0 V 近くまで低下する．これらの出力の 100 V と 0 V を次の論理回路の入力電圧とするかは幾つもの方法がある．また，図 4.11 の真空管回路は少なくとも 1 つの入力が高位電位の場合に出力が低位電位になるので NOR 回路である．

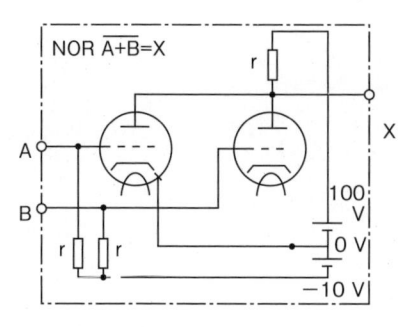

r は抵抗を表す．入力は A,B 出力は X．

図 **4.11** 3 極真空管による NOR 回路

4.2.3 半導体

　半導体の整流機能・検波作用はドイツのブラウン (Karl Ferdinand Braun) [17] により 1874 年に発見され，また，ダイオード検波器を発明したが，特性の安定性などの問題から長らく実用の研究は進まなかった．半導体の前を行く真空管も同様で，コンピュータの応用には時間を有した．その原型である真空放電管 (ガイスラー管) の発明は 1855 年で，その後 1907 年の 3 極真空管がコンピュータのデジタル回路に使われた．このデジタル回路技術の発展が半導体への新たな期待を生み，半導体の研究が進んだのは 1940 年代になってからであった．

　半導体が増幅機能を持ったのが 1947 年バーデン (John Bardeen) らによる点接触トランジスタの発明 [18] であった．現在の半導体市場の 80％ を越える MOS 技術と LSI による製品の足跡を追う．1957 年 MOS 半導体のトランジスタである電界効果型トランジスタ (FET: Field Effect Transistor) の開発された．1959 年 TI 社のキルビー (Jack Kilby) による集積回路の特許が成立し，同年同社による MOS-IC (Integrated Circuit) が開発された [19]．引続き 1968 年 RCA 社による CMOS (Complementary MOS)-IC の開発された [20]，1971 年には 2 件のマイクロプロセッサが発明・開発された．TI 社の pMOS (Positive channel MOS) 4 ビット 1 チップマイクロコンピュータ [21] とインテル社の 4 ビットマイクロプロセッサ 4004 である [22]．そして 1984 年ザイリングス社による FPGA の開発，1989 年東芝による NAND 型フラッシュメモリの発明，1995 年 1G ビット DRAM の開発などが続く．そして，現在 2012 年はインテル社のマイクロプロセッサは 10 億素子を超えるまでに MOS 技術すなわち半導体が発展した．

　このように，1947 年バーデンの点接触トランジスタを機に半導体が現代まで大発展を遂げるが，それを支えたのは民生産業軍の各種機器，通信，運輸交通とコンピュータなどの半導体需要であり，またそれらによる常に現状を上回る性能と品質と価格要求であった．さらに，それに答えるべき半導体技術，半導体設計技術と製造機器装置の向上が追従できたことである．それはコンピュータ，通信ネットワークと各種装置機器の機構と材料の発展と言う強力な支援があったことによる．

　1959 年には早くも真空管を使わず全トランジスタ式コンピュータ IBM7090 [23] が発表され，また，主メモリに磁気コアが使われていた．しかし，当時のコンピュータ開発の現状はリレーも

図 4.12　ダイオードの特性

図 4.13　ダイオードの回路記号

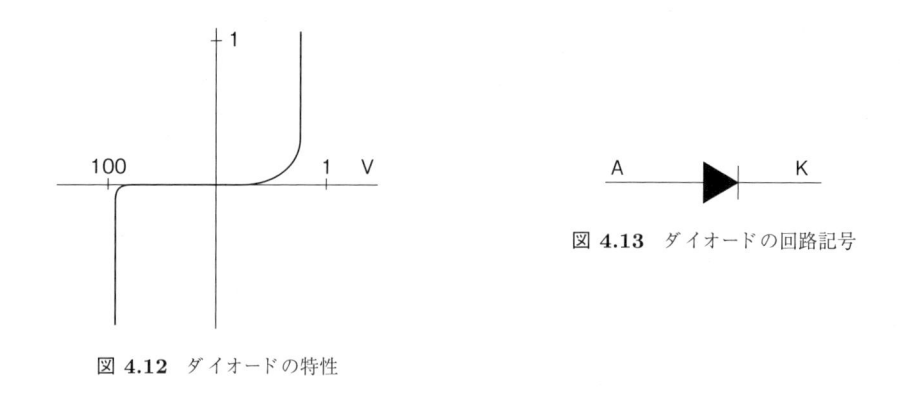

残し，主力は真空管であり論理回路の論理の構成はダイオードであった．そして，真空管がトランジスタに置換えが進みまた汎用 IC が一般市場に出てくることになる．1960 年の初めよりダイオードをそのまま使う DTL (Diode Transistor Logic) [24] であり，1966 年より開発された論理の構成部分もトランジスタを使い電源やインターフェースを改善した TTL (Transistor-transistor logic) [25] であった．これらはバイポーラトランジスタで造られており，74 シリーズとして名を残している．1968 年に RCA 社 (トムソン社) が CMOS の汎用 IC を開発，後に 74 シリーズの機能・ピン配置互換にし現在においても製造されている．

1960 年代，コンピュータの主メモリはコアメモリが使われていたが，1970 年代は半導体メモリが使われた．半導体メモリの最初のものはインテル社による 1970 年の 64 ビット SRAM (Static Random Access Memory) であり，引き続き 1971 年には 1024 ビットの DRAM (Dynamic Random Access Memory) [26] であった．1980 年代には論理回路も標準 IC からカスタム LSI であり顧客論理開発とも言うべき一連の新たな論理回路が開発された．1981 年 LSI ロジック社のゲートアレイ [27]，1982 年 VLSI 社のスタンダードセル [28]，1984 年ザイリンクス社の FPGA [29] である．この後，半導体の微細化が続きメモリ，論理回路，マイクロプロセッサはその規模を増大させ，その処理速度と消費電力の制限を受けながら展開し，インテル "Core"i7 プロセッサー 64 ビット (2008 年) では 7 億 3100 万個のトランジスタを持つまでに至っている [30]．リレーや真空管コンピュータに大いに貢献したダイオードと現在の半導体の主役である MOS トランジスタを以下示していく．

1) 半導体; ダイオード

ダイオードの特性を図 4.12 にダイオードの回路記号を図 4.13 に示す．回路記号の A は陽極 (anode) の略称，また K は陰極 (kathode:独語) の略称である．陽極と陰極は真空管の場合と同じ意味であり，陽極に高電位を，陰極に低電位を与えた場合順方向と称し逆の場合と比べ大きい電流が流れることを示している．順方向に対し逆の場合を逆方向と称する．図 4.12 において，順方向に電圧を加えていくと 0.7 V ぐらいから順方向電流が急に大きくなる．逆方向に電圧を加えていくとシリコンダイオードでは，100 V までは逆方向電流は 10 μA 程度と低く，それを超えると急に逆方向電流が流れる．半導体の素材や作りかたによりこれらの特性は変わり，各種のダイオードの製品をつくりだしている．論理回路への応用は図 4.12 に示す正負 20 V までのダイオードの特性を使うことになる．

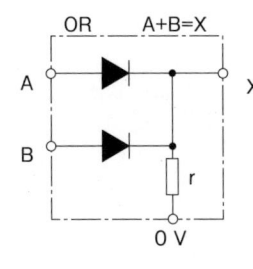

図 4.14 ダイオードによる OR 論理回路と真理値表

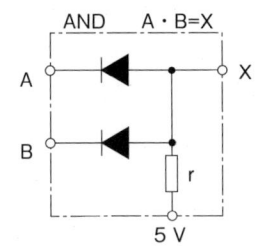

図 4.15 ダイオードによる AND 論理回路と真理値表

　このダイオードを使い構成する論理回路 OR を図 4.14 に示す．図中の H は高電位を表しまた L は低電位を表す．ダイオードが真空管と共にコンピュータに使われた当時の 1950 年から 1960 年代では，電源系は現在より複雑でダイオードは ±20V の信号の中で使われまた真空管もプラス側は 100 V を超えまたマイナス電源も必要であった．ここの説明では H は 5 V，L は 0 V として進める．2 つの入力 inA と inB の少なくとも 1 つが H の電位であれば，H の電位を与えられたどちらかのダイオードを通じて出力 outX は H の電位を得ることができる．H を論理 1 に L を論理 0 とするとこの論理回路は論理和，OR 回路ということになる．

　図 4.15 において，2 つの入力 inA と inB の少なくとも 1 つが L の電位であれば，L の電位を与えられたどちらかのダイオードを通じて電流が流れ出力 outX は L の電位になる．前の OR 回路と同様に H を論理 1 に L を論理 0 とするとこの論理回路は論理積，AND 回路ということになる．

　ダイオードがリレーや真空管と共に使われた時代はダイオードが隆盛の時期であった．というのはダイオードがまだ使えなかったときは，このダイオード 1 つに対してリレーや真空管が少なくとも 1 個必要であり，空間，消費電力，故障と騒音の大改善につながった．しかし，全てをダイオードに置き換えるのは増幅機能をもたないので無理であり，トランジスタ の実用を待つことになる．それで，リレーや真空管は論理回路部分を含め信号の増幅，フリップ・フロップやレジスタ，センサのバッファ，発信回路などを分担することになる．1960 年前後のコンピュータではリレーや真空管 1 つに対し，約 5 倍のダイオードが使われた．

2) 半導体; MOS トランジスタ

　MOS とは Metal Oxide Semiconductor の頭文字による略称であり，MOS トランジスタの構造は金属 (Metal)，酸化膜 (Oxide) と半導体 (Semiconductor) の 3 枚重ねの構造であり，図 4.16 (a) に示す．この図で半導体と示されているのは p 型半導体でシリコン (珪素：Si) より作

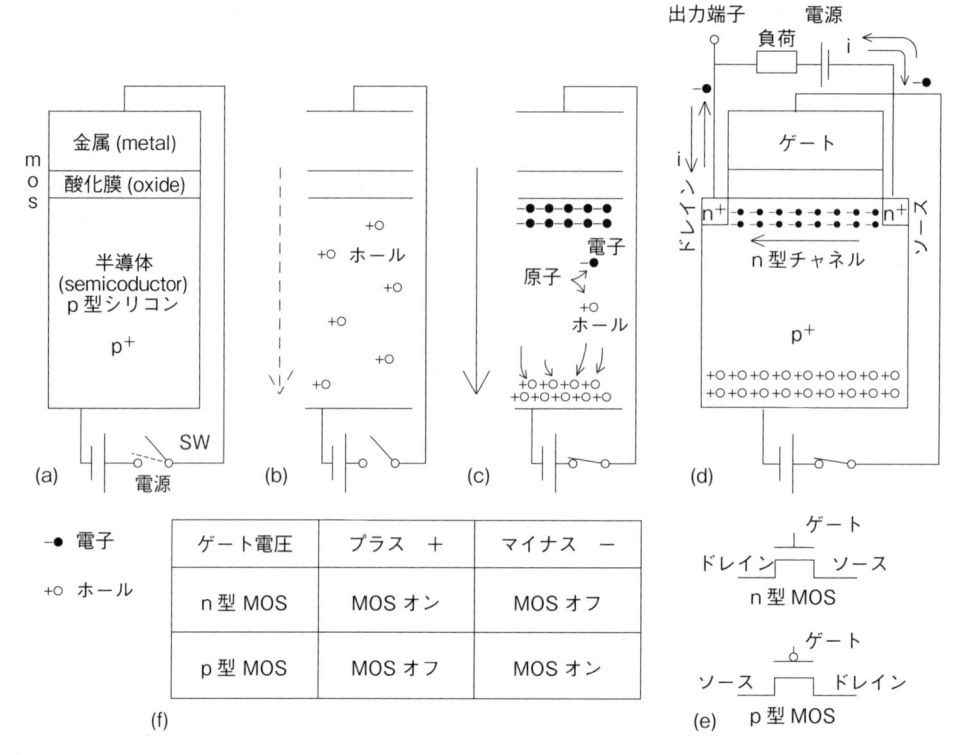

図 4.16 MOSトランジスタの働きの仕組み (a)基本的なMOS構造；当初は金属であったが，近年シリコン (ポリシリコン) が使われている．しかし，MOSの名前はそのまま存続，酸化膜はシリコンで絶縁物の役割をする，半導体はシリコンでできたp型半導体 (b)電源オフ；+oは正孔 (c)電源オン；熱により原子がホールと電子に微量数分れる (d)ソースとドレイン間に電位差があり，ゲートに+電圧がかかるとN型チャネルに電子の移動が起る．

られる．このようなp型半導体はシリコンより荷電子数の1つ少ない3価の元素ボロン (B) やインジューム (In) を微量添加する．すると，原子間の共有結合から結晶内に電子の欠落した部分ができ，正の電荷を持つように見える．これは正孔 (ホール：hole) と呼ばれる．半導体の内部で電荷を移動させるのは，この正孔と電子が役割をはたす．図 4.16 (b) には正孔は+oで示されp型半導体全体に分布する．

図 4.16 (c) に示すようにゲート (gate) とp型半導体の裏面の間に電圧をかけるとその方向に電界が発生し，正孔はp型半導体の裏面に集中する．p型半導体のあらゆる部分は通常温度で熱エネルギーによりシリコン原子が励起され，正孔と電子を発生させる．それらの正孔はp型半導体の裏面に引き付けられ，電子は電界の来る方向に寄せられp型半導体の酸化膜側に集中する．図 4.16 (d) においてソース用 n^+ 電極とドレイン用 n^+ 電極を半導体プロセス技術で作る．この2つの電極に電圧をかけると，電極間にある半導体内部の電子が電荷を運ぶ役割 (キャリヤー：carrier) を担い電流が流れることになる．このように電流が流れるので，外部に負荷を持たせることにより出力を得ることができる．また，電子は負の電荷を持つため，この2つの電極の間をNチャネルと呼ばれる．また，ソースとは電子の供給側またドレインとは電子の受取側という意味である．

図 4.16 (e) は MOS 回路の記号である．n 型 MOS と示された方は N チャネル MOS (nMOS と以後称する) 回路である．また，p 型 MOS と示された方は P チャネル MOS (pMOS と以後称する) 回路である．nMOS 回路は今まで説明してきたように，ゲートに高い電位がかかるとソースとドレイン間が繋がり，また pMOS 回路ではゲートに低い電位 (0 V) がかかるとソースとドレイン間が繋がる．この nMOS 回路と pMOS 回路を記号で区別するために，pMOS のゲートに○印を入れている．これは，nMOS 回路と pMOS 回路のトランジスタのオン電圧または論理が異なることを示す工夫である．ソースとドレイン間が繋がることは，スイッチ回路に置き換えるとスイッチ回路がオンすること，またソースとドレイン間が繋がらないことは，スイッチ回路に置き換えるとスイッチ回路がオフすることになる．MOS トランジスタの動作を図 4.16 (f) にまとめる．

CMOS 論理回路は pMOS トランジスタと nMOS トランジスタを対称に使う．図 4.16 (e) の pMOS と nMOS を 1 つずつ使い図 4.17 (a) の否定論理回路 (NOT 回路) を実現する．図 4.17 (a) にその働きを示した．すなわち，L (以降 L は 0 V，H は 5 V とする) が「入力」端子に入力すると，pMOS がオン (図 4.17 においてはチャネル channel が形成されたとしてその頭文字の C を記している) し回路が繋がり，また nMOS がオフ (図 4.17 においてはチャネル channel が形成されず開いている open としてその文字の op を記している) する．その結果「出力」端子には pMOS を通じて H が出力することになる．その時 nMOS はオフであるので Vss 電源とは切り放されている．同様に H が「入力」端子に入力すると，「出力」端子には L がは出力することになる．

否定論理和回路 (NOR 回路) を図 4.17 (b) に示す．「入力 a」と「入力 b」の 2 つの入力があるので，図 4.17 (b)，表 1 に示すように 4 つの入力の組合せがある．それぞれの入力の組合せにたいして，pMOS と nMOS がオンしているかオフしているかにより出力が H か L かを求めた．図 4.17 (b)，表 2 は L を論理 1 にまた H を論理 0 にする負論理の場合を示し，また図 4.17 (b)，表 3 は H を論理 1 にまた L を論理 0 にする正論理の場合を示している．

これらの表の出力値に「真」の桁は出力値の値を示し，また「反」の桁は出力値の反転した値を示した．この「反」の欄は，MOS 回路による論理回路は全て否定型の論理になる．すなわち否定論理和 (NOR) か否定論理積 (NAND) のため，設計した論理を判断するのに過ちが起きないように，論理の反転された値も表に示している．すなわち，否定形の論理であると考える過程を示している (以前マイクロプロセッサの設計者現役のころ重宝した方法を示した．役に立てれば幸いである)．この方法でみると，図 4.17 (b)，表 3 の正論理の「反」の欄は論理和 (OR) であるので，この回路の論理はそれの反体の論理である否定論理和 (NOR) になる．さらに進めて図 4.17 (b) の MOS 回路を表 2 の負論理で見ると，「反」の欄は論理積 (AND) であるので，この回路の論理はそれの反体の論理である否定論理積 (NAND) になる．同じ MOS 回路が正論理と負論理では否定論理和 (NOR) と否定論理積 (NAND) とに異なる．図 4.17(b) の表 1 は図 4.17 (b) の MOS 回路に与える電圧の大きさ (L,H) による nMOS と pMOS トランジスタのオンとオフ及び出力の電圧の大きさ (L,H) は変わらないが，図 4.17(b) の表 2 と表 3 に示すように正論理と負論理で論理は変わる．

(a) 否定論理回路（NOT 回路）

表1

入力	MOS		出力
	p	n	
L	C	op	H
H	op	C	L

表2

L=1 NL	
入力	出力
1	0
0	1

表3

H=1 PL	
入力	出力
0	1
1	0

(b) 否定論理和回路（NOR 回路）

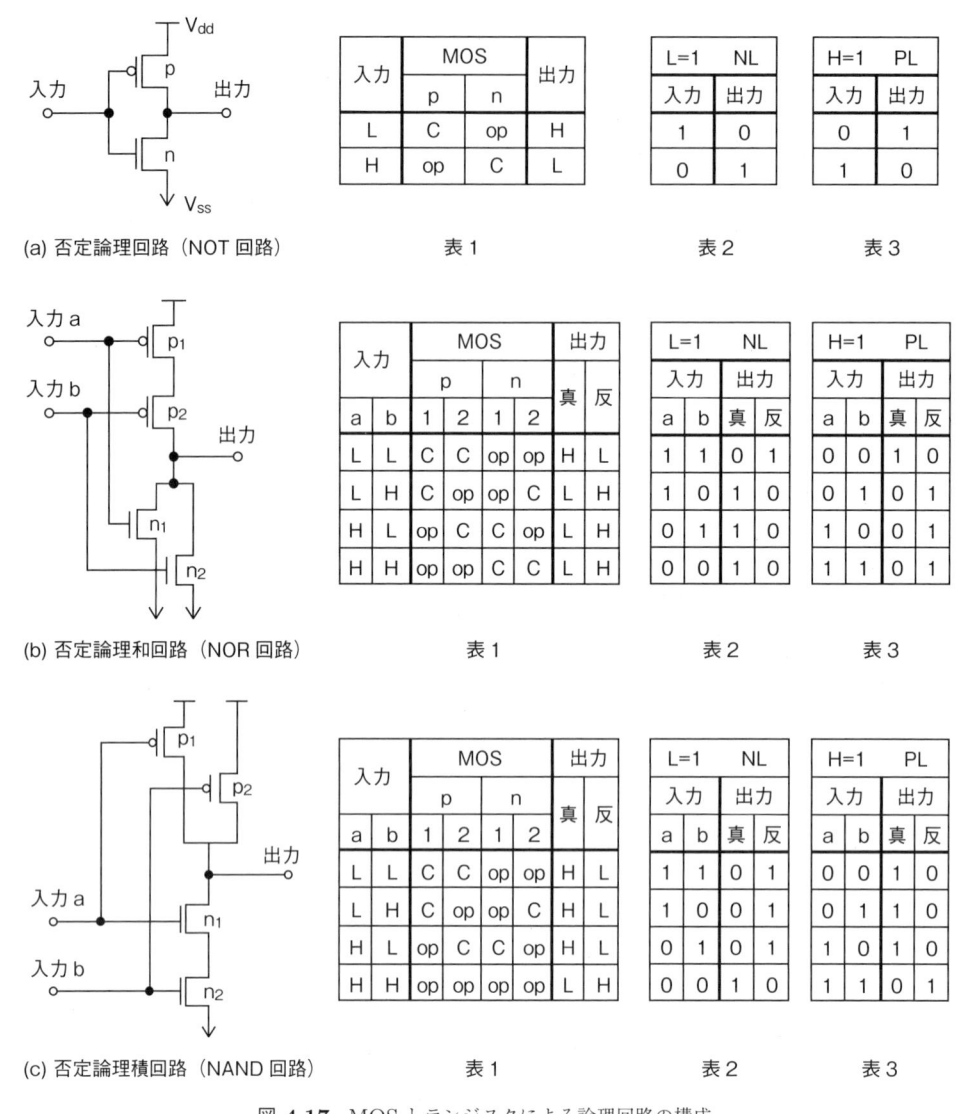

表1

入力		MOS				出力	
		p		n		真	反
a	b	1	2	1	2		
L	L	C	C	op	op	H	L
L	H	C	op	op	C	L	H
H	L	op	C	C	op	L	H
H	H	op	op	C	C	L	H

表2

L=1 NL			
入力		出力	
a	b	真	反
1	1	0	1
1	0	1	0
0	1	1	0
0	0	1	0

表3

H=1 PL			
入力		出力	
a	b	真	反
0	0	1	0
0	1	0	1
1	0	0	1
1	1	0	1

(c) 否定論理積回路（NAND 回路）

表1

入力		MOS				出力	
		p		n		真	反
a	b	1	2	1	2		
L	L	C	C	op	op	H	L
L	H	C	op	op	C	H	L
H	L	op	C	C	op	H	L
H	H	op	op	op	op	L	H

表2

L=1 NL			
入力		出力	
a	b	真	反
1	1	0	1
1	0	0	1
0	1	0	1
0	0	1	0

表3

H=1 PL			
入力		出力	
a	b	真	反
0	0	1	0
0	1	1	0
1	0	1	0
1	1	0	1

図 4.17 MOS トランジスタによる論理回路の構成

次の否定論理積回路 (NAND 回路) を図 4.17 (c) に示す．前の否定論理和回路 (NOR 回路) と同様であるので，要点のみを簡潔に示す．「入力 a」と「入力 b」の 2 つの入力があるので，図 4.17 (c)，表 1 に示すように 4 つの入力の組合せがある．それぞれの入力の組合せにたいして，pMOS と nMOS がオンしているかオフしているかにより出力が H か L かを求めた．図 4.17 (c)，表 2 は L を論理 1 にまた H を論理 0 にする負論理の場合を示した．「反」の欄は論理和 (OR) であるので，この回路の論理はそれの反体の論理である否定論理和 (NOR 回路) になる．また図 4.17 (c)，表 3 は H を論理 1 にまた L を論理 0 にする正論理の場合を示した．「反」の欄は論理積 (AND 回路) であるので，この回路の論理はそれの反体の論理である否定論理積 (NAND 回路) になる．

現在のデジタル技術を支える半導体 MOS 回路は 1960 年代より pMOS 回路，nMOS 回路

それぞれ単独で構成されるLSIを開発してきた．引続きCMOS回路で構成される論理回路が1970年はじめより開発がはじまった．図4.7で論理回路の仕組みを説明し，そこでCMOS回路の構成を示している．この構成はpMOSトランジスタとnMOSトランジスタを対に相補形に配置するもので，相補型MOS(Complementary MOS: CMOS)と呼ばれる．pMOS回路やnMOS回路に比べCMOS回路で構成される論理回路の特長は消費電力が小さいことで，反面pMOSとnMOSの両方のトランジスタを1つのチップ上に作るという製造技術の難しさとトランジスタ数が増加するという欠点があった．これらは全て製造費用の増加につながった．しかし，LSI価格が高くても1970年，1980年代ではCMOS・LSIは低消費電力が絶対に必要な電池駆動で動くシステム（時計，携帯オーディオ，ゲーム）や，停電時にも予約データを保持できるVTRなどのLSIに大量に使われた．1980年，1990年代ではCMOS・LSIはさらに適応分野を拡げパソコン，デジタルAV機器，ネットワーク機器やゲーム機器に使われた．

pMOS回路，nMOS回路それぞれ単独で構成されるLSIの新開発は1990年代で相次いで終息した．現在では，1つのLSIにMOSトランジスタが1億を超えることは珍しくない．CMOS回路で構成される論理回路においても消費電力による発熱の問題を起こし，電源電圧を下げることや回路構成などの幾つもの改善がなされている．

1970年代は口内半導体各社nMOSでインテルコンパチのマイクロプロセッサを，pMOSでは私もその一員として，各社オリジナル4ビットマイクロプロセッサ(1チップマイクロコンピュータ)を開発していた．pMOS回路での設計は負論理であった．電源電圧は高い方が0Vで低い方が-15Vであった．この電源電圧は-12，-10，-8Vと年々低下してきた．これは，酸化膜が薄くなったりしてウエハ工程技術が進み，電源電圧を下げても処理速度に余裕ができたことによる．

pMOS回路での設計は負論理であったが違和感はなかった．nMOS，CMOSでは正論理が一般に使われる．MOS回路における正論理と負論理の共通の考えは，pMOS又はnMOSトランジスタをオンにする電位を論理1にするという事である．すなわちpMOS回路では負論理で低位電源が論理1，これでpMOSトランジスタがオンする．また，nMOS回路では正論理で高位電源が論理1，これでnMOSトランジスタがオンする．そして，CMOS回路ではpMOSとnMOSの両方のトランジスタを持つので常にどちらかのトランジスタがオンしている．論理はnMOSと同じの正論理を採用したことになる．

演習問題

設問1 人間の指，そろばんと歯車までのコンピュータとしての発展を説明せよ (箇条書き)

設問2 設問 4.1 において，計算の 3 つの重要機能としての演算，演算結果の表示と表示 (演算結果) の格納について説明せよ．

設問3 リレーの特徴と応用について説明せよ．

設問4 リレー発展に関する重要技術事項を一覧にまとめよ．

設問5 真空管発展に関する重要技術事項を一覧にまとめよ．

設問6 半導体に関する重要技術事項を一覧にまとめよ．

設問7 第 4 章の英文字略語 (例；EDSAC) を元の英文とその意味を，5 件以上示せ．

参考文献

[1] 河野貴美子,"そろばんの健脳効果 Q&A," そろばんでたどる和算の旅, p. 83 双葉社 (2007).

[2] 大野誠一, そろばん, "コンピュータ開発史," 共立出版, p. 3 (2005).

[3] パスカル laise Pascal(1623-1662), "世界科学者辞典-4 物理学者," 原書房, pp. 141-142 (1991).

[4] ジョー・マーチャント, 木村博江訳, "アンティキテラ 古代ギリシャのコンピュータ," 文藝春秋 (2009).

[5] エルステッド Oersted, "サイエンス大図鑑," 河出書房新社, p. 167 (2011).

[6] スタージョン William Sturgeon, "サイエンス大図鑑," 河出書房新社, p. 169 (2011).

[7] ヘンリー Joseph Henry, "サイエンス大図鑑," 河出書房新社, pp. 168 (2011).

[8] モールス Samuel Finley Breese Morse, "科学の辞典第 3 版," 岩波書店 p. 802 (1985).

[9] ジョン・W・ストークス, 斉藤一郎訳, "真空管 70 年の歩み 真空管の誕生から黄金期まで," 誠文堂新光社, (2006).

[10] ガイスラー Johann Heinrich Wilhelm Geißler, "物理 I," 数研出版, p. 226 (2008).

[11] ブラウン Karl Ferdinand Braun (1850-1918), "世界科学者辞典-4 技術者," 原書房, pp. 163-164 (1991).

[12] フレーミング J.A.Fleming, "世界科学者辞典-6 技術者," 原書房 p. 120 (1991).

[13] フォレスト Lee de Forest (1873-1961), "世界科学者辞典-6 技術者," 原書房, pp. 120-121 (1991).

[14] 片岡基, 4 極管, "実用真空管物知り百科," 電波新聞社 pp. 16-17 (2005).

[15] 片岡基, "5 極管/多極管/複合管 実用真空管物知り百科," 電波新聞社, pp. 16-19 (2005).

[16] "マグネトロン magnetron 電子管・超高周波デバイス," 株式会社コロナ社, pp. 135-136

(1986).

[17] F. Braun, "Uber die Stromleitung durch Schwefelmetalle," Ann. Chem., 153. 556 (1874).

[18] J. Bardeen and W.H.Brattain, "The Transistor, a Semiconductor Triode," Phys. Rev., 71, 230 (1948).

[19] US3138747 米国特許 Integrated semiconductor circuit device

[20] http://ja.wikipedia.org/wiki/RCA

[21] The Engineering Staff of TEXAS INSTRUMENTS INCORPORATED Semiconductor Group, "TMS 1000 Series Data Manual, MOS/LSI One-Chip Microcomuputers," (1975).

[22] F. Faggin, M. Shima, M. E. Hoff. Jr,. H. feeney, and S. Mazor, "The MCS-4-an LSI Microcomputer System," IEEE'72 REGION SIX CONF, pp. 1-6(?).

[23] 中澤喜三郎, "IBM7090：計算機アーキテクチャと構成方式," 朝倉書店, pp. 81 (1995).

[24] 大幸秀成, "DTL：CMOSの基礎と活用ノウハウ," CQ出版社, pp. 67 (2008).

[25] 大幸秀成, "TTL：CMOSの基礎と活用ノウハウ," CQ出版社, pp. 66 (2008).

[26] 大幸秀成, DRAM (Dynamic Random Access Memory): "CMOSの基礎と活用ノウハウ," CQ出版社, pp. 81 (2008).

[27] 大幸秀成, "ゲートアレイ (LSIロジック社)：CMOSの基礎と活用ノウハウ," CQ出版社, pp. 86 (2008).

[28] 大幸秀成, "スタンダードセル (VLSI社)：CMOSの基礎と活用ノウハウ," CQ出版社, pp. 91 (2008).

[29] "FPGA(ザイリンクス社)：デジタル・デザイン・テクノロジ," CQ出版社, pp. 10-14 (2009).

[30] インテル：キャンペーン・サイト・CPUの歴史： http://www.intel.com/jp/tomorrow/robo/#/cpuhistory

参考図書

[1] John S. Murphy 森口繁一監訳, "電子計算機入門," 紀伊国屋書店, 第9刷 (1968).

[2] 小島正典, "基礎信号処理," 米田出版, 第2刷 (2008).

[3] 渡辺龍起, "リレー回路," 日本工業新聞社, 第3版 (1975).

[4] 宮脇一男, "真空管回路 (下)," 電気書院, 第3刷 (1961).

[5] 大島正光他, "真空管とトランジスタの話," 共立出版, (1969).

[6] 小谷教彦, 西村正, "ISI工学", 森北出版 (2005).

[7] 清水尚彦, "コンピュータ設計の基礎知識," 共立出版 (2003).

[8] 房岡あきら, "論理回路 "昭栄堂

[9] S.M. ジイー 南日康夫他訳, "半導体デバイス (第2版)−基礎理論とプロセス技術," 産業図書 (2007).

[10] M. キャンベル・ケリー，W. アスプレイ 山本菊雄訳，"コンピュータ 200 年史，" 海文堂出版 (2006).

[11] 大駒誠一，"コンピュータ開発史，" 共立出版 (2005).

[12] 星野力，"誰がどうやってコンピュータをつくったのか？，" 共立出版 (1995).

第5章
論理回路

□ 学習のポイント

　本章でデジタル論理の実現を計り論理回路の設計を行うが，第1章から第4章までの各章は重要で常に明快にしておく必要がある．第1章では情報がいかに数字で表されるかと言うこと，また第2章ではコンピュータ内部で数字が取り扱いされるかということである．第3章ではデジタル論理に2進数を活用することであり，第4章では論理回路を実現する具体的な素子を知り，論理回路の設計を試みた．

　デジタル論理は人間の長い歴史の中でコンピュータへの思いにより得ることのできた重要技術である．いまや，このデジタル論理は各種機器，装置，乗り物やシステムの設計・開発に必要であるだけでなく，それらの質と安全性を保障する上で重要である．この第1部デジタル技術ではコンピュータとデジタル技術はもとより，それぞれの技術やシステムの発展経緯に一定の注意を払った．これは，現在ある技術やシステムに享受し満足して使うだけでなく，また皆様が技術を担当されているかどうかに関わらず，次の2項目に注意を引きたかったからである．それらとは，「現在ある技術やシステムを最善に使おうとすること」，および，「今後の技術やシステムの最善はなにかを問いその考えをお持ち頂くこと」である．

□ キーワード

論理記号，論理回路，論理和 (OR)，論理積 (AND)，反転 (NOT, inveter)，加算器

5.1 論理記号

5.1.1 論理的思考の電気による具体化

　論理的思考というものの起源は，はるか大昔にさかのぼり，指での計算，そろばんや歯車も論理的思考の成果である．しかし，それが，電気での論理回路の具体化となると，我々の時代に近づくことになる．デジタル回路の素材であるリレー，真空管と半導体の発明は当初よりデジタル技術を目指した訳でない．デジタル技術やアナログ技術というより，当時の機器や機械にいかに電気を使い，性能向上と機能の拡大を計るかということが課題であった．

　リレーは1820年エルステッドによる電流による磁界発生の発見でコンピュータへの応用は1890年ホレリスのパンチカードであり，真空管は1855年ガイスラーによる真空放電管の発明で同じく，コンピュータへの応用は1942年ABC (Atanasoff Berry Computer) である．半導体は1874年ブラウンによる検波作用の発見でコンピュータへの応用は1952年TI社による

ダイオードの開発によりなされる．リレーはコンピュータに使われるまで電信や各種の機器に使われ，同じく真空管も照明器具，放送装置やラジオ受信機に使われた．しかし，半導体はコンピュータ以外の機器にも当初から使われたが，リレーと真空管との違いはコンピュータが先導したことである．

半導体のリレーや真空管とのもう1つの大きな違いは，それらに繋がる発見，発明後直ちに応用することができなかったことである．それは半導体の試作が難しいかったということであり，1940 年代の本格的な研究が始まるのに約 70 年の時間が必要であった．その間コンピュータはリレーと真空管で大きく発展し，デジタル技術を除除に向上させてた．1930 年前後よりリレーを用いたコンピュータ開発でブール代数の実用がいくつかの場所で独立になされ，ブール代数と 2 進数がコンピュータ設計において有効性であることがわかってきた．

まず，半導体としては 1952 年 TI 社のダイオードがリレーや真空管と一緒になりコンピュータに使われた．ダイオードの役割は前出したように論理を決める論理回路部分で，真空管は信号増幅やレジスタ，発振回路部分に使われた．その後ダイオードで論理を決めトランジスタで信号増幅する論理回路 IC (DTL) が 1950 年中頃に開発され，その改良版ともいうべきトランジスタで論理を決めトランジスタで信号増幅する論理回路 IC の TTL や CMOSIC が続く．デジタル回路図に使用される記号が MIL-806 として米軍の購入規格に規定された．この規格を図 5.1 に示し論理記号を説明する [1]．

5.1.2 論理記号

デジタル回路図に使用される記号が MIL-806 として米軍の購入規格に規定された．この規格を図 5.1 に示し論理記号を説明する [1]．図 5.1 (a) は論理積 (AND)，(b) は論理和 (OR)，(c) は増幅 (AMP)，(d) は状態表示記号 (status sign; S.S.) である．これらを使い図 5.2 に示すように各種の論理回路を記号として表すことができる．図 5.2 (a) は論理積 (AND) と否定論理積 (NAND) である．入力数は必要に応じ任意に設置できる．図 5.2 (b) は同じく論理和 (OR) と否定論理和 (NOR) である．

図 5.2(c) は増幅と状態表示記号を組み合わせた否定論理 (NOT) である．または反転回路 (inveter) と呼ばれる．否定論理回路 (NOT 回路) とは入力に論理 1 が入れば論理 0 が出力され，また論理 0 が入れば論理 1 が出力される．図 5.2 (c) の 2 つの否定論理回路 (NOT 回路) の機能は全く同一であるが，この図のように信号が左から右に移動する場合，論理記号の左側に設置された状態表示記号は，入力側が負論理また出力側が正論理であることを表している．また，論理記号の右側に設置された状態表示記号は，出力側が負論理また入力側が正論理であることを表している．正論理とは高位電圧が論理 1 であり低位電圧が論理 0 である．また，負

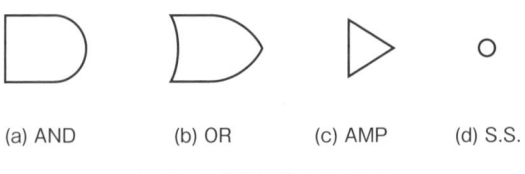

(a) AND　　(b) OR　　(c) AMP　　(d) S.S.

図 **5.1**　論理記号 MIL-806

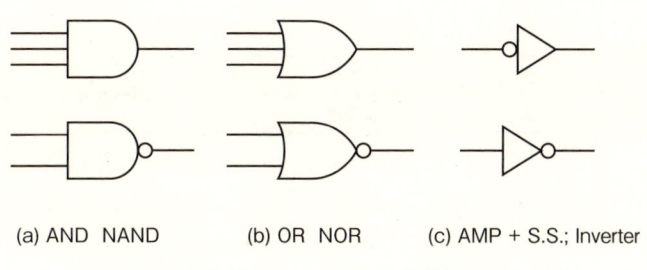

(a) AND　NAND　　　(b) OR　NOR　　　(c) AMP + S.S.; Inverter

図 5.2　論理記号 MIL-806 による各種論理回路の記号

論理とは低位電圧が論理 1 であり高位電圧が論理 0 である．

しかし，論理回路はこの規定に全てが合致するように書かれていない場合が多い．現在最も多く使われている半導体の MOS 回路では一般に直接に論理積回路 (AND 回路) と論理和回路 (OR 回路) を構成することが出来ず，まず NAND か NOR 回路を作ることになる．この 1 くくりの組合せ回路ごとに状態表示記号を使う場合が多い．その時々の場合に合わせて使い分けることが重要である．

5.2　論理回路 (論理関数)

5.2.1　2 入力論理回路 (2 変数論理関数)

2 入力論理回路 (組合せ回路) では 16 組の異なる論理演算結果を持つ．これを表 5.1 に示し，それぞれの論理式の事例を図 5.3 に 1 つまたは 2 つを示す．

表 5.1 に示すように，2 入力論理回路は 4 種類の A, B の入力が全てである．この場合, 16 種類の出力すなわち表 5.1 に論理演算結果として示している．ここで論理演算結果のコード 1110 は一般に呼ばれる論理和であり，また，コード 1000 は論理積である．少し特殊と考えられるものとしては，コード 0000 の場合常に論理出力 0 であり，またコード 1111 の場合常に論理出力 1 であるものも存在する．これらも 2 入力論理回路として考える．論理演算結果の値である 0000 の論理 0 と論理演算結果の値である 1111 の論理 1 の値を得る論理回路は，2 つの信号 A, B から論理回路により得るという条件で第 3 章ブール代数より論理 0 は「$A \cdot \bar{A}$」を，論理 1 は「$A + \bar{A}$」を論理式として使った．

先に述べたように 1 つの論理演算値に対して，複数の論理式が対応する．3 章の論理関数の標準形で示した主加法標準形と主乗法標準形で示すのも 1 つの選択であったが，ここでは具体的な論理設計に近い簡単化された論理式を加法と乗法の形を 1 つずつ選んでいる．また，第 4 章の図 4.17 の MOS トランジスタによる論理回路に示すように，実際の MOS 回路は論理の否定型になる．表 5.1 の論理式でこの否定型の論理式は論理回路例の図番 (1+, 2+, 3, 4+, 5, 6+, 7, 8+, 9+, 11, 13, 14) である．

図 5.3 は表 5.1 による，16 組の論理回路を示したものであるが，その論理回路では図 5.1 示す状態表示記号 (status sign; S.S.) を単独では使わず，増幅 (AMP) と組み合せた否定論理回路 (NOT 回路)，反転回路 (inveter) の形で全て表示した．

表 5.1 2 入力論理回路による全 (16 種類) の論理式

A	1100	\multicolumn{2}{c	}{$f(A,B)$}	\multicolumn{2}{c	}{論理回路例}
B	1010	\multicolumn{2}{c	}{論理式}		
論理演算結果	0000	\multicolumn{2}{c	}{$0 (= A \cdot \bar{A})$}	\multicolumn{2}{c	}{0}
	0001	$\bar{A} \cdot \bar{B}$	$\overline{A+B}$	1	1+
	0010	$\bar{A} \cdot B$	$\overline{A+\bar{B}}$	2	2+
	0011	\multicolumn{2}{c	}{$\bar{A}$}	\multicolumn{2}{c	}{3}
	0100	$A \cdot \bar{B}$	$\overline{\bar{A}+B}$	4	4+
	0101	\multicolumn{2}{c	}{$\bar{B}$}	\multicolumn{2}{c	}{5}
	0110	$A \cdot \bar{B} + \bar{A} \cdot B$	$(\bar{A}+B) \cdot (A+\bar{B})$	6	6+
	0111	$\overline{A \cdot B}$	$\bar{A}+\bar{B}$	7	7+
	1000	$A \cdot B$	$\overline{\bar{A}+\bar{B}}$	8	8+
	1001	$A \cdot B + \bar{A} \cdot \bar{B}$	$(\bar{A}+\bar{B}) \cdot (A+B)$	9	9+
	1010	\multicolumn{2}{c	}{B}	\multicolumn{2}{c	}{10}
	1011	$\overline{\bar{A} \cdot B}$	$\bar{A}+B$	11	11+
	1100	\multicolumn{2}{c	}{A}	\multicolumn{2}{c	}{12}
	1101	$\overline{\bar{A} \cdot B}$	$A+\bar{B}$	13	13+
	1110	$\overline{\bar{A} \cdot \bar{B}}$	$A+B$	14	14+
	1111	\multicolumn{2}{c	}{$1 (= A + \bar{A})$}	\multicolumn{2}{c	}{15}

5.2.2 論理式，論理回路の実現方法

第 2 章で確認したが，1 つの論理式も変形され幾つもの実現方法があり，また，同じく論理回路も同様である．ただし，真理値表とカルノー図は常に 1 つの表し方しかできない．幾つもの実現方法を持つ論理式と論理回路はそれぞれの場合により最善を選び決定される．例えば，速度性能，耐ノイズ，耐クロストーク性の向上や，また，半導体プロセス，設計ツール (CAD)，その品質目標や開発計画からも決まることも多い．

真理値表，論理式と論理回路は当然 1 対 1 の対応を取るが，設計開発において，設計段階では論理式の運用が多く，また試作以後は論理回路が重要になる．しかし，論理回路の設計においては，仕様，真理値表，カルノー図，論理式，論理回路，試作評価を一元的に常に見渡せることが重要であり，このことが論理式，論理回路の最善な実現方法を得ることに繋がる．

5.3　3 変数論理関数の変形と簡単化

表 5.2 の真理値表を使い論理関数の変形と簡単化を示す．これは 3 変数論理関数でこの真理値表より主加法標準形の論理式を得て，それの簡単化として加法標準形を算出する．さらに主乗法標準形とそれの簡単化の乗法標準形の論理式と論理回路を求める．また，現在半導体 LSI (CMOS) の論理回路は否定論理和 (NOR) か否定論理積 (NAND) で構成される場合がほとんどであるので，この論理関数も否定論理和 (NOR) と否定論理積 (NAND) の論理式と論理回路を求める．

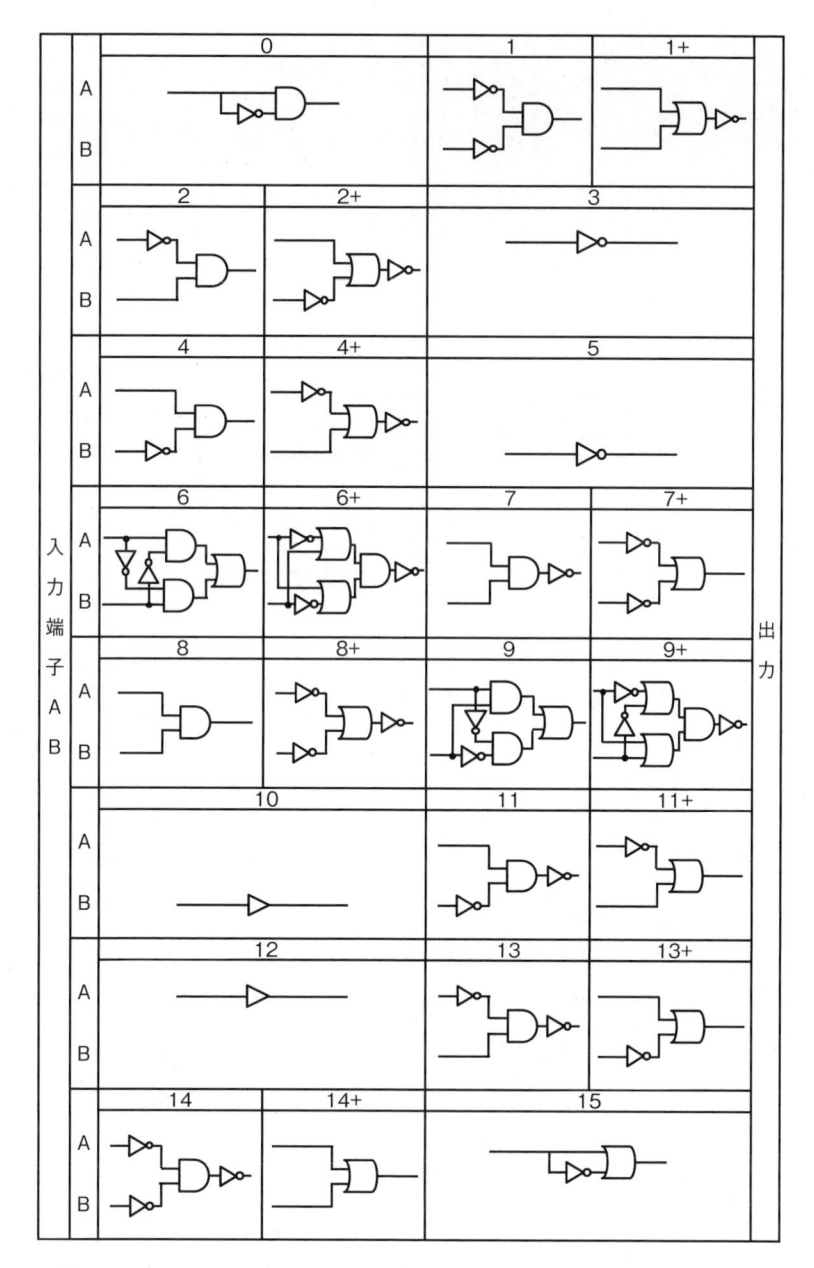

図 5.3 表 5.1 の論理式の論理回路の事例 (2 入力論理回の 16 種類の論理回路)

表5.2の3変数論理関数の真理値表より，図5.4のカルノー図を作成する．3変数論理関数 $f(A,B,C)$ の主加法標準形を (5.1) 式に示す．

$$f(A,B,C) = \overline{A}\cdot\overline{B}\cdot C + \overline{A}\cdot B\cdot\overline{C} + A\cdot\overline{B}\cdot\overline{C} + A\cdot B\cdot\overline{C} \tag{5.1}$$

主加法標準形を簡単化して，積の和の形に変更したのが加法標準形と称する．(5.1) 式の簡単化は図5.4のカルノー図からもまた論理式よりも明らかのように，2つの項 $\overline{A}\cdot B\cdot\overline{C}$ と $A\cdot B\cdot\overline{C}$ が $B\cdot\overline{C}$ に，$A\cdot\overline{B}\cdot\overline{C}$ と $A\cdot B\cdot\overline{C}$ が $A\cdot\overline{C}$ に簡単化して $\overline{A}\cdot B\cdot\overline{C}+A\cdot B\cdot\overline{C}=$

表 5.2 3 変数理論関数の真理値表

A	B	C	$f(A,B,C)$
0	0	0	0
0	0	1	1
0	1	0	1
0	1	1	0
1	0	0	1
1	0	1	0
1	1	0	1
1	1	1	0

A \ BC	00	01	11	10
0	− 000	✓ 001	− 011	✓ 010
1	✓ 100	− 101	− 111	✓ 110

図 5.4 真理値表 5.2 のカルノー図

$A \cdot \overline{C} \cdot (\overline{A} + A) = B \cdot \overline{C}, A \cdot B \cdot \overline{C} + A \cdot \overline{B} \cdot \overline{C} = A \cdot \overline{C} \cdot (B + \overline{B}) = A \cdot \overline{C}$ (5.2) 式を得る．

(5.2) 式は加法標準形である．

$$f(A,B,C) = \overline{A} \cdot \overline{B} \cdot C + B \cdot \overline{C} + A \cdot \overline{C} \tag{5.2}$$

論理式 (5.2) の変形による (5.3) 式の簡単化は CMOS 回路において有効である．それは 14 個のトランジスタが 12 個と 2 個のトランジスタの削減を行うことを可能にするためである．しかし，(5.3) 式は加法標準形からは外れていて，多くの変形の論理式が存在する．ここから先は実用に合わせ特性等も確認して進めることが必要である．

$$f(A,B,C) = \overline{A} \cdot \overline{B} \cdot C + (B + A) \cdot \overline{C} \tag{5.3}$$

次に，主乗法標準形を求める．主加法標準形から式の運用で求めることはできるが，ここでは表 5.2 の真理値表より否定の方の論理より主加法標準形を求めて行く．論理関数 $\overline{f(A,B,C)}$ を (5.4) 式で表す．

$$\overline{f(A,B,C)} = \overline{A} \cdot \overline{B} \cdot \overline{C} + \overline{A} \cdot B \cdot C + A \cdot B \cdot C + A \cdot \overline{B} \cdot C \tag{5.4}$$

(5.4) 式より $f(A,B,C)$ に式を変形し主乗法標準形の (5.5) 式を得る．

$$\begin{aligned}
\overline{\overline{f(A,B,C)}} &= f(A,B,C) \\
&= \overline{\overline{A} \cdot \overline{B} \cdot \overline{C} + \overline{A} \cdot B \cdot C + A \cdot B \cdot C + A \cdot \overline{B} \cdot C} \\
&= \overline{\overline{A} \cdot \overline{B} \cdot \overline{C}} \cdot \overline{\overline{A} \cdot B \cdot C} \cdot \overline{A \cdot B \cdot C} \cdot \overline{A \cdot \overline{B} \cdot C} \\
&= (A + B + C) \cdot (A + \overline{B} + \overline{C}) \cdot (\overline{A} + \overline{B} + \overline{C}) \cdot (\overline{A} + B + \overline{C}) \tag{5.5}
\end{aligned}$$

次いで，主乗法標準形を簡単化して，和の積の形に変更したのが乗法標準形と称する．簡単化は (5.4) 式の論理関数 $\overline{f(A,B,C)}$ で行う．

式 5.4 の簡単化は図 5.4 のカルノー図からもまた論理式よりも明らかのように，2 つの項 $\overline{A}BC$ と ABC が BC に，ABC と $A\overline{B}C$ が AC に簡単化して $\overline{A}\cdot B\cdot C + A\cdot B\cdot C = B\cdot C\cdot(\overline{A}+A) = B\cdot C$, $A\cdot B\cdot C + A\cdot\overline{B}\cdot C = A\cdot C\cdot(B+\overline{B}) = A\cdot C$ (5.6) 式を得る．

$$\overline{f(A,B,C)} = \overline{A}\cdot\overline{B}\cdot\overline{C} + B\cdot C + A\cdot C \tag{5.6}$$

(5.6) 式より $f(A,B,C)$ に式を変形し (5.7) 式を得る．(5.7) 式は乗法標準形である．

$$\begin{aligned}\overline{\overline{f(A,B,C)}} &= f(A,B,C)\\ &= \overline{\{\overline{A}\cdot\overline{B}\cdot\overline{C}+B\cdot C+A\cdot C\}}\\ &= \overline{\overline{A}\cdot\overline{B}\cdot\overline{C}}\cdot\overline{B\cdot C}\cdot\overline{A\cdot C}\\ &= (A+B+C)\cdot(\overline{B}+\overline{C})\cdot(\overline{A}+\overline{C})\end{aligned} \tag{5.7}$$

次に，実際半導体 LSI の中で使われている論理式に変形する．否定論理和 (NOR) か否定論理積 (NAND) で構成される．両方とも簡単化された (5.2) 式の加法標準形と (5.7) 式の乗法標準形から求める．

式 (5.2) の加法標準形を否定論理積 (NAND) の形に変形する．(5.2) 式を 2 回否定する式の変形を行うことにより．(5.2) 式の加法標準形を否定論理積 (NAND) の形にした (5.8) 式を得る．

$$\begin{aligned}f(A,B,C) &= \overline{\overline{f(A,B,C)}}\\ &= \overline{\overline{\overline{A}\cdot\overline{B}\cdot C + B\cdot\overline{C}+A\cdot\overline{C}}}\\ &= \overline{\overline{\overline{A}\cdot\overline{B}\cdot C}\cdot\overline{B\cdot\overline{C}}\cdot\overline{A\cdot\overline{C}}}\\ &= \overline{(A+B+\overline{C})\cdot(\overline{B}+C)\cdot(\overline{A}+C)}\end{aligned} \tag{5.8}$$

(5.7) 式の乗法標準形を否定論理和 (NOR) の形に変形する．(5.8) 式を 2 回否定する式の変形を行うことにより，(5.7) 式の乗法標準形を否定論理和 (NOR) の形にした (5.9) 式を得る．

$$\begin{aligned}f(A,B,C) &= \overline{\overline{f(A,B,C)}}\\ &= \overline{\overline{(A+B+C)\cdot(\overline{B}+\overline{C})\cdot(\overline{A}+\overline{C})}}\\ &= \overline{\overline{A+B+C}+\overline{\overline{B}+\overline{C}}+\overline{\overline{A}+\overline{C}}}\\ &= \overline{\overline{A}\cdot\overline{B}\cdot\overline{C}+B\cdot C+A\cdot C}\end{aligned} \tag{5.9}$$

以上，表 5.2 の真理値表で与えられた論理関数の主加法標準形，主乗法標準形を求め各々を簡単化した．また，現在 LSI の中で論理回路として使われている論理式である否定論理積 (NAND) と否定論理和 (NOR) も求めた．それらを次に一覧として並べる．

主加法標準形 (5.1) 式　　　; $f(A,B,C) = \overline{A}\,\overline{B}C + \overline{A}B\overline{C} + A\overline{B}\,\overline{C} + AB\overline{C}$
簡単化加法標準形 (5.2) 式　; $f(A,B,C) = \overline{A}\,\overline{B}C + B\overline{C} + A\overline{C}$
否定論理積 (NAND) (5.8) 式 ; $f(A,B,C) = \overline{(A + B + \overline{C}) \cdot (\overline{B} + C)(\overline{A} + C)}$
主乗法標準形 (5.5) 式　　　; $f(A,B,C) = (A + B + C) \cdot (A + \overline{B} + \overline{C}) \cdot (\overline{A} + \overline{B} + \overline{C})$
　　　　　　　　　　　　　　　$\cdot (\overline{A} + B + \overline{C})$
簡単化乗法標準形 (5.7) 式　; $f(A,B,C) = (A + B + C) \cdot (\overline{B} + \overline{C}) \cdot (\overline{A} + \overline{C})$
否定論理和 (NOR) (5.9) 式　; $f(A,B,C) = \overline{\overline{A} \cdot \overline{B} \cdot \overline{C} + B \cdot C + A \cdot C}$

　主加法標準形の (5.1) 式から (5.2) 式への変形による簡単化は論理式およびカルノー図より可能であるが，主乗法標準形の (5.5) 式から (5.7) 式への変形による簡単化は難しい．主乗法標準形とそれからの変形と簡単化は (5.4) 式以降の算出方法を参考にすること．

　これらの論理式から論理回路を図 5.5(p.77) にまとめた．図 5.5 (a) は (5.1) 式の主加法標準形，図 5.5 (b) は (5.2) 式の簡単化をした加法標準形，図 5.5 (c) は (5.5) 式の主乗法加法標準形と図 5.5 (d) は (5.7) 式の簡単化した乗法標準形である．論理回路から，簡単化の検討をするのは難しい．また，論理関数の簡単化は常に 2 通りを，すなわち主加法標準形と主加法標準形を念頭に置き考えるべきである．また，論理式の簡単化や変形は，真理値表とカルノー図の助けを借りて論理式を元に行い，(5.3) 式のところで述べたようにさらに詳細の簡単化は実用に合わせ特性等も確認して進めることが必要である．

　また，(5.2) 式の簡単化加法標準形と (5.8) 式の否定論理積 (NAND)，(5.7) 式の簡単化乗法標準形と (5.9) 式の否定論理和 (NOR) の関係は当然のことながら，ド・モルガンの法則そのままである．このことは図 5.5 の論理回路においてもその関係が確認できる．

5.4　加算器の設計

　4 ビットの加算器を設計する．課題，システム構成，仕様，真理値表，論理式，論理回路，まとめを順に示す．

1) 課題

　　4 ビットの加算器の設計

2) システム構成

　　数値；4 ビットで表す数値は正の 16 進整数．0, 1, 2, 3, 4, 5, 6, 7, 8, 9, A, B, C, D, E, F で表す．

　　加算器；加算器 K は入力端子 A と B，出力端子 S と C で構成されている．これら全て 4 ビット構成である．加算は A と B と 1 つ下のビットの C により実行される．

　　ビット構成；加算器 K，入力端子 A と B，出力端子 S と C　加算器 K (K_0, K_1, K_2, K_3)

　　入力端子 A (A_3, A_2, A_1, A_0)

　　入力端子 B (B_3, B_2, B_1, B_0)

　　出力端子 S (S_3, S_2, S_1, S_0)

　　出力端子 C (C_3, C_2, C_1, C_0)

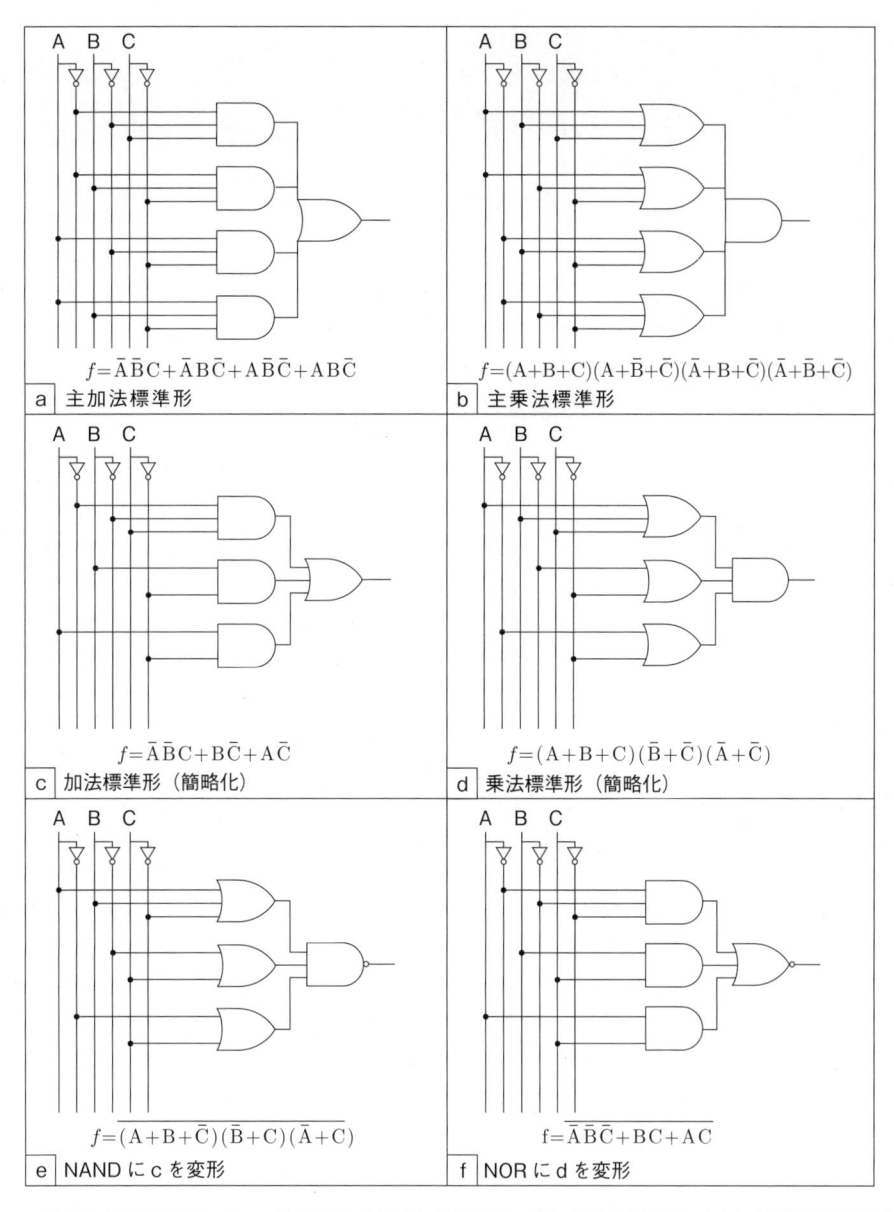

図 5.5 表 5.2 の真理値表の 6 つの論理回路 (a) 主加法標準形, (b) 主乗法標準形, (c) 加法標準形 (簡単化), (d) 主乗法標準形 (簡単化), (e) NAND 形, (f) NOR 形

C_3; キャリーフラグ.

3) 仕様

A と B を加算し, 演算結果として S と C を得る. この関係を (5.10) 式に示す.

$$A + B = S, C \tag{5.10}$$

A, B, S, C は全て 4 ビットで構成されている.

ビット単位で加算を表すと, (5.11) 式になる. さらに, この式から図 5.6 の構成図を得る.

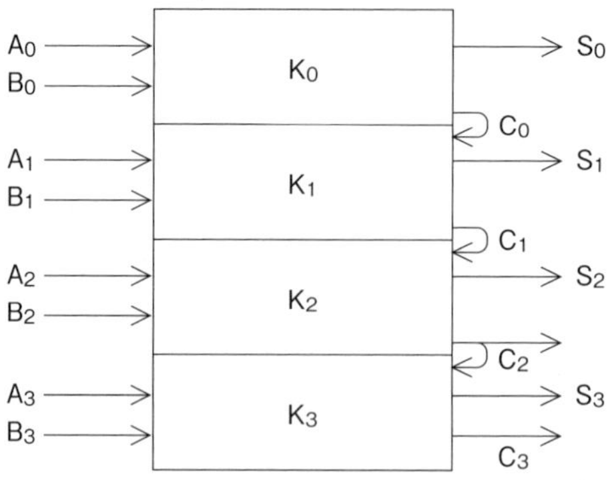

図 5.6 4 ビット加算器の構成図.

A		A_3,	A_2,	A_1,	A_0,
+B	+	B_3,	B_2,	B_1,	B_0,
) +C	) +	C_2,	C_1,	C_0,	
S		S_3,	S_2,	S_1,	S_0,
O		O_3,	O_2,	C_1,	C_0,

C_3：キャリーフラグ (5.11)

4) 真理値表

図 5.6 の 4 ビット加算器の構成図と式 (5.11) の各ビットの計算式より各ビットの加算の真理値表を求める．4 ビット加算器の 0 ビットは加算器 K_0 で A_0 と B_0 の 2 つの値の加算を実行され，その真理値表を表 5.3 に示す．

表 5.3 加算器 K_0 の真理値表加算器 K_0

入力端子		出力端子	
A_0	B_0	S_0	C_0
0	0	0	0
0	1	1	0
1	0	1	0
1	1	0	1

4 ビット加算器の 1,2,3 ビットは 0 ビットの加算の場合に加え 1 桁下の桁上げを加える必要がある．A_3, A_2, A_1 を A_n，B_3, B_2, B_1 を B_n，S_3, S_2, S_1 を S_n，C_3, C_2, C_1, C_0 を C_n また，K_1, K_2, K_3 を K_n とすると，加算は各加算器 K_n で $A_n+B_n+C_{n-1}=S_n$, C_n の加算が実行され，その真理値表を表 5.4 に示す．

5) 論理式

加算器 K_0 で実行される演算の論理式を表 5.3 の真理値表より，主加法標準形で求める．論理式は (5.12) 式と (5.13) 式を得る．

$$S_0 = \overline{A}_0 \cdot B_0 + A_0 \cdot \overline{B}_0 \tag{5.12}$$

表 5.4　加算器 K_n (K_1, K_2, K_3) の真理値表

入力端子			出力端子	
C_{n-1}	A_n	B_n	S_n	C_n
0	0	0	0	0
0	0	1	1	0
0	1	0	1	0
0	1	1	0	1
1	0	0	1	0
1	0	1	0	1
1	1	0	0	1
1	1	1	1	1

$$C_0 = A_0 \cdot B_0 \tag{5.13}$$

次に，加算器 K_0 の論理式を否定論理積 (NAND) の形式で求める．これは，(5.12) 式と (5.13) 式の 2 重否定することにより S_0 と C_0 の否定論理積 (NAND) (5.14) 式と (5.15) 式として求めることができる．

$$\begin{aligned}
S_0 = \overline{\overline{S}}_0 &= \overline{\overline{\overline{A}_0 \cdot B_0 + A_0 \cdot \overline{B}_0}} \\
&= \overline{\overline{\overline{A}_0 \cdot B_0} \cdot \overline{A_0 \cdot \overline{B}_0}} \\
&= \overline{(A_0 + \overline{B}_0) \cdot (\overline{A}_0 + B_0)} \tag{5.14}
\end{aligned}$$

$$\begin{aligned}
C_0 = \overline{\overline{C}}_0 &= \overline{\overline{A_0 \cdot B_0}} \\
&= \overline{\overline{A}_0 + \overline{B}_0} \tag{5.15}
\end{aligned}$$

さらに，加算器 K_0 の論理式を否定論理和 (NOR) の形式で求める．これは真理値表より否定論理の方で論理式を求める．肯定論理の論理式は各々 S_0 (5.12) 式と C_0 (5.13) 式である．否定論理の論理式は $\overline{S}_0$ (5.16) 式と $\overline{C}_0$ (5.17) 式となる．

$$\overline{S}_0 = \overline{A}_0 \cdot \overline{B}_0 + A_0 \cdot B_0 \tag{5.16}$$

$$\overline{C}_0 = A_0 \cdot \overline{B}_0 + \overline{A}_0 \cdot B_0 + \overline{A}_0 \cdot \overline{B}_0 \tag{5.17}$$

(5.16) 式と (5.17) 式より S_0 と C_0 を求めると (5.18) 式と (5.19) 式を得るがこれが否定論理和 (NOR) の形式となる．

$$S_0 = \overline{\overline{S}}_0 = \overline{\overline{A}_0 \cdot \overline{B}_0 + A_0 \cdot B_0} \tag{5.18}$$

$$C_0 = \overline{\overline{C}}_0 = \overline{A_0 \cdot \overline{B}_0 + \overline{A}_0 \cdot B_0 + \overline{A}_0 \cdot \overline{B}_0} \tag{5.19}$$

加算器 K_n (K_1, K_2, K_3) で実行される演算の論理式を表 5.4 の真理値表より，主加法標準形で求める．

論理式は (5.20) 式と (5.21) 式を得る．

$$S_n = \overline{C_{n-1}} \cdot \overline{A}_n \cdot B_n + \overline{C_{n-1}} \cdot A_n \cdot \overline{B}_n + C_{n-1} \cdot \overline{A}_n \cdot \overline{B}_n + C_{n-1} \cdot A_n \cdot B_n \tag{5.20}$$

$$C_n = \overline{C_{n-1}} \cdot A_n \cdot B_n + C_{n-1} \cdot \overline{A}_n \cdot B_n + C_{n-1} \cdot A_n \cdot \overline{B} + C_{n-1} \cdot A_n \cdot B_n$$
$$= A_n \cdot B_n + C_{n-1} \cdot B_n + C_{n-1} \cdot A_n \tag{5.21}$$

次に加算器 K_n (K_1, K_2, K_3) の論理式を否定論理積 (NAND) の形式で求める．これは (5.20) 式と (5.21) 式の 2 重否定することにより S_n と C_n の否定論理積 (NAND) (5.22) 式と (5.23) 式として求めることができる．

$$\begin{aligned} S_n = \overline{\overline{S}_n} &= \overline{\overline{\overline{C_{n-1}} \cdot \overline{A}_n \cdot B_n + \overline{C_{n-1}} \cdot A_n \cdot \overline{B}_n + C_{n-1} \cdot \overline{A}_n \cdot \overline{B}_n + C_{n-1} \cdot A_n \cdot B_n}} \\ &= \overline{\overline{\overline{C_{n-1}} \cdot \overline{A}_n \cdot B_n} \cdot \overline{\overline{C_{n-1}} \cdot A_n \cdot \overline{B}_n} \cdot \overline{C_{n-1} \cdot \overline{A}_n \cdot \overline{B}_n} \cdot \overline{C_{n-1} \cdot A_n \cdot B_n}} \\ &= \overline{(C_{n-1} + A_n + \overline{B}_n) \cdot (C_{n-1} + \overline{A}_n + B_n) \cdot (\overline{C_{n-1}} + A_n + B_n) \cdot (\overline{C_{n-1}} + \overline{A}_n + \overline{B}_n)} \end{aligned} \tag{5.22}$$

$$\begin{aligned} C_n = \overline{\overline{C}_n} &= \overline{\overline{A_n \cdot B_n} \cdot \overline{C_{n-1} \cdot B_n} \cdot \overline{C_{n-1} \cdot A_n}} \\ &= \overline{(\overline{A}_n + \overline{B}_n) \cdot (\overline{C_{n-1}} + \overline{B}_n) \cdot (\overline{C_{n-1}} + \overline{A}_n)} \end{aligned} \tag{5.23}$$

さらに，加算器 K_n (K_1, K_2, K_3) の論理式を否定論理和 (NOR) の形式で求める．これは K_0 の場合と同様に真理値表より否定論理の方で論理式を求める．肯定論理の論理式は各々 S_n (5.20) 式と C_n (5.21) 式である．否定論理の論理式は $\overline{S}_n$ (5.24) 式と $\overline{C}_n$ (5.25) 式となる．

$$\overline{S}_n = \overline{C_{n-1}} \cdot \overline{A}_n \cdot \overline{B}_n + \overline{C_{n-1}} \cdot A_n \cdot B_n + C_{n-1} \cdot \overline{A}_n \cdot B_n + C_{n-1} \cdot A_n \cdot \overline{B}_n \tag{5.24}$$

$$\begin{aligned} \overline{C}_n &= \overline{C_{n-1}} \cdot \overline{A}_n \cdot \overline{B}_n + \overline{C_{n-1}} \cdot \overline{A}_n \cdot B_n + \overline{C_{n-1}} \cdot A_n \cdot \overline{B}_n + C_{n-1} \cdot \overline{A}_n \cdot \overline{B}_n \\ &= \overline{C_{n-1}} \cdot \overline{A}_n + \overline{C_{n-1}} \cdot \overline{B}_n + \overline{A}_n \cdot \overline{B}_n \end{aligned} \tag{5.25}$$

(5.24) 式と (5.25) 式より S_n と C_n を求めると (5.26) 式と (5.27) 式を得るがこれが否定論理和 (NOR) の形式となる．

$$S_n = \overline{\overline{S}_n} = \overline{\overline{C_{n-1}} \cdot \overline{A}_n \cdot \overline{B}_n + \overline{C_{n-1}} \cdot A_n \cdot B_n + C_{n-1} \cdot \overline{A}_n \cdot B_n + C_{n-1} \cdot A_n \cdot \overline{B}_n} \tag{5.26}$$

$$C_n = \overline{\overline{C}_n} = \overline{\overline{C_{n-1}} \cdot \overline{A}_n + \overline{C_{n-1}} \cdot \overline{B}_n + \overline{A}_n \cdot \overline{B}_n} \tag{5.27}$$

6) 論理回路

1 つ前の論理式の項では，否定論理積と否定論理和の論理式も求めたが，論理回路に示すものは真理値表から直接得た論理式として (5.12) 式，(5.13) 式，(5.20) 式と (5.21) 式のもののみとする．

加算器 K_0 の加算回路を (5.12) 式と (5.13) 式より論理回路を作成し図 5.7 に示す．

加算器 K_n (K_1, K_2, K_3) の加算回路を (5.20) 式と (5.21) 式より論理回路を作成し図 5.8 に示す．

そして，4 ビット加算器としては図 5.9 に示す．

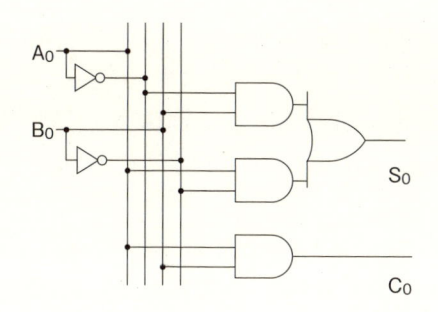

図 5.7 4ビット加算器 K_0 0ビット論理回路

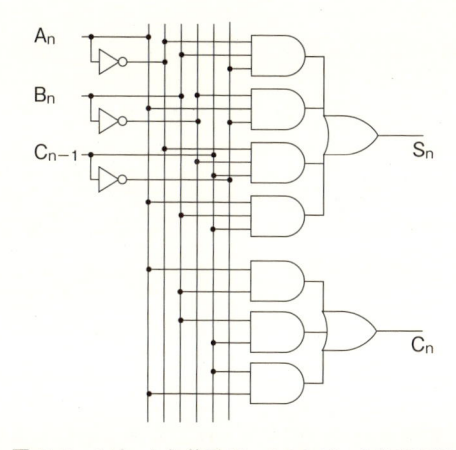

図 5.8 4ビット加算器 K_n 1,2,3ビット論理回路

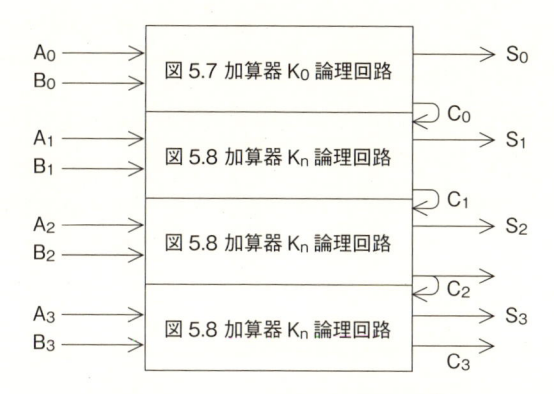

図 5.9 4ビット加算器の論理回路設計

5.5 まとめ

4ビットの加算器を設計するため,課題,システム構成,仕様,真理値表,論理式と論理回路作成と進め,図 5.9 に 4 ビット加算器の論理回路を得た.

ここまで,4ビットは全て正の値に対応させてきたが,正と負 (2 の補数) の値を持つ場合を少し検討する.4ビット加算器については 2.1 節と表 2.2 で示したように,コンピュータでの

演算において数値の取り得る範囲を越えているかどうかが重要でそれらの検出の為のフラグが用意されている．キャリーフラグ，ボローフラグとオーバフローフラグであるが，このなかで正と負の値をもつ数値の取り得る範囲を越えているかどうかの判断をするオーバフローフラグ (V フラグ) について検討する．値の取り得る範囲を越えている異常計算の場合 V フラグ $= 1$ にする．

V フラグ $= 1$ の条件は図2.2の第 I 象限と第 III 象限の括弧付の値になることである．これは，(5.11) 式において，第 I 象限の場合は入力端子 A と入力端子 B の両方が正の値すなわち $A_3=0$, $B_3=0$ であり，演算結果が括弧付 (異常計算) の値である時すなわち $S_3=1$ の時に V フラグ $= 1$ である．それで V フラグ $= 1$ の条件は $\overline{A}_3 \, \overline{B}_3 \, S_3$ である．また，第 III 象限の場合は同じく $A_3 \, \overline{B}_3 \, S_3$ であるので，これら2つをまとめると (5.28) 式を得る．

$$V = \overline{A}_3 \cdot \overline{B}_3 \cdot S_3 + A_3 \cdot B_3 \cdot \overline{S}_3 \tag{5.28}$$

V フラグの論理式を得るところでわかるように，論理回路の設計は第1章と第2章の数値に関する考えおよび第3章の論理考察の基本および第4章の論理の具体化第5章の論理回路設計法の各々全てが重要であることが理解できる．

演習問題

設問1　表5.1の論理回路例6の $A \cdot \overline{B} + \overline{A} \cdot B$ と論理回路例9の $A \cdot B + \overline{A} \cdot \overline{B}$ の補元を求めよ．(参考；$A \cdot \overline{B} + \overline{A} \cdot B$ を排他的論理和 (exclusive OR) と呼ばれる．排他的論理和はとは2つの変数が互いに異なるすなわち排他であることよりと名づけそれらの論理和であることの意味を示す．)

設問2　次の論理関数 $f(A, B, C, D) = A \cdot \overline{B} \cdot C \cdot \overline{D} + A \cdot B \cdot \overline{C} \cdot \overline{D} + \overline{A} \cdot B \cdot C \cdot D + \overline{A} \cdot \overline{B} \cdot C \cdot \overline{D} + \overline{A} \cdot B \cdot C \cdot \overline{D} + A \cdot B \cdot C \cdot \overline{D}$ において
(1) 論理関数の簡単化，(2) 主加法標準形，(3) 主乗法標準形，(4) 簡単化否定論理積 (NAND)，(5) 簡単化否定論理和 (NOR) の論理式を求めよ．

設問3　表5.1の論理式を主加法標準形にせよ．

設問4　表5.1の論理式を簡単化して加法標準形にせよ．

設問5　表5.1の論理式を主乗法標準形にせよ．

設問6　表5.1の論理式を簡単化して乗法標準形にせよ．

参考文献

[1] MIL-806, "回路図の描き方," トランジスタ技術 別冊付録, CQ 出版社, p. 37 (2011).

第2部　マイクロプロセッサの原理と構造

　第2部ではマイクロプロセッサの背景，役割，機能，原理，構造，設計，開発，製造などに焦点をあてる．マイクロプロセッサは，メモリと共にデジタル回路の究極の成果である．原理的には第1部のデジタル回路の知識をボトムアップ的に組み立てればマイクロプロセッサになるはずであるが，そのような手順は非現実的である．これは，ナノスケールのマイクロプロセッサを我々の身のまわりの感覚に置き換えてみると，関東圏エリアに匹敵することを思えば実感できる．関東圏エリアの全ての建物や道路を，常識的な期間内で何もない状態から組み立てることはできない．

　デジタル回路の基本形態である AND, OR, NOT などの論理ゲートが，命題論理という人間の思考を反映したモデルであるのと同様に，マイクロプロセッサの開発現場でも，どのようなものを作りたいのかというイメージから始めて段階的に具体化していく．段階ごとにモデルを設定して検証し，無理なくゲートに置き換える過程をたどる．しかし，このようにトップダウン的な手法では，抽象的なイメージと大規模で複雑に集積化したマイクロプロセッサの途中で必然的に枝分かれが生じる．枝と枝の間は第3部のインタフェースで結ぶことになる．最終的には，ゲートという極めて具体的な回路モデルを半導体チップ (chip) に形成することでマイクロプロセッサができる．

第6章

マイクロプロセッサの技術背景

□ 学習のポイント

マイクロプロセッサは電子情報機器やコンピュータに組み込まれて，IT社会の様々な局面に適材適所で利用されている．マイクロプロセッサの主な役割は制御，通信，マルチメディアの処理である．マイクロプロセッサの機器制御機能はロボット，自動車，産業プラントなどに使われ，ネットワークや放送，携帯機器などの通信においてはデジタル処理を担う．また，玩具や家電などの爆発的普及には，マイクロプロセッサのマルチメディア処理が大きく貢献している．一方，電子図書，電子政府，金融ビジネス，電子マネー，交通，流通，医療，福祉などの社会インフラ整備は，マイクロプロセッサと携帯型メモリの進化のおかげである．この章では，マイクロプロセッサに関する以下の内容について理解する．

- マイクロプロセッサには，IT社会の持続的進化のための基盤技術が集大成されている．
- マイクロプロセッサには，環境対応で，安全で安定なリアルタイム処理や高速大量データ処理の機能が必要とされる．
- 上記の要求をクリアするため，マイクロプロセッサはさらにコンパクトで洗練された情報処理機構を備える必要がある．
- マイクロプロセッサの開発には数多くの学問と技術の分野が関与して，それらが極度に組織化されている．
- マイクロプロセッサの開発スピードは速く，しかも絶え間がない．
- マイクロプロセッサの原理と構造の理解には，これまでの経緯と現状の把握と将来予測が欠かせない．

□ キーワード

コンピュータ，マイクロプロセッサ，VLSI，pMOS，nMOS，CMOS，半導体チップ，半導体プロセス，集積化，微細化，ムーアの法則，ロードマップ，半導体ビジネス

6.1 計算とは

マイクロプロセッサによる制御，通信，処理機能の基本はデジタル情報処理で，そのような処理はひとくくりに計算といわれてきた．現に，計算機あるいはコンピュータは単に数値の計算だけでなく，人間社会の様々な処理をカバーする．マイクロプロセッサによる計算処理を理解するには，範囲を拡げて，コンピュータの開発経緯や情報に関わる歴史を概観することが有益である．図6.1に，コンピュータの開発と関連分野の関わりの経緯をまとめる．膨大な内容に

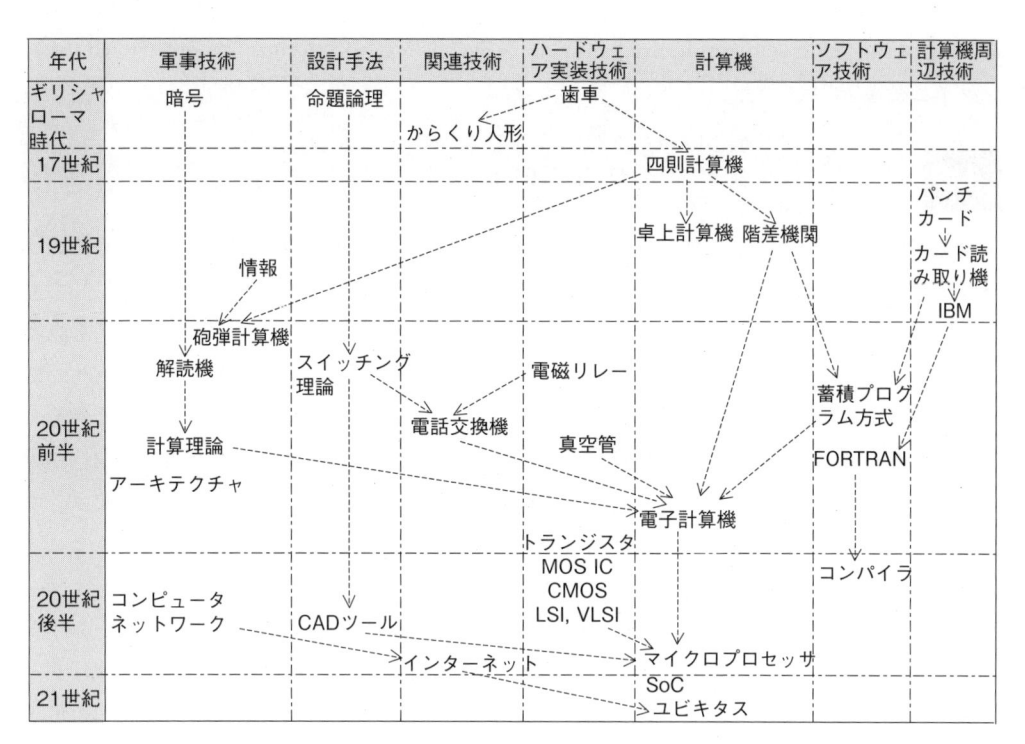

図 6.1 コンピュータの開発経緯と関連分野

　紙面は限られていることと，個々の話題の中には異なる伝承もあることから必ずしも厳密ではないが，縦軸の年代に留意し，今日のコンピュータにいたる歴史のアウトラインを示している．

　電子工学のない時代は，歯車や算盤式の自動演算機構が作られていた．1600年代前半にシカルト (W. Schickard) やパスカル (B. Pascal) がそれぞれの加減算器を作り，1600年代後半にはライプニッツ (G. W. Leibnitz) が四則演算器を作った．19世紀前半にはドイツで卓上型計算機が商品化され，日本では明治期に国産品が出た．歯車式ながらもプログラム蓄積方式の計算機が19世紀前半にバベジ (C. Babbage) によって作られている．バベジの計算機は difference engine, analytical engine という名前が示す通り微分方程式の数値計算を目的とした．

　ジャカール (J. M. Jacquard) のパンチカード式自動織機は，南北戦争時の国勢調査用カード読み取り機につながった．「情報」を造語したのは明治の軍隊というし，戦艦大和にも砲弾計算機が搭載されていた．情報を駆使する暗号，通信も軍事面と密接に関係する．そのせいか，IT分野ではコンピュータやプロセッサの種類を論じる際のアーキテクチャや企画，設計の際のストラテジなどいかめしい単語が好まれる．

　トランジスタ回路が出回る前は真空管やパラメトロン，リレー(継電器)がコンピュータに使われた．1970年代のハードウェア実装技術は個別トランジスタと小規模の集積回路と磁気コアメモリで，入出力媒体は紙テープ，穿孔カード，磁気テープであった．磁気ディスクは現在でもコンピュータに不可欠である．その後，デジタル集積回路は，バイポーラ (bipolar) トランジスタによる DTL (diode transistor logic), RTL (registor transistor logic), TTL (transistor transistor logic), ECL (emitter coupled logic), I^{2}L (integrated injection logic) を経て，

MOS (metal oxide semiconductor) トランジスタによる CMOS (complementary MOS) ロジックと変遷した．

6.2 コンピュータとマイクロプロセッサ

　マイクロプロセッサの計算機能あるいは情報処理には，情報と処理手順を蓄積するためのメモリが不可欠であることから，マイクロプロセッサの現状を把握するには，両者を対にしたコンピュータの見方が必要である．この節ではコンピュータとマイクロプロセッサの関係を概観し，マイクロプロセッサの現状を把握する．マイクロプロセッサと似た言葉にプロセッサがある．両者の違いは実装上の区別からくるものであるが，実装技術はコンピュータの開発設計の主要因子である．回路素子や実装技術とコンピュータパラダイムは同格で，利用可能な回路素子技術の変遷に伴ってコンピュータモデルも発達してきた．以上のようなことから，まず，マイクロプロセッサに関連する主な言葉の意味を簡単におさらいする．

　コンピュータの主な構成要素はプロセッサとメモリである．別の見方にハードウェアとソフトウェアに分ける場合がある．この分類に従えばミドルウェア (middleware) やファームウェア (firmware) はソフトウェアであるが，ROM (read only memory) に格納した状態はハードウェアである．アプリケーションプログラムの場合でも，組込みの分野では，実行用の汎用マイクロプロセッサと格納用メモリはソフトウェアといわれている (8.1.2, 10.2.2 節参照)．このように，特に実装の観点からは，ソフトウェアという分類はあまり重要ではない．プロセッサは CPU (central processing unit) と同義で，メモリに蓄積されたデータや情報を処理する．ここでは"データ"と"情報"を明確には区別しないが，概ね次のように考えればよい．すなわち，データは処理対象を指し，情報は処理対象と処理の内容と手順の全てを指す．

　電子回路としてのメモリとプロセッサの実現形態は，半導体集積回路 (IC, integrated circuit) である．IC の集積度の増加につれ，LSI (large scale integration)，VLSI (very large scale integration) と変遷してきた．現在はこれらの呼称のいずれも厳密に区別することなく使われるが，その特徴は微細化すなわちマイクロ化である．微細化と集積化は同じような意味合いで使われることが多いが，厳密には異なる (6.3.2, 6.3.3 節参照)．半導体チップ (矩形状の半導体結晶薄片のことで，ダイ，ペレットともいう) に集積化されたプロセッサをマイクロプロセッサ (microprocessor unit，MPU ともいう) という．プロセッサには例えばワードプロセッサのように広義の意味があるので，コンピュータの構成要素としてはプロセッサよりマイクロプロセッサの呼称が妥当である．

6.2.1　マイクロプロセッサと電子情報機器

　マイクロプロセッサは微細化・集積化という特徴の故にほとんどの機器に組み込まれている．種々の応用ごとにバリエーションがあり，例えばユーザインタフェースなどを制御している．組み込まれるマイクロプロセッサの柔軟性の観点から，電子情報機器は専用の情報処理を伴う狭義の電子情報機器と汎用の情報処理を行うパソコン，スパコンなどのコンピュータに分類される．ここで，柔軟性とはユーザによる処理内容や手順の変更に対する許容度の度合いのこと

で，柔軟性がある場合を汎用といい，無い場合を専用という．情報家電，携帯機器，ロボット，自動車などの専用の情報処理を伴う電子情報機器は，IT 分野では組込みシステムといわれる．

一方，専用の処理や制御を行うためのマイクロプロセッサやコンピュータが組み込まれた情報機器やシステムも組込みシステムという．コンピュータには汎用マイクロプロセッサが組み込まれるが，組込みシステムは規模に応じて専用マイクロプロセッサからコンピュータまでが組み込まれる．小規模な組込み機器は専用マイクロプロセッサを組み込み，中規模の機器は専用と汎用のマイプロプロセッサを併用する．大規模な組込みシステムはコンピュータを組み込む．大規模組込みシステムの例としては，通信ネットワークや放送機器，交通システム流通システムなどの社会インフラがある．

システムという言葉に対する IT 分野の定義は，複数の構成要素の相互結合からなる構造を有し，一定の機能を備えた系統的な組織である．システムに関連し，コンピュータやマイクロプロセッサでよく使われるアーキテクチャとは，ハードウェアやソフトウェアの構造と機能に関する技術である．ブロックダイアグラムはシステムの構造的モデルで，ブロックダイアグラムの数学的モデルがグラフである．また，論理的かつ物理的な設計技術でシステムを実現することをインプリメンテーション (implementation) といい，インプリメントされた試作品をプロトタイプという．

図 6.2 に，産業界におけるマイクロプロセッサの位置付けを示す．電子情報機器に搭載される SoC (system-on-chip) あるいはシステム LSI は，以前はマイコンといわれていたものである．SoC は機器機能実現の主要素であるマイクロプロセッサ，メモリ，制御論理，データ処理回路，I/O (input/output) インタフェース等を 1 チップ化したもので，コンピュータに匹敵する．狭義の電子情報機器あるいは小規模組込みシステムは SoC を搭載するのに対して，大規模組込みシステムはコンピュータをシステムの一部とする．しかし，コンピュータ自体を組込みシステムということはない．大規模組込みシステムがコンピュータを組み込む理由は柔軟性ではなく，必要とされる情報処理能力をマイクロプロセッサではカバーしきれないためである．

6.2.2 マイクロプロセッサの種類

電子情報機器の機能実現手段はソフトウェアに限らず，ハードウェア実行もある (10.2.2 節参照)．しかし，ハードウェアソリューションは専用化の度合いが極端で柔軟性がない．電子情報機器の柔軟性あるいはフレキシビリティは，搭載されるマイクロプロセッサのプログラム実行能力に依存する．プログラム実行能力とは可能な情報処理の種類と数のことで，厳密には命令セット (機械語命令の集合) の規模のことである．組込みの分野では，プログラム実行可能なマイクロプロセッサとプログラム格納用メモリを合わせてソフトウェアという．ユーザにとって汎用性があるのはソフト搭載の SoC である．

図 6.3 は，SoC に搭載される種々のマイクロプロセッサをソフトウェアの搭載量の割合の観点から分類している．組込みプロセッサは世界に 1000 億個も存在するといわれ多岐にわたるため呼称や分類も一義的ではなく，図 6.3 は全てをカバーするわけではない．

専用マイクロプロセッサは，搭載ソフト無しの専用ハードウェアのみで構成される．専用マイクロプロセッサは処理内容を (複合) 命題で既述し，スイッチング理論やブール代数を経てマ

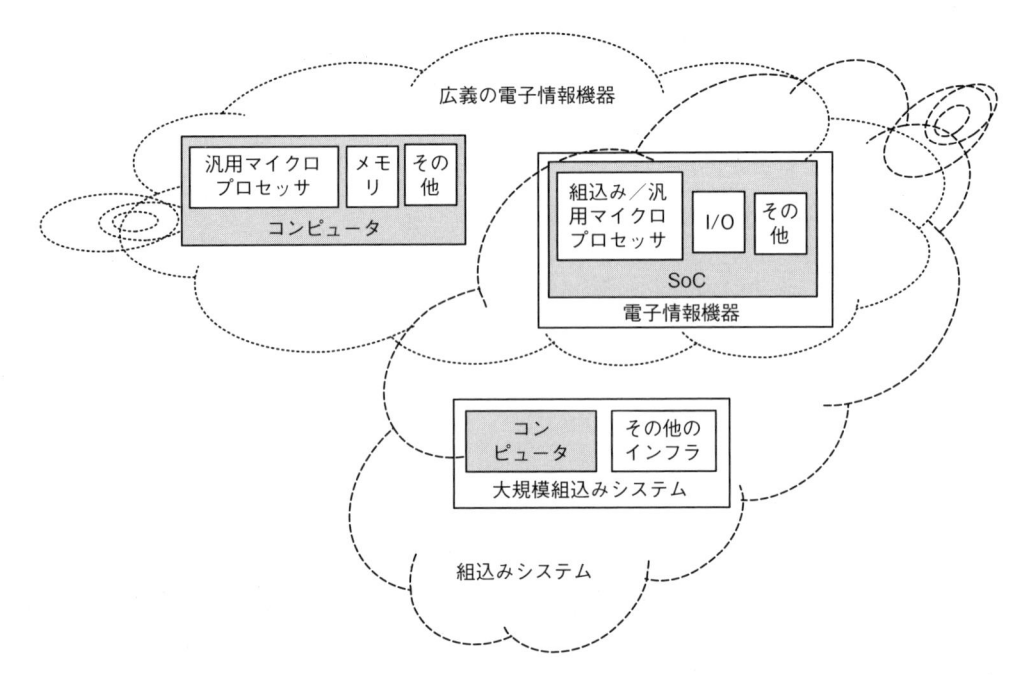

図 6.2 マイクロプロセッサと電子情報機器，組込みシステムの関係

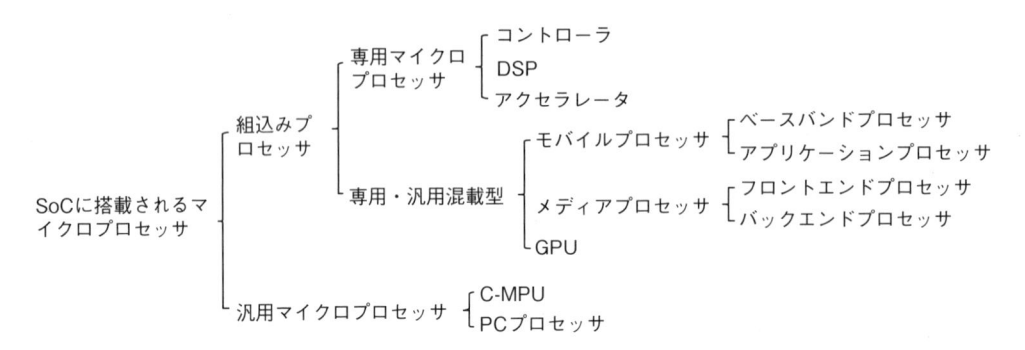

図 6.3 SoC に搭載されるマイクロプロセッサの分類．

イクロプロセッサの回路に落とし，ASIC (application specific IC, 特定用途 IC) でインプリメントする．このような開発手法はフルカスタムといわれ，開発には長期を要するが低消費電力高速処理で，電子情報機器や制御，マルチメディア，通信の組込みシステムに向いている．ASIC については 6.3.1 節で述べる．コントローラは MCU (microcontroller unit) ともいわれる．DSP (digital signal processor) は高速積和回路を内蔵して，音声や画像信号を汎用プロセッサの数十倍高速に演算する．

　専用・汎用混載型マイクロプロセッサは，専用ハードウェアとソフトのどちらも搭載する．この手法は処理内容のデジタル化がし易く，専用マイクロプロセッサよりも開発期間は短い．フロントエンドとは組込みシステムの入力側で，バックエンドは出力側である．いずれもマイクロプロセッサの応用に関係し，ディスプレイ，音響，フィルタなどのマルチメディア処理の実際を司る．GPU は graphics processing unit である．

汎用マイクロプロセッサは全て搭載ソフトで構成する．処理内容を高級言語で記述し，任意のアプリケーションを実行可能である．開発期間は最短だが，電力消費は単体でも大きく，並列化で高効率化に対処するのでますます大電力化することから，どちらかというと一般の電子情報機器には向かず，コンピュータ用である．C-MPU は computational MPU で，PC プロセッサはパソコン (personal computer, PC) 搭載用のプロセッサである．

6.3 コンピュータと半導体プロセス

マイクロプロセッサやコンピュータが半導体プロセスと密接に関係するのは，第 1 に，第 1 部で取り扱ったデジタル処理の基本である 2 値論理による 2 進数の演算が，どちらも半導体素子のオンオフ動作で実現できるためである．半導体素子とデジタル処理の関係については第 1 部で明らかにされているので，ここではもう 1 つの大事な理由に焦点を当てる．それは，半導体素子の小ささである．真空管に比べてトランジスタの発熱の少なさ，丈夫さ，組み立てやすさなどの特質はコンピュータにうってつけであった [1–3]．6.3 節では VLSI の視点からコンピュータ部品を概観し，それらの回路のサイズを半導体プロセスの観点から把握する．さらに，半導体プロセスと VLSI の間の技術的な傾向，規則性を理解する．

6.3.1 コンピュータ部品と半導体

コンピュータ部品の主なものはマイクロプロセッサとメモリで，各々さらに細分化される．ここで取り上げるのは，マイクロプロセッサの組込み型である．組込みプロセッサの目的に応じた特殊化，専用化，カスタマイズにはチップ設計の自由度が必要であるが，過度の自由度は開発コストの増加を伴い，組込みプロセッサが備えるべきもう 1 つの特徴である簡易さを損なってしまう．

巨額の投資を伴う半導体プロセスの効率的な運用と，組込みプロセッサの設計自由度を両立させるため，VLSI 設計とチップ製造は分業体制になっている (10.3 節参照)．VLSI 製造側が VLSI 回路をある程度パターン化や標準化をして，限られた枠組のなかで設計側に自由度を持たせるのが妥当である．このことは，半導体プロセスの専門知識が無くても VLSI チップの開発を可能とするもので，設計効率の向上につながる．ハードウェア開発のこの傾向は，ソフトウェア開発に高度なプログラミングの知識を必要としないビジュアル C やビジュアル BASIC などが使われるようになってきたことと相通じる．このような傾向に沿う半導体技術が ASIC である．VLSI チップの開発手法と ASIC の位置付けについては 10.2.3 節で述べるものとし，ここではコンピュータ部品がどのようにして ASIC に形成されるかを説明する．

図 6.4 は，設計自由度があって組込みプロセッサに使われる代表的な半導体チップを示している．ASIC のスタンダードセルは，論理ゲートやフリップフロップ (flip flop, FF) などの回路モジュールのことである．スタンダードセルは，スロットを形成するため高さを一定としてチップ製造側が用意し，設計側が選択して配置する (10.2.3, 10.2.4 節参照)．メガセルは，スロット間にまたがる形状任意の大規模回路モジュールである．ゲートアレイ方式の場合，回路モジュールは基本セルとメガセルである．pMOS (p チャンネル MOS トランジスタ) と nMOS

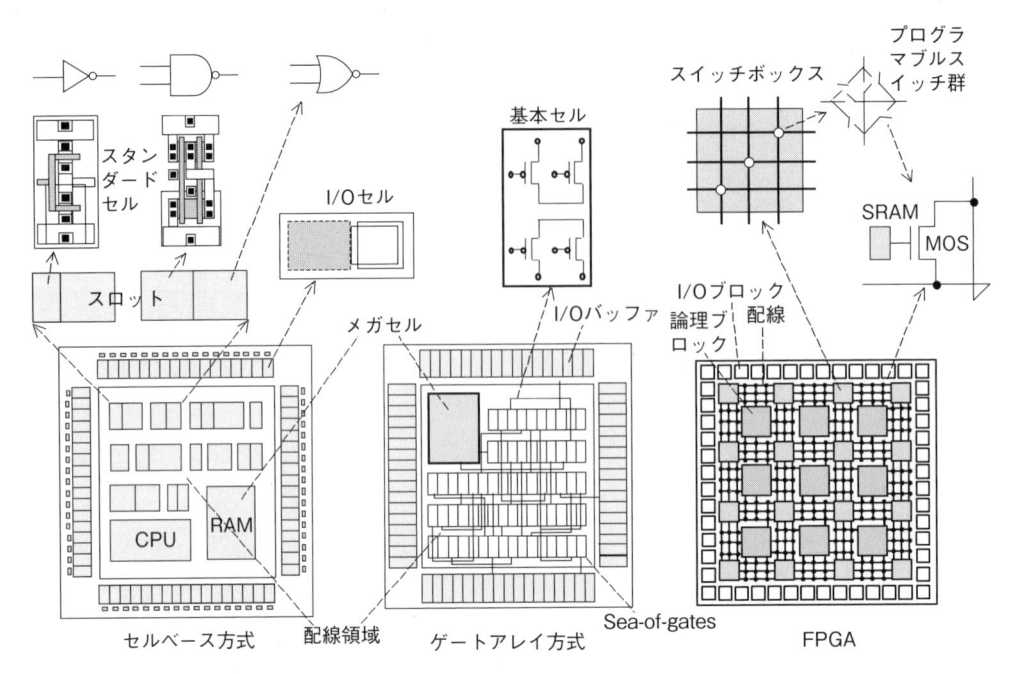

図 **6.4** 組込みプロセッサに使われる代表的な半導体チップ

(n チャンネル MOS トランジスタ) をペアとした基本セルとゲートはこの場合同義で，未接続の端子間の配線で CMOS ゲートになる．セルベース方式はモジュールの配置配線自由度があるのに対して，ゲートアレイ方式は sea-of-gates 領域のモジュールが配置済みで，配線の自由度しかない．I/O セル，I/O バッファ，I/O ブロックは，外部とやり取りする信号のインタフェースや電源供給用である．

図 6.4 には，ASIC には属さないが低コストで高い自由度があり，組込みプロセッサの専用化に向いている FPGA (field programmable gate array) チップの概要も参考までに示す．FPGA の論理ブロックは組合せ回路の真理値表を格納するためのメモリと順序回路用のフリップフロップを含む．スイッチとスイッチマトリックスで縦横の結線を設定することで，論理ブロック間の接続を設定する．

コンピュータと半導体プロセスの関係を把握するには，配線の自由度しかないゲートアレイ方式の ASIC より，配置配線の自由度があるセルベース方式の方が適している．図 6.5 は，コンピュータ部品としてインバータ (inverter) を例にとり，それがセルベース方式 CMOS チップでどのように形成されるかを示している．インバータは配線論理や RAM (random access memory) のメモリセルなどに使われる．インバータを構成する pMOS と nMOS のトランジスタ動作の観点から特徴的なサイズは，チャネルの長さと幅である．チャネル長は，ソースとドレイン間のキャリア伝播時間と関係する．チャネル面積はゲート容量に比例し，したがってゲート容量の充放電時間に比例する．

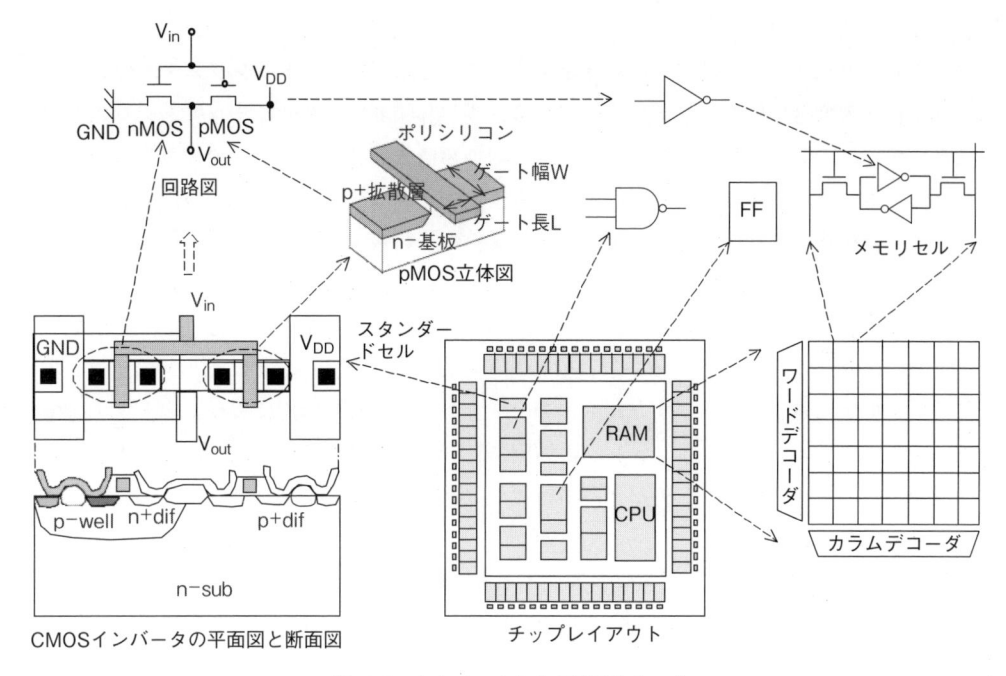

図 6.5 セルベース方式 CMOS チップ

6.3.2 集積化

　製造工程の自動化は工業一般のパラダイムであり，トランジスタと一緒にその周辺回路も半導体結晶中に作り込むアイデアはゲルマニウムトランジスタの発明直後からあった．例えば，最初期のコンピュータ ENIAC は 1 万 7 千本以上の真空管，7 千個以上の結晶ダイオード，1500 個のリレー，7 万個の抵抗，1 万個のコンデンサを 500 万回半田付けして作られた．シリコンプレーナ技術が現れた当初，集積化に対する電子回路システムの開発製造側の動機は，半田付けを無くして製造工程を自動化し，組立の信頼性を向上させ，部品数と接続数を減らすことで組立コストを削減することであった．

　一方，集積化は小型化，軽量化，多機能化，高機能化，高性能化という電子製品に対する市場の傾向にも合致することから，微細化技術が不可欠であった．微細化で生じた余剰スペースは，デジタル回路のコストパフォーマンスの観点から更なる大規模化を誘起する．この一連の因果関係によって，コンピュータは進化し続けてきた．このように集積化と微細化と半導体ビジネスは密接に関係するが，ここでは極力整理して個々の現象を論じる．

　集積化を端的に表したものに，「半導体チップの集積度は 1 年半で 2 倍になる」というムーアの法則 (Moore's law) がある [4]．これは，シリコンプレーナ技術の実用化直後のプロセッサの集積化の度合いについて，経験則から導き出された予測である．元々のムーアの法則はこのように半世紀前の限られた期間の限られたデバイスに関する経験則であるが，その後の関連技術の著しい進化を経た現在も，ムーアの法則は記述内容を修正しながら集積回路のグローバルスタンダードである．ムーアの法則は，例えばオームの法則のような科学原理のことではなく，人間社会における法律，規則，規定，原則などの意味合いである．したがって，集積化の

度合いはマイクロプロセッサとメモリでは異なるし，時代によっても異なる．

現時点でコンピュータの構成にはビリオンオーダーの膨大な数のトランジスタが使われているが，集積化の度合いは徐々に減ってきている．半導体業界は集積化をチップあたりのトランジスタかゲートの個数で評価する一方，チップ面積を時代と共に少しずつ増加させてきた．したがって，もし単位面積あたりで評価すれば集積化の飽和はもっと著しいものになる．単純に考えれば，集積化の飽和は微細化技術の行き詰まりのせいのように思えるが，両者の関係はそう単純ではない．光リソグラフィ技術ですら進化を続けていることから，集積化の飽和現象の原因は別にある．例えば，ムーアの法則以外の半導体集積回路技術の規則性として有名なレンツ (E. F. Rent) の法則「ロジックブロックの端子数はゲート数のべき乗に比例する」は，集積化の矛盾を如実に表している．すなわち，チップ上のゲート数の激増に較べるとチップ面積の増加は微々たるものであるから，レンツの法則に見合う端子数をチップ周辺に確保することができない．この解決策として，チップの積層化や3次元回路が開発研究されてはいるが，必ずしも十分ではない．

近年の集積化の飽和傾向は，集積化の進展とともに関係する学問，産業が巨大化し，それらの融合に技術的困難さを増してきたためである．集積化の飽和という根本的な課題に対して，実際はパラレリズムで対処している (11.2.1 節参照)．

6.3.3 微細化

集積化には半導体プロセスの微細化が不可欠である [5]．厳密ではないが，ムーアの法則から微細化の指針を求めると，デバイス面積は1年半で1/2，デバイス寸法は $1/\sqrt{2}$ ということになる．最小加工寸法の縮尺 k をパラメータとして，2次元寸法の変化による電流，電圧，電力，遅延時間などへの影響を深さ，厚み，ドーピング濃度，クロック周波数などで調整することを k で定式化したものをスケーリング則という [6]．k をスケーリングファクタという．スケーリング則はロードマップ (6.4.1 節参照) の一部をなす．

微細化の度合いは，半導体プロセス技術の最小加工寸法で見積もるが，その呼称はデザインルール (10.2.4 節参照) やプロセスジェネレーション，テクノロジィノードなどと変わってきた．数値も文献によって異なり，マイクロプロセッサとメモリでも異なる．これは，プロセッサとメモリは半導体プロセス (製造ライン) が異なるためである．したがって，おおよその傾向を示すと，1990年には 0.75 μm，2000年には 0.25 μm のサブミクロン領域であったものが，2010年にはナノスケールの 65 nm と推移してきた．2010年の DRAM (dynamic RAM) 製品のテクノロジィノードは 45 nm である．

ナノスケールで多層構造 (10.2.4 節参照) の現在のチップ構造を実感するために 45 nm の世界を 10 万倍してみると，45 nm の寸法は 4.5 mm になる．チップとウェハのサイズは各々 1 cm 角，直径 30 cm とすると，直径 30 km の東京 23 区から切り取った 1 km 四方の土地に 4.5 mm の精度で 5 階，6 階の建築物や立体交叉する道路網の工事を行うことに匹敵する．しかも，完成後の交通，流通体系など全ての企画を済ませた状態で工事することになる．

デジタル集積回路は，MOS トランジスタのオンオフ動作を金属配線を介して伝播させるものであるから，信号の伝搬速度が重要な指数であるが，VLSI プロセスの加工寸法がサブミク

ロンの領域に入るまでは，MOSトランジスタやゲートのスイッチングに要する時間と金属配線内の伝播に要する時間の関係は，

$$\text{スイッチング時定数} \gg \text{配線遅延} \tag{6.1}$$

であった．したがって，サブミクロン以前の VLSI は MOSトランジスタのチャネル長を微細化した．チャネルは電気的な概念であるので実際はゲート長が目安となるが，ゲート長も測る対象 (マスク，実チップ) で異なる．なお，ゲート幅についてはスイッチングのスピードと駆動力がトレードオフの関係にあるので，微細化の対象にはならない．

加工精度がナノスケールの領域に入ると，MOSトランジスタのスイッチング時間と配線遅延の関係は，(6.1) 式と逆になる．金属配線はそれ自体にオンオフ動作はなくプロセッサ設計の脇役のはずなのに，信号伝搬速度に関しては主役になってきた．したがって，最小加工箇所は時代とともに MOS のゲートから金属配線へと変わってきた．

6.4 半導体ビジネスとグローバルスタンダード

科学や技術の分野では本質的に 1 番を目指す．IT メーカーの共通認識も，1 番の製品を開発，製造することによって業界を主導することにある．主導のポイントは，グローバルスタンダードの支配，もしくはその形成に参加することである．グローバルスタンダードとは実力のある組織が定めた規格，基準であるが，IT 製品の場合，規格外のものを作っても利潤が上がらず，開発競争から脱落することになる．

半導体集積回路技術に関するムーアの法則やレンツの法則，ネットワークに関するギルダー (G. Gilder) の法則やメトカーフ (R. M. Metcalfe) の法則，コンピュータソフトウェアのコンパイラ (compiler) に関する Proebsting (T. Proebsting) の法則などからもわかるように，IT 分野のグローバルスタンダードは時代とともに変化し，しかも変化の仕方は急激になってきた．このような状況でも，IT の開発原理はビジネスと一体であることから，グローバルスタンダードの枠組から離脱することは死活問題である．

6.4.1 ロードマップ

VLSI のグローバルスタンダードはロードマップである．ロードマップとは一般にある技術の将来動向や関連技術からの要求を明記したもののことであるが，半導体集積回路の場合は，ITRS (The International Technology Roadmap for Semiconductors) といわれるものである [7]．ITRS は，設計，プロセス集積度，デバイス構造，リソグラフィ，配線などの技術予測に加えて，半導体ビジネスも関与している．

ITRS の技術予測にはスケーリング則が関与するが，半導体ビジネスの影響が強い因子として，例えば，製造コストに直結するチップ面積の経年変化やプロセス技術がある．クロックスピード (周波数) や金属膜厚み，多層配線なども，スケーリング則からは逸脱してきた．ムーアの法則，スケーリング則，ロードマップという別々の表現の裏には，集積化のみならず機能と性能を含めてチップは進化し続けるものであるというメッセージが込められている．

6.4.2 半導体ビジネス

　グローバルスタンダードの体制では，マイクロプロセッサ，メモリ，バス，インタフェースなど主要回路の企画，特許，設計，チップ製造，テストなど複数業種の複数業者が関わっている (10.3 節参照)．また，CAD (computer aided design) ツールを取り扱うメーカーの数もほとんど限られている．このような状況下で，ロードマップの諸条件を満たすことが時宜を得た製品開発に必要で，高収益性と開発コストの確保につながる．

演習問題

設問1　1965 年を起点としてムーアの法則をグラフで示せ．

設問2　組込みシステムと SoC の関係を，具体例を挙げて説明せよ．

設問3　6.3.3 節でムーアの法則から微細化の指針を求める際に "厳密ではないが" という断り書きを付けたが，その意図を説明せよ．

設問4　本書の記述内容に基づいて，1990 年から 2010 年の間のスケーリングファクタを求めよ．

設問5　チップ形状を変えずにウェハ径を 1 割増にすると，1 枚のウェハから採れるチップ数はどうなるか．

参考文献

[1] 菊池誠,"半導体の話," 日本放送出版協会 (1967).

[2] 中原紀,"トランジスタ教室," 日本放送出版協会 (1969).

[3] 相良岩男,"ULSI のはなし," 日刊工業新聞社 (1991).

[4] G. E. Moore, "Cramming More Components onto Integrated Circuits," Electronics, Vol. 38, No. 8 (1965).

[5] (社) 電子情報技術産業協会編,"IC ガイドブック—よくわかる半導体" (2009).

[6] Doug Matzke, "Will Physical Scalability Sabotage Performance Gains?," Computer Magazine, Vol. 30, No. 9, pp. 37-39 (1997).

[7] 半導体技術ロードマップ専門委員会 http://strj-jeita.elisasp.net/strj/, International Technology Roadmap for Semiconductors, http://www.itrs.net/.

第7章
マイクロプロセッサの基礎

□ 学習のポイント

　マイクロプロセッサは人間の活動や思考を援助するプロセッサを半導体チップに集積化したもので，組込み用と汎用に大別される．ユーザによるプログラミングの有無の違いはあるが，組込みプロセッサと汎用プロセッサの基本的な構造や機能は共通する．しかし，人間の要求という目には見えないものとチップという現実のものの間には大きな隔たりがあり，チップの設計と製作には極めて多くの技術や理論が応用されている．それらは互いに関連し，チップの設計工程は標準化され，細分化されている．設計工程間の変換作業は極力飛躍を排除するが，必ず検証を行う．変換と検証を繰返すことでチップ化に至る．この章では，マイクロプロセッサの設計や開発に関して，以下の内容について理解する．

- マイクロプロセッサ設計は，基本的に，標準化された工程に従って行う．ただし，個々の知識よりも，設計に対する思考過程，マイクロプロセッサの構造の枠組と設計の流れを全体的に大きく捉えることが重要である．
- HW(ハードウェア) 仕様とチップの設計工程間のギャップを埋めるため，マイクロプロセッサの計算モデルを作成する．計算モデルも，抽象的なものから具体的なものを段階的に作成する．
- 設計と半導体プロセス間の仲介には，RTL 記述，ライブラリ，テクノロジィマッピングを使う．

□ キーワード

　HW 仕様，構造記述，計算モデル，RTL 記述，データパス，制御系，同期式，非同期式，論理合成，ネットリスト，ライブラリ，テクノロジィマッピング

7.1　マイクロプロセッサ設計とは

　現在，市場に出回っている VLSI チップはナノスケールのトランジスタをビリオンオーダー (10 億個) で構成し，ギガヘルツのクロックスピードで動作する．このように大規模化したマイクロプロセッサを，原理原則だけで設計することは不可能である．トランジスタとゲートの間の対応関係は明確であるが，ゲートレベルの命題論理とプログラムレベルの動作記述の間には極めて大きな飛躍がある．

　マイクロプロセッサ設計は，図 7.1 に示すようにデータパス (datapath) と制御系に分けるのが大前提である．マイクロプロセッサの基本的役割は外部入力を受け付け，内部状態を保持し，外部へ出力することであるが，そのための基本構造，すなわちオートマトン (automaton)

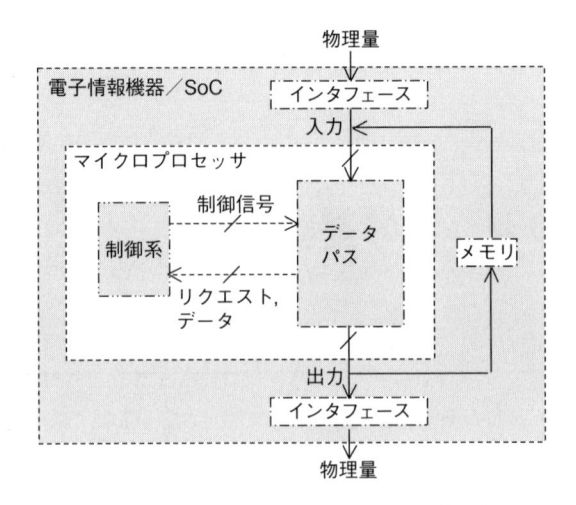

図 7.1 マイクロプロセッサの基本構造と位置付け

のインプリメント形態がデータパスと制御系である．データパスと制御系はどちらも組合せ回路と順序回路で構成される．データパスは外界に対するデータの入出力とその間の変換あるいは計算処理を担う回路で，制御系はデータパスの動作を制御する回路である．

図 7.1 には，電子情報機器あるいは SoC と外界 (リアルワールド) とマイクロプロセッサの位置付けも併記している．マイクロプロセッサの入力には，

- 外界から取り込む映像，音声，電波，センサー出力などの物理量をインタフェースのセンサーなどで電気信号に変換し，A/D (analog/digital) 変換を経る．
- SoC に内蔵されるメモリと直結する．

以上の 2 通りある．同様に，出力側には D/A (digital/analog) 変換の後，ディスプレイ，スピーカー，アクチュエータ (actuator) などで物理量に変換するインタフェースがある．

図 7.1 に示した内蔵メモリはバッファ，共有メモリ，主メモリなどといわれる．バッファの実態は，FIFO (first-in first-out)，スタックなどである．マイクロプロセッサ内にもローカルメモリは存在する (7.2.3 節参照)．データパス中にはタイミング調整や一時記憶のレジスタやバッファなどを使う．制御系には状態記憶素子が不可欠である．また，図 7.1 の入出力や制御信号，データ線に添えた短い斜線／は，複数本の省略であることを示す．マイクロプロセッサレベルの場合，これらは複数ビットであることが普通である．一般に，ブロック図における線の集合や平行に張り巡らせた配線のセットは，バスという．

さらに対象を絞って，マイクロプロセッサ設計について説明する．データパスと制御系の事例として，200 円の入場券の自動券売機を考えてみよう．説明の便宜上，ここでは最低限の自動券売機能を持たせることにし，この自動券売機は 100 円硬貨のみを受け付け，2 枚投入することで発券するが，返却要求には対応するものとする．このようなシステムに相応しいマイクロプロセッサの構造を図 7.2 に示す．図 7.2 (a) は，データパスと制御系に関する入出力信号をまとめている．外界からの入力は 100 円硬貨の投入と返却レバーの操作で，これらは然るべ

(a) データパスと制御系

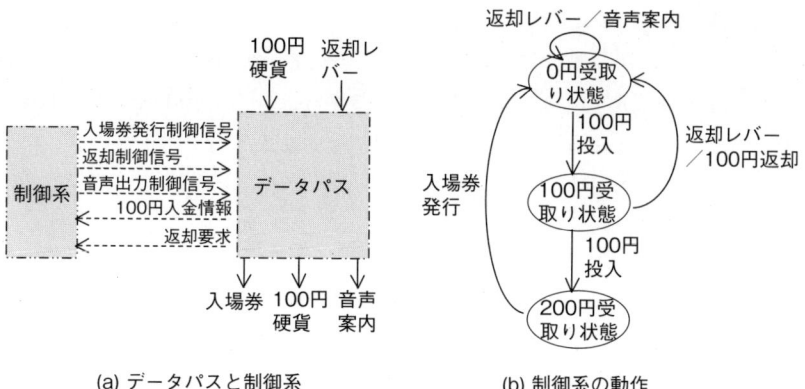

(b) 制御系の動作

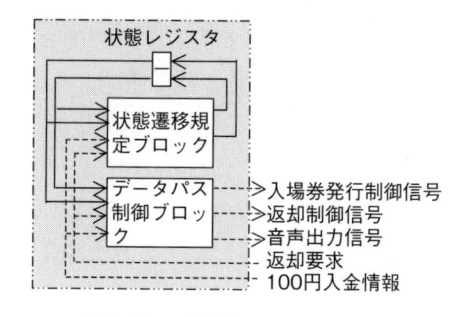

(c) 制御系の回路構造

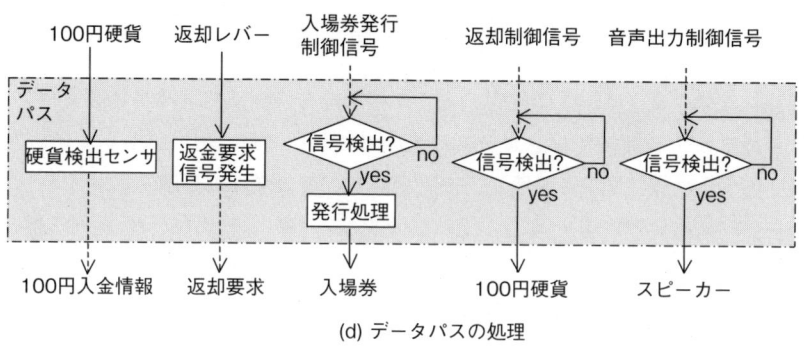

(d) データパスの処理

図 **7.2** 自動券売機

きセンサーや機械式のスイッチのオンオフなどでそれぞれの入力信号に変換する．

　100円硬貨の1回目と2回目の投入で自動券売機は異なる動作をする．入力順に従った動作をすることから，この自動券売機は順序回路である．ただし，データパスにも順序回路があってよいので (8.2 節参照)，正確にいうなら，100円硬貨に対する自動券売機の異なる反応は制御系のおかげである．制御系が状態を記憶し，記憶と入力に応じた動作を担っている．なお，機械なのに回路というのは，コンピュータの歴史の中では歯車などの機械の期間の方が長かったことから，おかしいことではない (6.1 節参照)．実際，計算機やプロセッサに対してはマシンとかエンジンという名称も付けられる．

　図 7.2 (b) の状態遷移図は制御系の動作を記述した計算モデルで，FSM (finite state machine)

という (7.2.2 節参照)．図 7.2 (b) では，受取り額で券売機の状態を区別している．0 円受取り状態は客待ちである．この状態の返却レバー操作はいたずらか誤操作とみなして，"残金はありません"というような音声メッセージを出すことにする．一方，200 円受取り状態では返却操作は受け付けないことにする．状態間の遷移には特徴的な入出力を添えている．正式な状態遷移図なら入出力はベクトル表記で，

$$入力ベクトル = (100 円入金情報, 返却要求) \tag{7.1}$$

$$出力ベクトル = (入場券発行制御信号, 返却制御信号, 音声出力制御信号) \tag{7.2}$$

とする．

図 7.2 (c) は，FSM を実装する回路の枠組である．これは順序回路に対するハフマンモデルで，配線論理方式の場合である (8.2.2 節参照)．この場合，状態間の遷移は外界で発生するイベントに付随するので非同期式である (7.2.3 節参照)．パソコンや携帯機器はクロックスピードで評価するので，プロセッサといえば同期式を連想しがちであるが，消費電力やコストの観点から組込みプロセッサの場合は非同期式もおおいにありえる．クロックを使うと不必要な部分もスイッチングするので，消費電力が大きくなる (11.2.1 節参照)．

図 7.2 (b) より状態数は 3 なので，状態レジスタは 2 ビットでよい．0 円受取り状態を S0: (0,0)，100 円受取り状態を S1: (0,1)，200 円受取り状態を S2: (1,0) とすれば，符号化に受取り額記憶機能を持たせることもできる．したがって，

$$レジスタの値 = 受取り硬貨枚数 \tag{7.3}$$

である．状態レジスタとイベントの内容に応じて状態先を決める処理は，状態遷移ブロックが実行する．データパス制御ブロックは，制御系とデータパス間の信号のやり取りを担当する．例えば，100 円入金情報は制御に必要なデータであり，変換要求は制御系に対するリクエストである．データパスの処理内容を図 7.2 (d) に示す．この事例では，5 つの並列処理を行う．

7.2 マイクロプロセッサ設計の枠組

マイクロプロセッサ設計とは IT 機器に寄せる抽象的な想いを具体的な回路へ変換する作業であるが，設計対象が極度に複雑化しているため，CAD ツールの使用が不可欠である．現在も進化を続ける CAD ツールを駆使する作業に，個々の手法で対応することはなじまない．CAD ツールによる設計作業はプログラミングであり，マイクロプロセッサ設計でも，標準化というソフトウェア工学 (software engineering, SE) の考え方が大事である (10.2, 11.1.1 節参照)．この観点から，マイクロプロセッサ設計の枠組として，大まかな設計の流れと構造枠組，特にモデル化と構造化の要点，データパスと制御系の基礎事項について説明する．

7.2.1 設計の流れ

マイクロプロセッサ設計の基本は処理の内容をデジタル回路に変換することで，変換にはまず，処理内容をイメージし，アルゴリズム化する．次に，アルゴリズム上のデータの流れと流れ

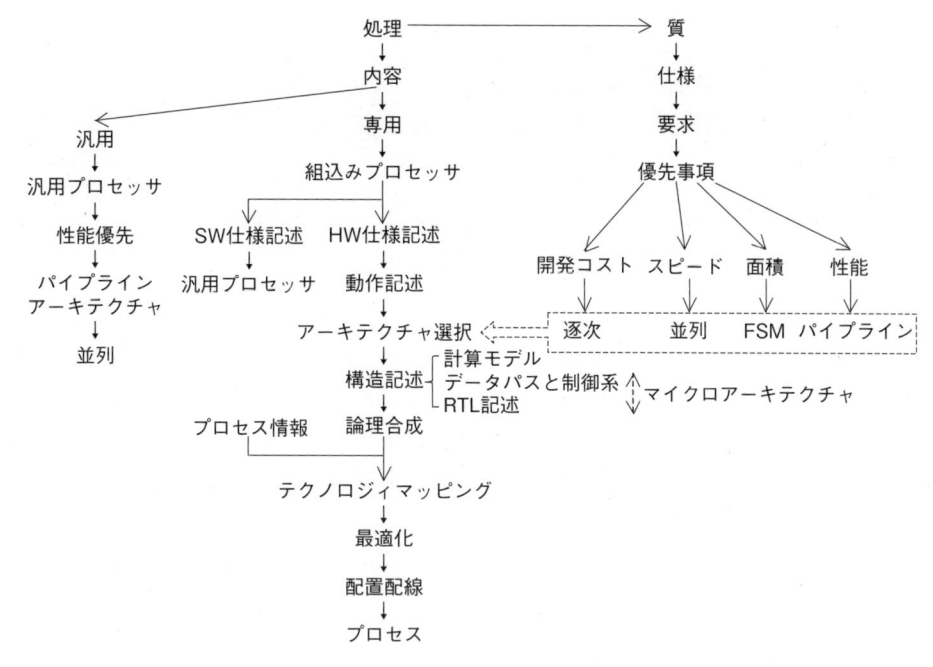

図 7.3 マイクロプロセッサ設計工程と思考の過程

の制御を区別し，それぞれをデータパスと制御系で実践することになる (10.2 節参照)．図 7.1 や図 7.2 で述べた設計について包含し，さらに一般化した設計の流れと思考の過程を図 7.3 に示す [1,2]．設計工程ごとに適した記述言語があるが，総称して HDL (hardware description language) という．設計工程の名前は通称で，設計内容の記述形態，設計作業 (記述内容の変換)，記述対象などに着目して付けられているが，必ずしも各設計工程の中味をよく表しているとはいいがたいものもある．例えば，後述する RTL (register transfer level) 記述と機能記述の関係である．

図 7.3 に示したマイクロプロセッサ設計は，マイクロプロセッサに課された処理内容によって，設計対象を専用の組込みプロセッサか汎用プロセッサに分ける (6.2 節参照) ことから始まる．汎用プロセッサの場合は性能追求を優先するのでアーキテクチャはパイプライン (pipeline) に限るが，アーキテクチャレベルの並列性に選択の余地がある (11.2.1 節参照)．なお，6.2 節で概観したアーキテクチャに対するより厳密な定義は，ある種のデジタルコンピュータのハードウェアとソフトウェアの構造と振舞い，または機能に関する技術，ということである．また，構造とはアーキテクチャを実現するための論理的な設計技術である．汎用プロセッサの HW (hardware) 構造については，第 9 章で詳しく述べる．

一方，組込みプロセッサの場合，設計の流れは汎用プロセッサと基本的に同じであるが，処理の質に応じて仕様を定め，仕様から優先事項を汲み取り，マイクロアーキテクチャの知識も動員して仕様の達成に相応しいアーキテクチャの採用と実行形式の選択を行う (8.2.1 節参照)．また，組込みプロセッサの仕様には，用途に応じた要求を反映させる．

マイクロプロセッサの組み込まれたシステムでトラブルが発生すると，直接の関係は目につ

表 7.1 構造記述の要素

動作記述	計算モデル		RTL 構造
	DFG	CFG	
演算子	ノード	ノード	演算器
作業データ	エッジ		配線／レジスタ
入出力データ	リーフ		入出力端子／レジスタ
演算順序		エッジ	配線と on-off スイッチ

きやすいこともあり，それを作ったり操作したりするいわゆる末端の人を追求するのが世の常である．しかし，単純なミスなどあり得ない．本質的な原因はもっと上にある．本来は，システム導入の初期の段階でトラブルシューティングの項目も網羅しなければならない．システムのトラブルや不具合は，部品の故障よりも仕様書に曖昧さがあったり，上位の人間の意思疎通の悪さに起因することが多い．設計工程の上位ほど重視する必要がある．

図 7.3 に示した設計工程のうち，HW と SW (software) の分割やアーキテクチャ選択など，組込みプロセッサに特有の設計事項については主に第 8 章で述べ，第 7 章では構造記述までを述べる．HW 仕様と SW 仕様の記述は，そもそもの処理内容に対するハードウェアとソフトウェアの分担を決めて行う (10.2.1 節参照)．これらの仕様は高級言語で記述する．仕様記述と動作記述は実装設計ともいわれる (10.2.1 節参照)．動作記述は，マイクロプロセッサの用途，アーキテクチャ，HW 仕様を汲み取って，データパスと制御系の処理内容を包括する全体動作のアルゴリズムをプログラム形式で書き下す．動作記述に適した言語に，SystemC や SpecC などがある．動作記述は実行形式を明示できるが，HW 構造の具体的なことは示さない．ただし，ビット幅や入出力端子は明記できる．

7.2.2 構造記述

マイクロプロセッサというシステムは外から見る限りは 1 つの動作やプログラムを実行する 1 つの回路であるが，図 7.1 や図 7.2 に見るようにデータパスと制御系という 2 大構成要素で捉えることは，理解に極めて好都合である．逆に，データパスと制御系の区別をすることなく最初から一体物として組み立てるのは難しい．データパスと制御系の明確化には計算モデルが必要だし，逆にこれらの記述形態の理解にはデータパスと制御系の知識が必要である．一方，データパスも制御系もデジタル回路の範疇で，順序回路と組合せ回路で構成する．これらの HW 構造は RTL 記述で明記できる．

構造記述とは，動作記述から導く計算モデル，計算モデルに基づく HW 構造のデータパスと制御系，それらを表す RTL 記述を指す．表 7.1 に動作記述と構造記述の関係を示す．構造記述は HW 機能設計，動作合成ともいわれる．これは，構造，機能という言葉そのものの意味の関係ではなく，構造記述が処理の実現に必要な機能を有する構造の情報 (回路要素) を記述することに鑑みてのことと思われる．データパスと制御系の RTL 記述はマイクロアーキテクチャともいわれる．データパスと制御系の捉え方は構造記述までで，論理合成以降は一体物である．データパスと制御系の RTL 記述は，統一してから論理合成にかける．

A. 計算モデル

計算モデルは，ノードとエッジの集合であるグラフである．計算モデルの主なものは，DFG (data flow graph), CFG (control flow graph), CDFG (control data flow graph), FSM, FSMD (finite state machine with datapath) などである．動作記述で陰的なデータパスと制御系を，構造記述の段階で引き出していく．

DFG は，動作記述上のデータの流れをグラフ化したものである．DFG と動作記述の間には表 7.1 に示すような対応があり，演算子とノード，データ (変数) とエッジ (有向) を 1 対 1 対応させることにより導出する．動作記述における演算子と同じ名前のデータの重複が DFG にそのまま反映されるから，ノードとエッジは重複記述が可である．同一データの複数エッジをひとまとめにするとループ有りの DFG になる．DFG のノードは入力側のエッジのデータが有効になった時に演算を実行する．演算器の遅延は一般にクロック周期以下に収める．作業データとはノードの実行や結果に使うデータで，入出力データを包含する．

同期式制御の場合 (7.2.3 節参照)，フロー方向に時間軸をとり，クロックを刻み，ノードを配置し，ステップを把握することでスケジューリングを行う．ステップとは，レジスタ―組合せ回路―レジスタ間の一連の動作である．スケジューリング前の DFG はデータの流れとノード間の順序関係を示すが，演算器の種類と個数，実行時間は反映しない．スケジューリングを経るとノードに演算器が割り当てられ，実行時間を所要クロックサイクル数でカウントできる．

スケジューリングに際して，動作時間に上限を課す時間制約と，使用可能な演算器の種類と個数に制約を課す面積制約の 2 通りの設計制約がある．時間制約の場合は，最長ステップを超えないようにステップごとにノードアロケーション (配置) を行う．面積制約の場合は，ノードのタイプごとに設定した同一ステップ内で使用可能な個数を超えない範囲で，ステップごとにノードアロケーションを行う．留意事項として，時間的排他性 (異なるクロックサイクルで実行される同じタイプの演算) と条件排他性 (条件分岐の 2 つの節で実行される同じタイプの演算) の吟味がある．この条件に当てはまる場合は演算器の共有が可である．

図 7.4 に動作記述と DFG の例を示す．図 7.4 (b) の段階ではノードと演算器は直接対応せず，使用する演算器数や実行時間を読み取ることはできない．この場合，使用する演算器の候補は加算器，減算器と乗算器である．加算器にも基本的なキャリィルックアヘッド (carry look ahead) とリプルキャリィ (ripple carry) の 2 つの方式やその折衷方式などがある．

図 7.4 (d) は面積制約を課した場合である．占有面積を抑制するため，加算と減算兼用の AddSub1 個と乗算器 1 個を使うことにしている．図 7.4 (e) に面積制約に対するもう 1 つのスケジューリングを示す．図 7.4 (d) との違いは，演算の順番である．図 7.4 (d) は動作記述通りに演算をするのに対して，図 7.4 (e) は減算を最初に行う．そうすることによって，2 番目のサイクルでは乗算と加算を一緒に行うことができるので，実行時間が短縮される．図 7.4 (f) は時間制約を課した場合である．実行時間短縮のため使用する演算器を増やし，AddSub2 個と乗算器 2 個を使うことにしている．面積制約の場合との比較のため，演算器の種類は変えない．

表 7.2 に，面積制約と時間制約の場合について，スケジュール後の DFG の比較を示す．RTL 記述の比較は，図 7.6 で導出した後で説明する．DFG の段階ではレジスタも十分に陽的ではなく，ステップは RTL 記述の段階で明らかになる．

```
V=A+B;
W=B−C;
O=V*W;
P=D*W;
```

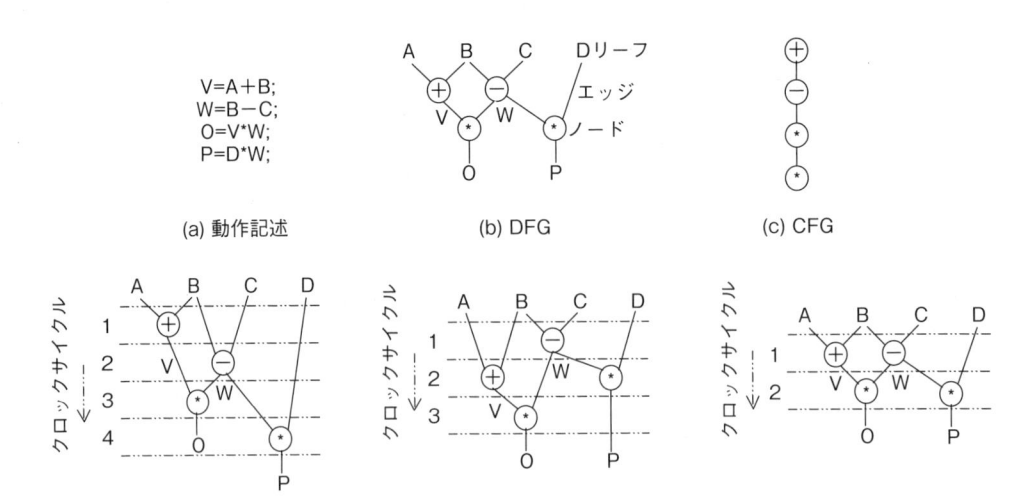

(a) 動作記述　　(b) DFG　　(c) CFG

(d) 面積制約その1のスケジューリング　(e) 面積制約その2のスケジューリング　(f) 時間制約のスケジューリング

図 7.4　DFG とスケジューリング

表 7.2　制約の比較

制約	DFG		データパスの RTL 記述					
	面積評価		面積評価			スピード評価		
	演算器数		レジスタ数	MUX 数	配線数	ステップ数	クロック数／ステップ	実行時間
	加減算器	乗算器						
面積制約その1	1	1	8	3	11	4	1	4
面積制約その2	1	1	8	3	11	3	1	3
時間制約	2	2	8	0	10	2	1	2

　CFGは，動作記述の演算子の順序に従って実行の流れをグラフ化したものである．表7.1に示したように，CFGとDFGの形式的な違いはエッジにある．この定義によれば，図7.4(a)の動作記述の場合のCFGは，図7.4(c)に示すようなノードとエッジの1本の流れになる．この例では，各ノードの実行時期を示すこと以外に意味はない．CFGの有益性がわかる例を次に示す．

　図7.5に示す例の場合，動作記述を書き下すと，図示したようなCFGを得る．この時，演算子の＝はCFGに含めない．その理由は，この演算子は演算器と対応せず，主な操作はメモリに関係するためである．一方，動作記述は計算とループカウントという内容的に独立した2つの処理を含んでいる．計算処理はさらに，変数Pに関する反復処理と反復ループ外の処理に分かれる．したがって，動作記述の内容に応じてDFGは3つである．このうち，ループカウントは制御系(データパス制御ブロック)で実装することになる．残りをデータパスで実装する．

　図7.5より，CFGはDFGを補完して，下位のデータパスと制御系のRTL構造を導く．図7.5では，制御系として，組込みプロセッサで主流(8.2.2節参照)の配線論理方式を取り上げている．この場合の制御系は，図7.2に示したように状態遷移ブロックとデータパス制御ブロックからなるが，制御系の動作を表すFSMが強く関係するのは状態遷移ブロックの方である．その理由については，後述のFSMの項でまとめて述べる．一方，データパス制御ブロックの

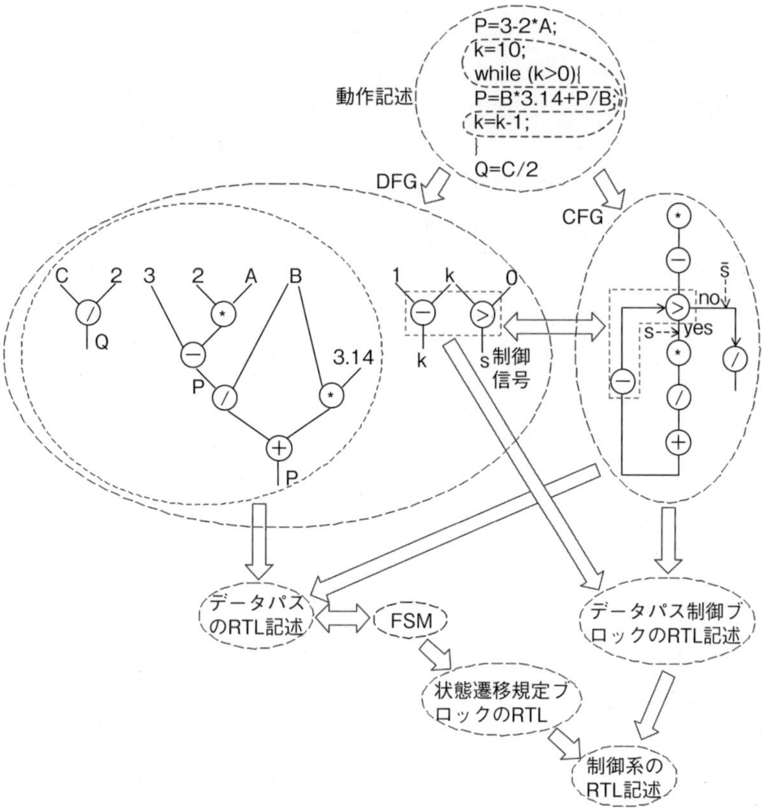

図 7.5 CFG の位置付け

RTL 記述には，DFG の構造情報と CFG で記述する制御の流れと制御信号の用途が関係する．データパスの RTL 記述と制御系の RTL 記述の統合については 8.2 節で述べる．

　ここまで，処理，実行，実行形式，動作，動作記述，演算など，日常の感覚では似たような意味合いの用語を断りなく使ってきた．厳密ではないが，大局的には以下のような区別をしている．まず，処理という用語は RTL 記述での個々の動きを指し，この中では細粒度の振る舞いである．マイクロプロセッサの一連の処理は DFG に対応する．CFG の中に複数の処理がある．実行という用語は巨視的には一連の処理に対して使われ，CFG と一対一の対応がある．微視的には演算器や汎用プロセッサの (演算) 実行段の演算を指し，処理と似たような意味合いでも使われる．動作という用語は，マイクロプロセッサ全体としての動作様式を指す．並列実行を考えると，動作記述は複数 CFG を包含し得る．

　学問的にはこれらの用語を厳密に定義すべきかも知れないが，マイクロプロセッサには図 7.3 に示したように，SE 手法に準じた数多くの標準化された変換工程がある．また，工程ごとにマイクロプロセッサの見方があり，様々なレベルのモデルがある．したがって，変換作業やモデルごとに似たような意味合いの記述が頻出するのは避けられず，やむを得ないことなので，上記の用語を厳密に使い分けてマイクロプロセッサの説明をすることはしない．なお，SW 仕様との関わりで OS (operating system) やコンパイラとの協調による汎用プロセッサの並列実

行，マルチプロセッサの並列動作などもあるが，本書の対象は 1 個のプロセッサの HW 仕様に関する．

B. RTL 記述

RTL 記述とは，1 クロックサイクルの間に，あるレジスタから出力されたデータが，同じまたは他のレジスタに入るまでに処理される機能の記述である．HDL による RTL 記述の繰返しで，デジタル回路全体の振舞いや HW (RTL) 構造を記述 (設計) できる．デジタル回路の構造を表す DFG や CFG などの計算モデルは設計の便宜上導入されるもので現実のものではないが，RTL 記述は計算モデルを実装した現実の回路に対する大局的な見方である．

RTL 記述は，具体的には

- 順序回路：レジスタ，スタック，メモリ，フリップフロップ
- 組合せ回路：演算器，マルチプレクサ (multiplexer, MUX)，デマルチプレクサ (demultiplexer, DEMUX)，論理ゲートなど

これらの回路要素の結線として捉え，記述する．構造記述を HW 機能設計ともいうことから，RTL 記述は機能記述とか HW 構造記述といわれることもある．RTL 記述に適した言語に，VerilogHDL, VHDL などがある．

デジタル回路に対する RTL 記述より上位の見方は，プロセッサとメモリの各システムである．一方，下位の見方には，RTL 記述の回路要素をゲートレベルで展開すること，CMOS ゲートを nMOS と pMOS に置き換えてトランジスタ回路に落とすこと，レイアウトと断面構造，さらに，半導体材料の成り立ちまでの異なる粒度があり，それぞれの記述がなされる (10.1.2 節参照)．

図 7.3 によれば，RTL 記述は計算モデルから変換する．図 7.4 の DFG から得られる RTL 記述の内容を図 7.6 に示す．データ入力用のレジスタ，加減算器，切換用の MUX はデータパスを構成し，それらに対する制御信号はデータパス制御ブロック (制御系) で発生させる．制御系の RTL 記述については 7.3 節で述べる．

図 7.6 (a) は図 7.4 (d), (e) から得られる．ここで，レジスタにはクロックを供給し，記憶内容は実行中不変としている．スケジューリング後の DFG の段階でも陰的なままで，RTL 構造になると反映されてくるものに，MUX や DEMUX の導入と演算機能特定がある．図 7.6 (b) は図 7.4 (d) の場合で，図 7.6 (c) は図 7.4 (e) の場合をまとめたものである．

MUX は，複数入力と 1 本の出力を切り替えるのに使う．例えば，面積制約その 1 の図 7.4 (d) において，1 個しかない加減算器をクロックサイクル 1, 2 で使うため，左入力では A, B の切り替えが必要で，右入力では B, C の切り替えが必要である．同様に，乗算器の左右両辺にも MUX が必要である．一方，クロックサイクル 1, 2 で加減算器の出力先を変え，クロックサイクル 3, 4 で乗算器の出力先を変えるため DEMUX を導入する．レジスタへのクロック供給を行わなければ，DEMUX を使わずに選択することもできる．つまり，クロックサイクル 1 で V を入力する信号と，クロックサイクル 2 で W を入力する信号を使い分けて，それぞれのレジスタをトリガすればよい．演算機能特定は，多機能の加減算器に対する制御である．図 7.6 (a) の場合，クロックサイクル 1 では加算機能を特定し，クロックサイクル 2 では減算機能を特定

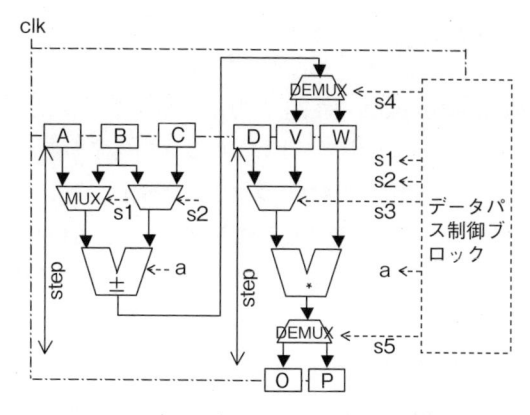

(a) 面積制約その1とその2の場合

(b) 面積制約その1の制御信号

clk	MUX, DEMUX選択					演算機能特定 a
	s1	s2	s3	s4	s5	
1st	左	左		左		加算
2nd	右	右		右		減算
3rd				右	左	
4th				左	右	

(c) 面積制約その2の制御信号

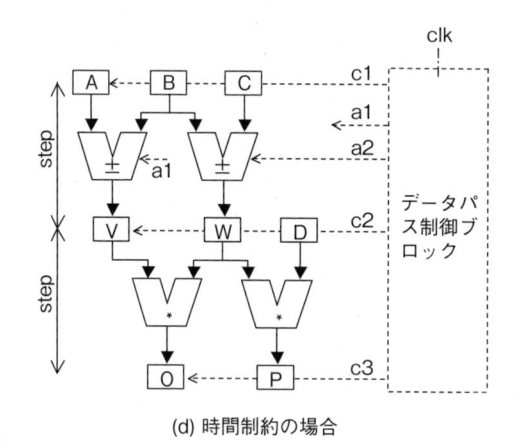

clk	MUX, DEMUX選択					演算機能特定 a
	s1	s2	s3	s4	s5	
1st	右	右		右		減算
2nd	左	左	左		右	加算
3rd			右		左	

(d) 時間制約の場合

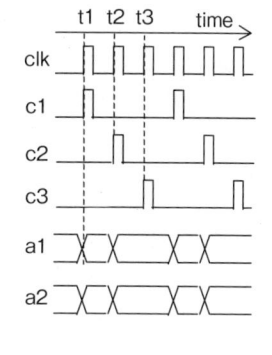

(e) (d)のタイミングチャート

図 7.6 データパスの RTL 記述の内容

する．

図 7.6 (d) は図 7.4 (f) の場合で，クロックサイクル相当の遅延時間を目安として，データパスにレジスタを挿入する．データパス制御ブロックは，挿入したレジスタに応じて図 7.6 (e) のような周期的信号 c1, c2, c3 を発生する．この場合はクロックに同期させているので，データパス制御ブロックはクロックを入力し，タイミングジェネレータを内蔵する．データパス制御ブロックが出力する周期的信号でデータパスに挿入したレジスタをトリガする．c1 は A, B, C の取り込み，c2 は D の取り込み，c3 は計算結果 O, P の出力である．なお，入力データ A〜D がクロックごとに入力するような場合は，c1〜c3 をクロック clk に置き換えるとパイプライン実行になり (8.2.1 節参照)，高効率となる．一方，信号 a1 は加算特定で，a2 は減算特定であ

る．a1 と a2 の波形は，1/0 のどちらかであることを示す．例えば，1 で加算特定すれば 0 の時は減算を特定する．

表 7.2 に示した RTL 記述の比較は，図 7.6 より求めたものである．ただし，図 7.6 は最適化前である．この後の作業として，入出力データのレジスタ割当てを変えるオペランド (operand) 交換により MUX を削減し，共用が可能なレジスタを削減し，レジスタ，MUX，通信路の最適調整を行う．表 7.2 において，配線数は枝分れをカウントしていない．実行時間はクロック数で評価している．一般的には，動作記述の実行に複数ステップを要する．クロック数/ステップはステップ内の演算器数に等しく，この場合いずれも 1 である．演算器の遅延時間に比べて，MUX や DEMUX の動作派短時間で済む．前述したように，面積制約その 2 の方が実行時間の点で優れている．時間制約を課したデータパスの方はさらに高速である．ただし，面積は余計に必要とする．

C. FSM

FSM は状態をノードとし，エッジが状態遷移を表すグラフで，制御系の役割，すなわちマイクロプロセッサの状態遷移とデータパス制御を記述する．状態遷移に伴って，データパス上の演算／処理／実行の流れを制御する信号を出す．流れには，逐次，並列，ループ，分岐，ジャンプ等がある．

FSM の簡単な例を図 7.7 に示す．同期式の場合，エッジには制御系に対する入力と出力を添える．クロックは入力とはみなさない (8.2 節参照)．状態遷移のタイミングはクロックごとで，遷移先は遷移直前の内部状態と入力 (あれば) によって決まる．非同期式の場合，エッジには状態遷移を引き起こすイベントの命題と遷移の際に発生するアクションを添える．イベントとは，データパスからの何らかのリクエストや演算終了を示すフラグなどの信号入力を指す．アクションとは，制御系からデータパスにレジスタのトリガ (trigger，フラグを受けてデータパスに次の処理を許可する信号であることからイネーブルともいう)，MUX や DEMUX の選択，多機能演算器の機能特定などの信号出力を指す．入力側のエッジに添えた命題が成立して入力データが有効になった時にノードが実行され，状態遷移が起こる．このため，非同期式はイベントドリブンともいわれる．図 7.7 (a) より，同期式でもクロックは明示されないので，FSM が同期式か非同期式かはエッジで判別する．

図 7.7 (a) に示したのは図 7.6 (c) の場合の FSM で，条件分岐なしの単純な逐次処理演算の例である．このような場合は，演算に要するクロック数と DFG のスケジューリングから状態数が決まる．図 7.7 (a) は，図 7.6 (c) には含まれていない 2 つの遷移を明示している．1 つは state 0 自身に戻る遷移である．これは，演算を開始するまでは初期状態の state 0 に留まる必要があるためである．このことに対応して，state 0 から state 1 の遷移に際しては演算開始の入力信号を伴う．これ以外の遷移は入力を伴わないので，エッジには制御信号出力のみを付している．もう 1 つは，state 2 から state 0 への遷移である．これは，演算が終わったらとりあえず初期状態に戻るためである．図 7.7 (b) の非同期式 FSM は 3 つの状態と 3 種類のイベントがある場合で，アクションについては省略している．

(a) 同期式　　　　　　　　　(b) 非同期式

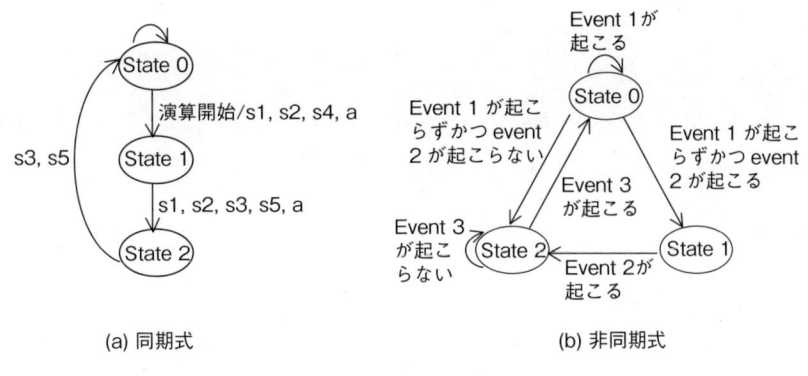

図 **7.7** FSM

　図 7.5 に示したように，FSM は計算モデルから導出されるものであるが，FSM と計算モデルの違いを改めて整理すると以下の通りである．
- ノードとエッジの中味．
- FSM は状態遷移の全貌 (遷移前後の状態と遷移のタイミング) と制御信号の種類と本数を示す．
- CFG は，FSM に明示されない制御信号の発生順を示す．
- DFG はワード単位だが，FSM は単純化されたモデルなのでビット単位である．FSM よりも複雑な制御系の計算モデルとして，ワード単位の状態をプログラム記述するスーパーステートマシンなどもある．スーパーステートマシンのノードは，複数クロックで複数演算，関数，プログラムを実行する．

FSM は最適化あるいは状態数の最小化を施して，図 7.5 に示したように RTL 記述の工程に引き渡す．FSM は状態遷移ブロックとの関係が強いことは，図 7.7 より明らかである．FSM の主役は状態と状態間の遷移で，データパス制御ブロックに関係する制御信号出力は脇役である．

7.2.3　論理合成とテクノロジィマッピング

　図 7.3 に示した論理合成とテクノロジィマッピングは，RTL 記述をセル間の接続データに変換する．RTL 記述は CAD ツール上の単なる設計データで半導体プロセスの裏付けが全くないのに対して，セルとは実チップチップに形成される構造体である (6.3.1 節参照)．このように工程の前後で抽象度が全く変わることから，論理合成とテクノロジィマッピングは重要な設計工程である．以下，論理合成とテクノロジィマッピングについて，もう少し詳しく説明する．

　論理合成はデータパスと制御系を統一した RTL 記述を入力とし，ネットリスト (net list) を出力する．ネットという言葉の意味はモジュールを接続する配線のことであるが，マイクロプロセッサの設計用語としては，そのような配線に割り当てられる信号のことである．ネットリストとは 1 組のデータ { ネット，前段モジュールの出力端子名，次段モジュールの入力端子名 } を全ネットについて記述したリストのことで，論理回路全体の接続内容を明確に記述する．ネットリストの実際の記述手段は HDL で，記述言語特有の制約やオプション機能もある．図 7.8 に示すように，ネットリストが意味するのはゲートレベルの回路であるから，論理合成は論

信号	セル-出力端子	セル-入力端子
S1	C1-x	M1-b
S2	C2-x	M1-e, M2-c

信号	セル-出力端子	セル-入力端子
S3	C4-x	C5-a
S4	C5-x	C6-a
S5	C7-x	C6-b

(a) ネットリスト　　　　(b) ネットリストの意味

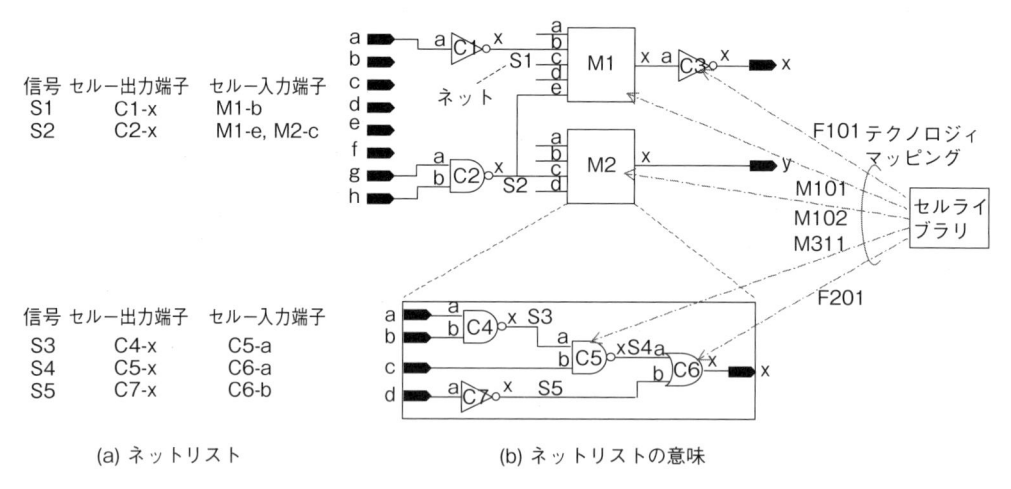

図 **7.8**　ネットリストとテクノロジィマッピング

理記述やゲート記述などといわれることもある．

　テクノロジィマッピングは，ネットリストのセルにプロセス情報を割り当てることである．プロセス情報とは，半導体メーカー側の用意するセルライブラリ，遅延ライブラリ，デザインルールや，EDA (electronic design automation) ベンダが提供するテクノロジィファイルなどに含まれるチップ設計情報を総称している．表 7.3 にプロセス情報の概要を示す．ここで，単位は任意である．数値は説明の便宜上記したもので，現実に即したものではない．用途が多い論理機能 (インバータや NAND など) は複数セル用意される．駆動能力とは次段の全セルを駆動するのに必要な電流で，ファンアウト (fanout) 数とは出力に直結する次段の入力数である．

表 **7.3**　プロセス情報

セル	論理機能	マスクパターン	面積	遅延	電力	駆動能力	ファンアウト数	...
F101	インバータ		1	1	1			
F102	インバータ		5	3	5			
F103	インバータ		10	6	10			
F201	2 入力 OR		2	2	2			
F202	3 入力 OR		3	2	3			
F301	2 入力 AND		2	2	2			
F302	3 入力 AND		3	2	3			
F311	2 入力 NAND		1	2	1			
F312	2 入力 NAND		3	4	3			
F321	3 入力 NAND		2	2	2			
F401	OR-NAND		3	3	3			
F501	D フリップフロップ		8	3	5			
M101	マクロセル 1		15	10	20			
M102	マクロセル 2		50	30	60			
⋮								

テクノロジィマッピング後は，遅延や電力などが設計データに加わるので，図 7.3 に示したようにリタイミングなどの最適化が行われる．このあたりまでの設計工程の作業自体はプログラミングと似ているが，それだけでは本質的な設計開発はできない．背景にある設計の流儀と枠組の知識が不可欠である．配置配線以降のチップ化については第 10 章で述べる．

演習問題

設問 1　次の ⬜ を埋めよ．
マイクロプロセッサというシステムは外から見る限りは 1 つの動作やプログラムを実行する 1 つの回路であるが，設計に際しては ⬛A⬛ と ⬛B⬛ という 2 大構成要素で捉え，どちらも ⬛C⬛ と ⬛D⬛ で構成する．⬛A⬛ は外界に対するデータの入出力とその間の変換あるいは計算処理を担う回路で，⬛B⬛ は ⬛A⬛ の動作を制御する回路である．⬛C⬛ は入力の組合せに従った動作をし，⬛D⬛ は入力順に従った動作をする．

設問 2　半加算器の動作記述を示せ．

設問 3　次の ⬜ を埋めよ．
RTL 記述は，デジタル回路の HW 構造を ⬛A⬛ より下位のレベルで，⬛B⬛ よりも上位のレベルの回路要素の結線として記述する．組合せ回路の RTL 記述の回路要素には，⬛C⬛ などがある．順序回路の RTL 記述の回路要素には，⬛D⬛ などがある．

設問 4　図 7.5 の FSM を示せ．

設問 5　動作記述 $x = a + b + c$ に対して，使用する加算器の数を変えた場合のデータパスの RTL 記述内容，ステップあたりのクロック数，実行時間を示せ．

参考文献

[1] 今井正治編著，"ASIC 技術の基礎と応用，"(社) 電子情報通信学会 (1994)．

[2] "STARC 2011 LSI 設計編 (B コース)，"(株) 半導体理工学研究センター (2011)．

第8章
組込みプロセッサ

□ 学習のポイント

　組込みプロセッサは各種の機器に組み込まれ，つぎのような機器の基盤技術となる処理をする．
(1) マルチメディア：デジタルカメラやビデオ，各種のマルチメディアエンターテインメント機器などでの大量データの高速処理．
(2) 通信：デジタル放送の送受信機や携帯電話などでのデジタル信号の符号，圧縮，変換処理．
(3) 制御：掃除機，洗濯機などの家電機器のモータ制御や自動車や飛行機のエンジン，ブレーキ制御，工作機械の数値制御，シーケンス制御．

　一方，機能・構造の観点から，組込みプロセッサはMPU, DSP, アクセラレータなどに分類される．これらは単体プロセッサとしても使われるが，最近はSoCに組み込まれる1つの要素として使われることが多い．

　組込みプロセッサはこのように幅広く，汎用プロセッサを搭載するパソコンより電子情報機器の方が種類と数が遥かに膨大であることから全体の生産規模が極めて大きい．組込みプロセッサは特定用途向けであるから汎用プロセッサよりも小規模であるが，開発工程はむしろ複雑である．この章では，組込みプロセッサの設計に必要な以下の内容について理解する．

- SoCにおける組込みプロセッサの役割はHW向き処理である．
- 千差万別の用途に高度な要求を課される様々な組込みプロセッサに共通する設計事項を普遍化する．
- 組込みプロセッサの設計作業の始まりは，使用状況や環境を考慮して実行形式を決めることである．
- 実行形式に応じて，データパスと制御系の概要を定めるが，データパスよりも制御系の設計の方が難しい．
- 制御系には同期式と非同期式，配線論理方式とマイクロプログラム方式があり，それぞれに特徴がある．
- 選択した実行形式，データパス，制御系の内容は，面積(チップコスト)，スピード(実行時間)，性能(処理効率)の観点から定量的に評価する．

□ キーワード

　SoC, ハードウェア，ソフトウェア，ミドルウェア，組込みソフト，ファームウェア，配線論理，マイクロプログラム，実行形式，FSM実行，コントロールポイント

8.1 組込みとは

　組込みプロセッサに組み込むということは，組込み分野に特徴的なマルチメディア，通信，制御の処理を，図 7.3 に示したマイクロプロセッサ設計工程の先頭に位置付けて，半導体チップに処理内容を固定化することである [1]．ここでいう処理とは人間の意思をプロセッサという回路に代行させることで，人間の意思とは判断，決断，勘案，計算，情報収集，道具の制御などである．また，人間の意思の対象は，2 進数データとしてレジスタ，バッファ，メモリに保持する．大量マルチメディアデータを扱う DVD やビデオなどでは，HDD (hard disk drive) も使われる．HDD は大容量だが機械振動に弱いので，車載などには適さない．

　処理内容の固定化とは高級言語で記述したプログラムをパソコン上で自由に走らせることの対極にあり，チップ，機能を自由に変えさせないことである．交通や産業など社会の安全，経済に影響することをユーザレベルで変えることは許されない．逆に，開発製造側には機能変更の機会がある．この意味で，組込み系の開発製造側は極めて重大な社会的責任を持っている．

　処理機能の固定化という点で，組込みプロセッサと汎用プロセッサは一線を画する．組込みプロセッサは冗長性を省き，コンパクト設計が本来の使命である．しかし，VLSI 技術の発達のおかげで組み込まれるのが SoC になってくると，両者の区別はなくなってきた感がある．図 6.2 と図 6.3 にも示したように，SoC の中に組込みプロセッサ，専用プロセッサ，汎用プロセッサが入り乱れている．また，組込みの分野では，ソフトとハードを処理内容に対するプログラム記述の可否の観点から区別するので，ソフト，ハードも入り乱れている．これらの言葉尻を追いかけただけでは，組込みプロセッサはわかりにくい．

8.1.1　SoC の構成

　SoC あるいはシステム LSI は，機器機能実現の主要素であるマイクロプロセッサ，メモリ，制御論理，データ処理回路，I/O インタフェース等からなり，コンピュータに匹敵する規模のシステムを 1 チップ化したものである．図 8.1 を用いて SoC の構成と実装内容を説明する．図 8.1 に示した構成は，制御，マルチメディア，通信の用途を特定せず，どれにでも対応可能な構造を想定したものである．これはコンパクト設計に反するが，前述の通り SoC の最近の傾向にも合致する．

　SoC に搭載する処理はアプリケーションやミドルウェアのレベルである．そのような処理内容に対して，表 8.1 に示す基準で HW と SW を分割する．HW 向きの処理は組込みプロセッサに実装する．コントローラとしても通用する一般的な組込みプロセッサについては，8.2 節で詳述する．SW 向きの処理は，プログラミングを経てファームウェア化したものを ROM やフラッシュメモリに保存する．ファームウェアを MPU で実行するには主メモリの RAM を使う．メモリの種類としては DRAM でよい．

　図 8.1 に示した SoC の機能変更手段として，ROM を駆使した以下の 2 つの回路技術がある．
・HW 向き処理の変更：マイクロプログラム制御方式 (8.2.2 節参照) を採用し，制御 ROM を書き換えることにより，組込みプロセッサ機能の改正，改良を行う．

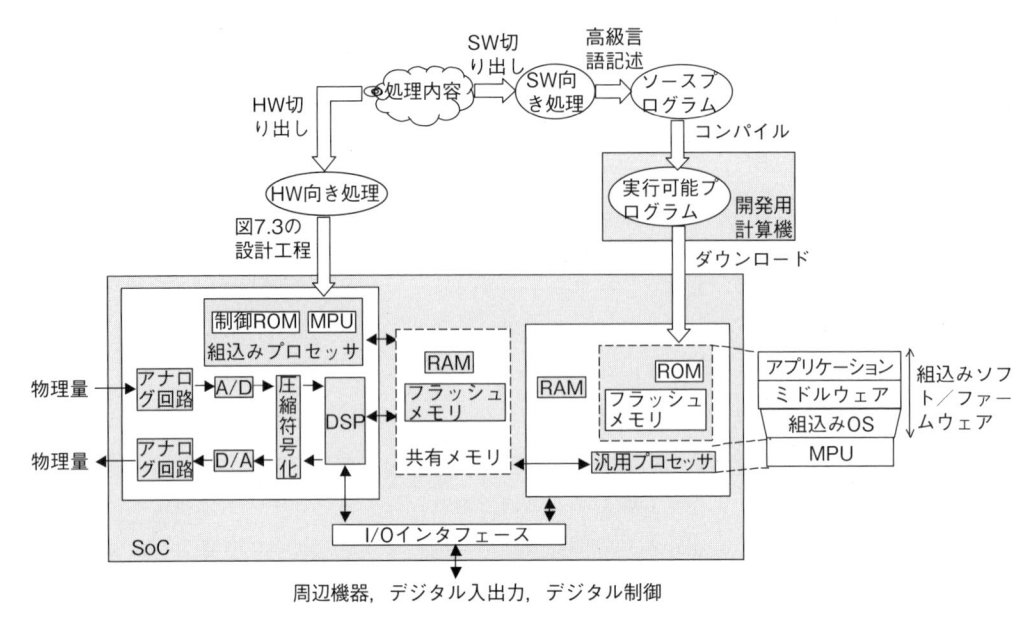

図 8.1 SoC の構成と実装内容

表 8.1 SoC に実装する HW と SW の比較

分割	処理内容	長所	短所
HW	・単純演算の繰返し ・定型処理	コストと回路規模の抑制	特化された独自開発の必要性
SW	・判断や分岐などの高度な処理 ・フレキシブルな処理 ・異なる内容の多くの処理	ミドルウェアなどの設計資産を有効活用した開発期間の短縮	消費電力大： ・汎用性確保のための冗長構成 ・ファームウェアとデータ蓄積用のメモリ

・SW 向き処理の変更：ファームウェアを書き換えることにより，アプリケーションとミドルウェア機能の改正，改良を行う．

図 8.1 では，複数プロセッサ間を共有メモリで中継することにしているが，バスを介してもよい．共有メモリのフラッシュメモリや周辺機器としての HDD にはデータを記録する．このような大量データの転送は，DMA (direct memory access) 技術でプロセッサとは独立させる．モータ制御は，I/O インタフェースを介したデジタル制御として行われる．アナログ回路を介した物理量としては，音声，画像等のマルチメディア，放送や通信の電波などがある．

8.1.2 ファームウェア

プログラムとは，ハードウェアを動かす一連の情報のかたまりである．アプリケーションとは，科学演算，金融，流通，事務，産業制御，マルチメディアなど，プログラムを必要とする種々の応用のことであるが，そのようなプログラム自体をアプリケーション（プログラム）という場合の方が多い．組込みアプリケーションとしては，携帯のパケット通信，ウェッブ利用のiモード，カーナビの VICS，テレビのデータ放送などがある．ソフトウェアとは，一般的には

プログラムと OS を含む総称であるが，組込みの分野ではプログラムを格納するメモリと，プログラムを実行する汎用マイクロプロセッサ (HW) を対にしてソフトウェアといわれる (6.2, 10.2.2 節参照)．なお，マルチメディアデータやゲームのコンテンツとデータベースはソフトウェアとは別格とみなされる．ミドルウェアとは，画像処理の MPEG，音声処理の MP3，グラフィックスの 3D など特定分野の基礎的なプログラムを標準化して，アプリケーションプログラムとは別扱いにして OS 側に位置付けをしたソフトウェアプログラムである．

アプリケーション，ミドルウェア，組込み OS を全体的に指して，組込みソフトウェアシステム，あるいは組込みソフトという．組込みソフトは電源のオンオフに影響されてはならないから，格納先は ROM やフラッシュメモリである．組込みソフトを書き換えることで，HW に手を付けることなく SoC を改良したり，不具合の修正をする．このような格納形態を強調して，組込みソフトはファームウェアともいわれる．ROM への格納自体をハード化とはいわない．ハードウェアともソフトウェアとも異なる形態を区別するために，ファームウェアといっている．パソコン程の自由度は持たないが，単純な配線論理のようには特化されておらず，必要に応じて途中の変更が可能という SoC の特質は，ファームウェアに負うところが大きい．

ファームウェアは SoC に適する反面，課題もある．1 つは，当初はコンパクトであったファームウェアが OS を含むようになり，SoC のチップ面積に占める割合が徐々に大きくなってきたことである．ファームウェアを内蔵するのに大容量メモリを必要とし，その電力消費を削減するためにトランジスタ数を減らしたモバイル RAM の導入やバッテリの改良が継続的に行われてはいるが，基本的には，頻繁なバッテリ充電をユーザに強いている．

2 つ目の課題は，製品の高機能化をファームウェアに依存し過ぎていることである．このため，SoC の開発工程は複雑巨大化してきた．開発にまつわるコスト高やデバッグの難しさなどの課題が SoC にも当てはまるようになった．

3 つ目の課題は，ファームウェアはユーザの負担を大きくしていることである．SoC の開発製造側には前述の通り社会的責任や製造物責任があるので，きめ細かなセキュリティ強化や不具合対策が求められる．また，市場動向や技術動向へのマッチングも必要である．ファームウェアの柔軟性はこれらの要求をクリアするが，搭載ファームウェアの更新は頻繁で，しかも，ダウンロードなどの更新手順は複雑で難解である．

8.2 データパスと制御系

組込みプロセッサは，図 8.2 に示したような構成を有する．このような基本構成は汎用プロセッサと共通するが，組込みプロセッサは汎用プロセッサと較べて種類，数，用途は格段に多いので，設計作業は複雑である．

データパスは，データ入出力とその間の演算処理，あるいは逐次，並列，ループ，分岐，ジャンプなどに応じた処理を担う．制御系 (回路) はデータパスの動作を制御する．データパスも制御系も順序回路と組合せ回路で構成し，RTL 記述する．同期式の場合のクロックと電源については，データパスと制御系の順序回路，組合せ回路とは独立に配線が行われる．通常の信号を取り扱う回路は論理合成を経てトランジスタレベルの電子回路のレイアウト設計に入るが，電

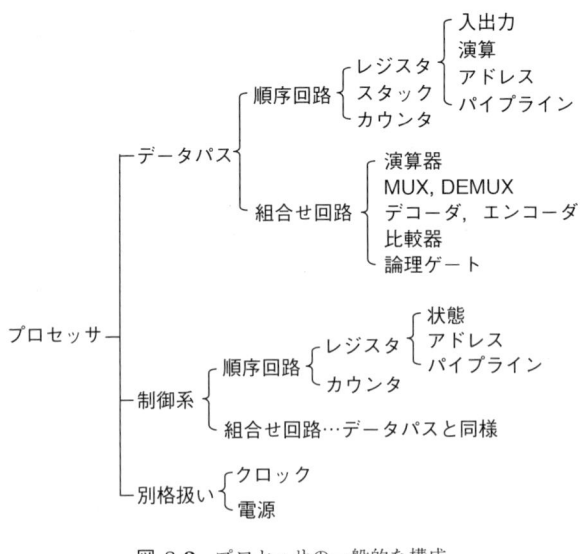

```
                              ┌ 入出力
                        ┌ レジスタ ┤ 演算
                    ┌ 順序回路 ┤ スタック │ アドレス
                    │         └ カウンタ  └ パイプライン
            ┌ データパス ┤
            │         │         ┌ 演算器
            │         │         │ MUX, DEMUX
            │         └ 組合せ回路 ┤ デコーダ，エンコーダ
            │                   │ 比較器
            │                   └ 論理ゲート
プロセッサ ┤
            │                   ┌ 状態
            │         ┌ 順序回路 ┌ レジスタ ┤ アドレス
            │         │         │         └ パイプライン
            ├ 制御系 ┤         └ カウンタ
            │         │
            │         └ 組合せ回路…データパスと同様
            │
            └ 別格扱い ┌ クロック
                      └ 電源
```

図 **8.2** プロセッサの一般的な構成

源とクロックの配線はこの段階で行われる．電源は太い配線そのものであり，クロックは単純な論理ゲートと配線であり，複雑な思考過程は必要としない．このため，類書ではクロックの表示が省略されることが多いが，本書ではクロック配線の存在をできるだけ明示している．

　設計に際してデータパスと制御系のどちらが先かは場合によりけりで，シナリオや仕様に応じて行う．図 7.2 に示した自動販売機や家電機器，駐車場のゲート，エレベータのスイッチ，マンションなどの階段照明のスイッチなどの組込みプロセッサの設計に際しては，制御の色合いの強いシナリオが先に定まっている．このように制御アルゴリズムが最初から明白である場合は，FSM を明確化し，それに応じてデータパスを設計するのが自然である．一方，汎用プロセッサや図 7.4 の例，電卓のように計算やデータ処理の要求が強い場合はデータパスが支配的である．この場合は，先に与えられるデータの流れと演算の種類と順序をアルゴリズム化し，仕様に相応しい実行形式を決め，データパスを設計する．

　図 8.3 に，組込みプロセッサのデータパスと制御系の関係を示す．ここに示した構造は同期式の場合で (7.2.2 節参照)，データパスのレジスタ A はクロック信号でトリガし，レジスタ B は制御信号でトリガする場合である．レジスタ A の前に置いた周波数変換は，クロックより長周期でトリガする場合である．これは，レジスタ―組合せ回路―レジスタ間の 1 ステップが，組合せ回路内の演算器数で決まるクロック数を要することから，特別なことではない．データパスから制御系への制御情報は演算結果などである．非同期式の場合は，イベントドリブンのためのフラグやリクエストなどもデータパスから制御系へ送られる．

　制御系の役割は，図 7.5 に示した状態遷移の制御と，図 7.6 に示したデータパスの制御である．図 8.1 では HW 向き処理を担当する組込みプロセッサとしてマイクロプログラム制御方式の場合を示したが，図 8.3 では配線論理方式の場合を示す．この場合，状態間の遷移を制御するのは状態遷移規定ブロックで，その時の入力と直前の内部状態に応じて遷移先を決める．遷移のタイミングは，同期式の場合，状態レジスタのクロックトリガで引き起こされる．一方，

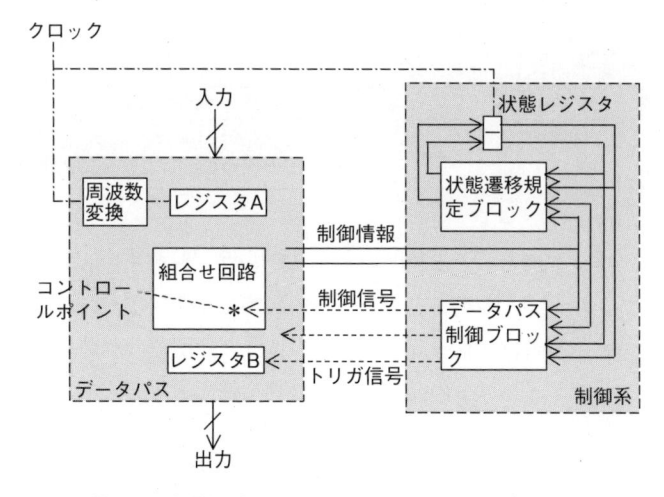

図 8.3 組込みプロセッサのデータパスと制御系の関係

表 8.2 コントロールポイント

回路ユニット	コントロールポイント		役割	
データパス	MUX のセレクト端子		複数転送元から1つを選択して，1つの転送先へつなぐ	転送先：レジスタ，演算器の1辺など
	DEMUX のセレクト端子		1つの転送元を，複数転送先から選択した1つにつなぐ	
	配線上の on-off スイッチ		CFG のエッジ上の流れを制御	
	演算器	多機能	演算機能特定	
		単機能	CFG のノード実行の制御，実行の有無は信号の 1/0 による	
	レジスタ		非同期式の場合，イネーブルでトリガし，次の処理を開始	
メモリ	Read/write		読み書き制御	
	チップセレクト		メモリチップの指定	

データパスを制御するのはデータパス制御ブロックである．

図 7.5 に示したように制御系の構造抽出には DFG と CFG の双方を使う．データパス制御ブロックに関して，制御の流れと制御信号のタイミングは CFG で記述し，データパス制御ブロックの組合せ回路は DFG で記述する．データパス制御ブロックは多出力なので並列実行もカバーする．データパス制御ブロックは，状態遷移に伴って制御信号を出力する．制御信号はデータパスの然るべきユニットの然るべき箇所に入力する．このように，データパスに設けた制御信号の接続先をコントロールポイントという．データパスと制御系の間は信号を介した関係があるのみで，それ以外の直接的関係はないが，それぞれの RTL 記述後に統合して，1つの動作やプログラムを実行する1つの回路，すなわちマイクロプロセッサにする．

コントロールポイントには，表 8.2 に示すようなものがある．MUX, DEMUX のセレクト端子については，既に図 7.6 で説明した．ちなみに，選択無しで複数転送元のどれでも受け付ける場合は，MUX ではなく OR ゲートを使えば良い．多機能演算器についても図 7.6 で述べた．

表 8.3 if else の用途

用途	分岐節の内容	計算モデル	RTL 構造
択一	転送先を共用	エッジの合流	マルチプレクサ
分岐	独立な処理を割り当て	エッジの枝分れ	分岐ごとにコントロールポイントを設け，条件節の成否に応じた排他的制御を行う

データパス制御ブロックが出力する制御信号をコントロールポイントに接続することで，逐次，分岐，ジャンプ，ループ，並列処理をハード的に実現する．実装法は，処理内容に応じて以下のようにする．逐次処理は，図 7.6 (d), (e) のように時間差の制御信号を出せばよい．あるいは，非同期式として，イベントの発生ごとに処理を進める場合もある．または，制御の管轄外として，逐次処理のノードとエッジに対応するデータパスの遅延にまかせることでも可能である．並列処理は並列の制御信号を出せばよい．あるいは，制御の管轄外として，該当するデータパスの部分を物理的に併設することも可能である．分岐処理は，2 つの分岐に設けたコントロールポイントに条件の成否に応じた排他的制御信号を入れる．ループ処理とジャンプ処理も分岐処理と同様に対応する．分岐については表 8.3 に示すように 2 通りの場合があるので，if else という記述だけではなく，それぞれの分岐節の中味を読み取る必要がある．

8.2.1　データパス

図 7.3 に示したように，データパスは，選択した実行形式とアーキテクチャに依存する．図 8.4 では基本的な計算の動作記述を取り上げ，4 種類の実行形式に対するデータパスを示す．演算器として，ここでは加減乗算兼用の多機能演算器 (multifunctional unit, MFU) を採用する．

図 8.4 (b) の逐次実行と図 8.4 (d) の FSM 実行は，図 7.6 (a) の場合と同様，入出力レジスタにクロックを直接入力している．動作記述の実行に要する複数ステップの間，入力レジスタはクロックでトリガされ続けるが，B, C, D, E を記入したレジスタの記憶内容は実行中不変とする．図 8.4 (b) の MUX と DEMUX の導入指針も図 7.6 (a) の場合と同様である．図 8.4 (b) と図 8.4 (d) の制御信号については，設問 3 で取り上げる．逐次実行は開発コスト (設計期間) 抑制のため，設計制約が強くなく，簡易な制御系で，要求仕様が強くない場合に適する．FSM 実行は少ない演算器を複数ステップの間に使い回すので，省スペースであるが，実行時間は長くかかる．ただし，図 8.4 (d) の場合は FSM 実行に並列実行が組み合わされているので，その分だけ高速化される．

図 8.4 (c) の並列実行は，時間短縮のために演算器数に制約は設けない．クロックスピードは速い方が望ましい．図 8.4 (e) のパイプライン実行は入力データ A E がクロックごとに入力する場合で，スループット向上のために HW の使用に制約を設けていない．特に，パイプラインレジスタは間違いなく増加する．したがって，クロック配線も増える傾向にある．クロックスピードは速い方がよい．

各々の実行形式に対する面積，スピード，性能の評価を表 8.4 にまとめる．面積評価は，大雑把にいうと消費電力の評価に通じる．厳密には，各回路要素のクロックごとのスイッチングを吟味する必要がある (11.2.1 節参照)．例えば，MFU, MUX, DEMUX は制御信号が入っ

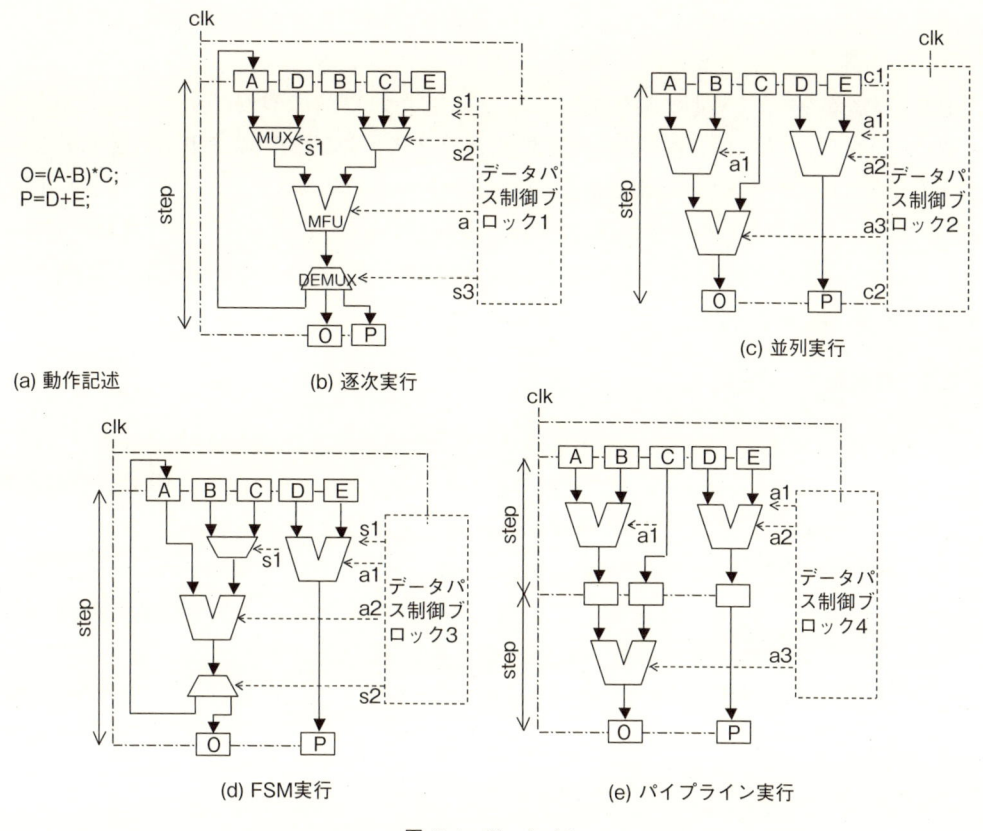

図 8.4 データパス

表 8.4 実行形式の評価

実行形式	面積評価					スピード評価			性能評価	
	データパスの回路要素					ステップ数	クロック数/ステップ	実行時間	データ処理効率	命令処理効率
	MFU	MUX	DEMUX	レジスタ	配線					
逐次	1	2	1	7	11	3	1	3	5/3	3/3
並列	3	0	0	7	8	1	2	2	5/2	3/2
FSM	2	1	1	7	8	2	1	2	5/2	3/2
パイプライン	3	0	0	10	11	2	1	2	5	3

た時しかダイナミック電力は消費しない．スピード評価に関して，ステップ数の対象であるレジスタは入出力レジスタに限らない．途中の一時記憶用やパイプラインレジスタも対象である．実行時間あるいはレイテンシィ (入力が回路内に滞在する時間) は，クロック数で評価する．

性能は単位時間あたりの処理量で評価する．データ処理効率は 1 組の入出力データの処理に要する時間をクロックで評価したもので，MOPS (mega operations/sec) や GOPS (giga operations/sec) の OPS に相当する．この場合，operation，すなわちデータ操作数は A, B, C, D, E に対して 5 である．命令処理効率は演算命令に要する時間をクロックで評価したもので，MIPS (mega instructions/sec) や GIPS (giga instructions/sec) の IPS に相当する．こ

の場合，命令は $-, +, *$ の 3 つである．$=$ は instruction のマイクロ操作 (9.1 節参照) と考える．

表 8.4 は評価の仕方を説明するためのもので，このように簡単な事例に対する評価を普遍化するためのものではないが，得られた数値より，以下のようなことが考えられる．図 8.4 (b) の逐次実行はスピードが遅く，処理効率も低いが，コンパクトな設計がなされる．図 8.4 (d) の FSM 実行は小さくて早いので，組込みプロセッサ向きである．図 8.4 (e) のパイプライン実行は，レイテンシィは 2 であるがクロックごとに計算結果を出力する．したがって，高効率だが桁違いに大面積である．

8.2.2 制御系

FSM の RTL 記述に，図 8.5 に示す 2 通りの方式がある．ここでは非同期式の場合で対応付けを示すが，同期式の場合でも全く同様の対応付けが可能である．図 8.5 (b) は，配線論理方式制御系の RTL 記述内容である．FSM の RTL 記述にはミーリー (Mealy) マシンとムーア (Moore) マシンの 2 つのタイプがあるが，ここはミーリーマシンである．図 7.2 (c) もミーリーマシンである．図 8.5 (b) の状態レジスタは遅延素子の集まりで，その役割は状態を定常的に記憶し続けることではなく，過去，現在，未来の間に遅延時間を設けて区別することである．FSM の符号化に必要な状態レジスタのビット数 n は，状態数 N と関係づけて一般に次式で与える．

$$n = \log_2 N \text{ 以上の最小整数} \tag{8.1}$$

図 8.5 (b) で，状態遷移規定ブロックは現在の状態と次の状態間の遷移を規定し，データパス制御ブロックはデータパスの制御信号を出力する．状態遷移規定ブロックとデータパス制御ブロックは，マイクロ命令を配線論理で処理する．配線論理というデジタル回路が人間の意思を代行して制御ができるのは，人間の意思を 2 値論理の組合せでモデル化しているためである．例えば，異なる条件のどれかが成立すれば信号を発して許可を出すには論理和の OR ゲートを使う．一方，全部の条件を満たさなければ許可しないなら，AND ゲートにする．このように，原理的には真理値表の 2 段論理である程度のロジックは記述できるが，プロセッサレベルの大規模な機能の実現には，データパスと制御系の枠組に対してスイッチング理論を適用することになる [2]．

図 8.5 (b) は以下の関数で記述できる．まず，状態遷移関数として，

$$\text{現在の内部状態ベクトル } Y = \{y_1, y_2, \cdots, y_n\} \tag{8.2}$$

$$\text{次の内部状態ベクトル } Y^+ = \{y_1^+, y_2^+, \cdots, y_n^+\} \tag{8.3}$$

$$\text{入力ベクトル } X = \{x_1, x_2, \cdots, x_i\} \tag{8.4}$$

$$\text{出力ベクトル } Z = \{z_1, z_2, \cdots, z_o\} \tag{8.5}$$

$$\text{状態遷移関数 } g(X, Y) \tag{8.6}$$

$$\text{出力関数 } f(X, Y) \tag{8.7}$$

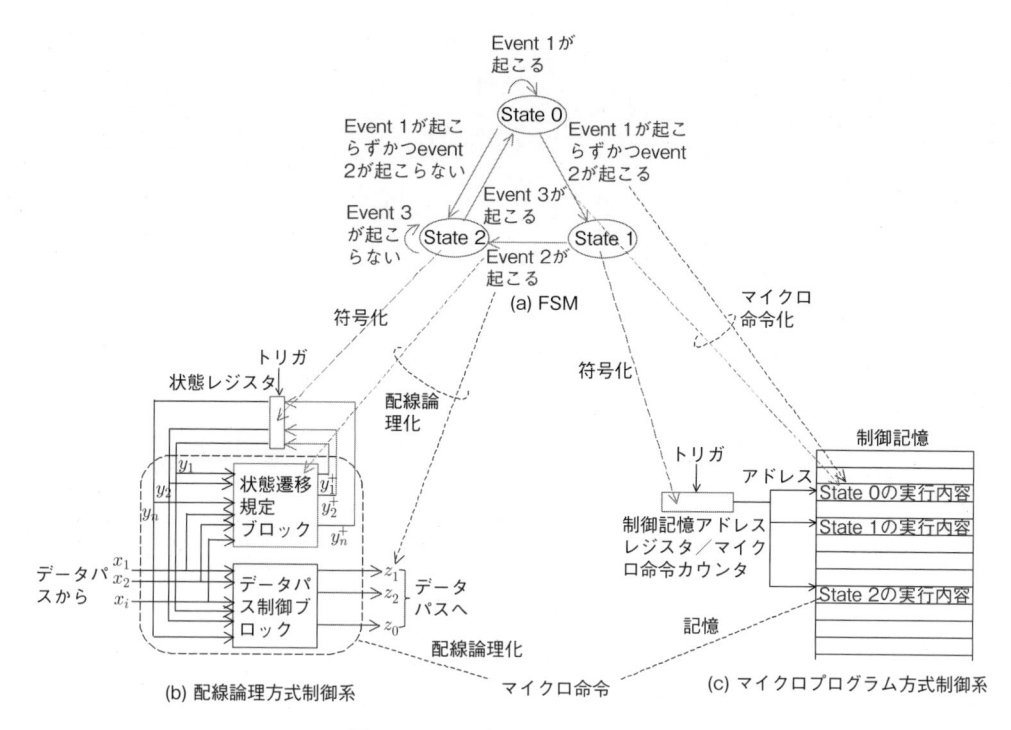

図 8.5 FSM と RTL 記述の制御系

を使う．特性方程式として

$$次の内部状態 Y^+ = g(X, Y) \tag{8.8}$$
$$Z = f(X, Y) \tag{8.9}$$

を使う．以上がミーリーマシンの自動設計の基礎であるが，一般的に制御系の設計は難しい．実際，制御回路の自動設計はデータパスのそれと較べて遅れている．制御系の設計が難しいのは，順序回路の最適化が難しいからである．論理合成ツールは組合せ回路の最適化がもっぱらで，順序回路の最適化はほとんどない．

図 8.5(c) は，マイクロプログラム方式制御系の RTL 記述内容である．図 8.1 で示した HW 向き処理を担当する組込みプロセッサも，この場合である．マイクロプログラム制御については 9.1 節で詳述するが，制御記憶アドレスレジスタ／マイクロ命令カウンタが状態レジスタに相当する．制御記憶は図 8.1 に示した制御 ROM のことで，個々の番地は，各 state の実行に付随する状態遷移とデータパスへの制御信号出力をマイクロ命令として記憶する．マイクロ命令の一部は，制御記憶からデコーダを経由して出力される．マイクロ命令の残りの部分は，制御記憶からマイクロ命令レジスタを経由して制御記憶レジスタに至り，次の状態に遷移する．

表 8.5 に配線論理方式とマイクロプログラム方式の比較をまとめる．配線論理方式は RISC (reduced instruction set computing) プロセッサに使われたが，多分岐にも適することから組込みプロセッサ向きである．図 8.1 では HW 向き処理を担当する組込みプロセッサとしてマイクロプログラム制御方式の場合を示したが，この方式は元来 CISC (complex instruction

表 8.5 制御方式の比較

方式	分岐数	主な用途	状態遷移のタイミング	遅延素子	データパスとの統合	SE 的汎用手法
配線論理	多分岐が容易	RISC プロセッサ，組込みプロセッサの制御系	同期，非同期のどちらも可	FF, ラッチのどちらも可	容易	確立
マイクロプログラム	せいぜい 2 分岐まで	CISC プロセッサ，汎用プロセッサ	同期式が主		可であるが統一的な最適化には不向き	確立していない

表 8.6 状態遷移のタイミングとトリガ信号，遅延素子の関係

状態遷移		遅延素子	
タイミング	トリガ信号	種類	トリガ条件
同期式	クロック	FF	トリガ信号の立ち上がり／立下りエッジ
		ラッチ	トリガ信号のレベル
非同期式	イベント	FF	トリガ信号の立ち上がり／立下りエッジ
		ラッチ	トリガ信号のレベル

set computing) プロセッサ向きである．マイクロプログラム方式の汎用プロセッサについては，9.1 節で述べる．

組込みプロセッサに向いている配線論理方式制御系は，データパスより遅延時間が大きくなりがちなうえに，大規模化につれますます遅延は増加する．全ての状態はクロックサイクルに同期して遷移する必要があるので，

$$2 つのブロックの遅延時間の最大値 + 状態レジスタの書き換え時間 < クロックサイクル \quad (8.10)$$

に基づくタイミング調整が難しい．特に，状態レジスタの遅延は大規模化で顕著になる．これを抑制する方策として，one-hot state machine と呼ばれるものがある．これは，状態レジスタの幅を (8.1) 式で与えず，N 個の FF を使い，1 つの状態を 1 個の FF に割り当てるものである．このようにすることで，状態レジスタは常に 1 が 1 つしか立たないので，書き換え時間が短くて済む．ただし，FF 数の増加で占有面積と消費電力も増加してしまう．制御系の RTL 記述とデータパスの RTL 記述の統合については，図 8.3 のところで説明した．

表 8.6 に，配線論理方式の状態レジスタやマイクロプログラム方式の制御記憶アドレスレジスタを構成する遅延素子，トリガ信号の種類とトリガ条件についてまとめる．状態遷移のタイミングには，クロックの有無により同期式と非同期式の 2 種類があり，クロックを使わない非同期式はイベントを使う．遅延素子には，エッジ制御の FF とレベル制御のラッチ (latch) の 2 種類がある [3,4]．これらのタイミング方式と遅延素子の組合せは任意である．例えば，FF のトリガはクロックエッジでもイベント信号のエッジでもどちらでも可である．

演習問題

設問1 次の □ を埋めよ．組込みプロセッサの用途は A ， B ， C に大別される．機能・構造の観点から，組込みプロセッサは D などに分類される．プロセッサの制御方式は E と F の2つに大別されるが，組込みプロセッサの制御系には E 方式の方が向いている．

設問2 次の □ を埋めよ．ミドルウェアは，例えば A など特定分野の基礎的なプログラムをアプリケーションプログラムとは別扱いで OS 側に標準化したソフトウェアプログラムである．ファームウェアは組込みソフトと同義で， B ， C ， D を全体的に指す．

設問3 図 8.4 (b) と図 8.4 (d) の制御信号の様子を，図 7.6 (b) や図 7.6 (c) のような表形式で示せ．

設問4 表 8.4 に記入した2つの処理効率の数値の根拠を説明せよ．

設問5 制御系の2つのタイプの RTL 記述であるミーリーマシンとムーアマシンの違いは，データパス制御ブロックの入力に入力ベクトルを含むか否かにある．このことと (8.8), (8.9) 式を参考にして，ムーアマシンの特性方程式を示せ．

参考文献

[1] (社) 組込みシステム技術協会，エンベデッド技術者育成委員会編，"絵で見る組込みシステム入門," 電波新聞社 (2006).

[2] S. Muroga, "Logic Design and Switching Theory," John Wiley and Sons, Inc. (1979).

[3] アンドリュー・S・タネンバウム (長尾高弘訳), "構造化コンピュータ構成," pp. 156-159, ピアソン・エデュケーション (2000).

[4] S. J. Cahill, "DIGITAL AND MICROPROCESSOR ENGINEERING," Ellis Horwood Lim. (1993).

第9章
汎用プロセッサ

□ 学習のポイント

　科学計算，マルチメディアによる表現，経理や行政や流通の事務など，複雑で膨大，高度で臨機応変の処理内容に対しては，第7章や第8章で取り上げたような動作記述のレベルと組込みプロセッサで対応することは不可能である．このような用途には，処理アルゴリズムのソフトウェアプログラム化と，プログラムを実行して処理データを入出力する汎用プロセッサが必要である．PC用のプロセッサに代表される汎用プロセッサの特徴は，高度でフレキシブルなプログラムを高い効率で実行することである．この章では，汎用プロセッサ設計の基本である以下の内容について理解する．

- 汎用プロセッサの構造とプログラムの実行過程を対応させる．
- 組込みプロセッサの構造と汎用プロセッサの構造を対応させる．
- 汎用プロセッサに不可欠な高い処理効率は，命令パイプラインによって達成される．
- 機能と構造が固定の命令パイプラインで異なる内容の機械語命令をパイプライン処理するには，例外的な対応が必要である．

□ キーワード

　オブジェクトコード，実行可能プログラム，機械語命令，Op コード，マイクロ操作，マイクロ命令，データ処理効率，命令処理効率，命令パイプライン，演算パイプライン，パイプラインハザード

9.1　汎用化の仕組みとは

　汎用とは，プログラムの目的や内容を特定せずユーザが自由に設定することである．ユーザの自由な意図をプログラム化し，処理対象のデータとともにメモリに蓄えた情報をハードウェアとしてのプロセッサ上で走らせることで，汎用処理がなされる．汎用プロセッサは，そのような処理能力と仕組みを備えている．9.1 節では，汎用プロセッサの大局的な構造とプログラムの実行を対比させて，命令とデータをどのように処理するかについて説明する．

　汎用プロセッサとプログラム，データの関係を図 7.1 で概観すると，プログラムとデータはメモリに格納されている．メモリ内ではプログラムを構成する命令の処理内容も 2 進数表示である．したがって，汎用プロセッサにとっては命令と数値，文字，画像などの (狭義の) データの区別はなく，同じ (広義の) データである．もちろん，命令は制御系に送られて，ハードウェア

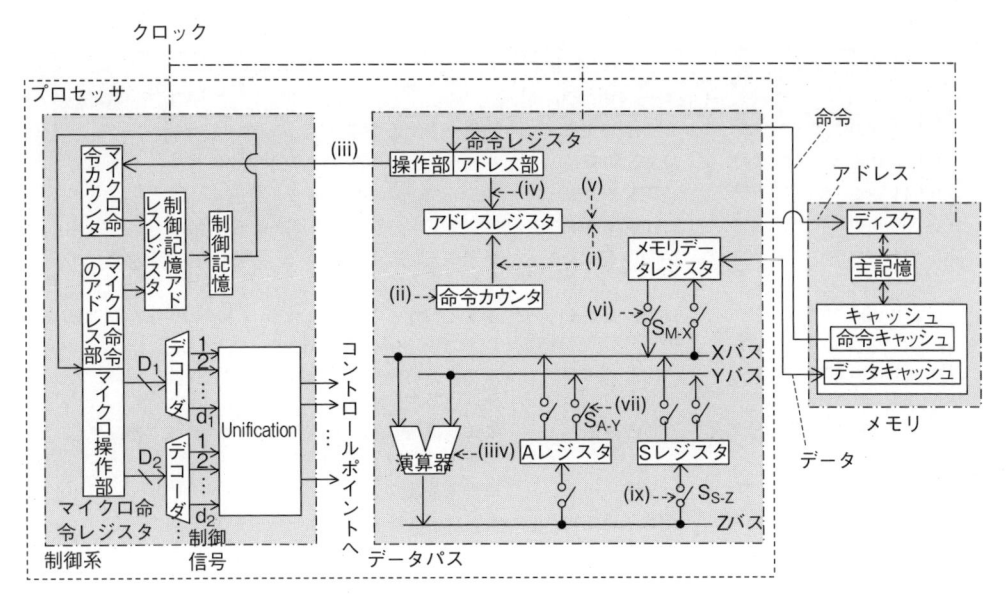

図 9.1　汎用プロセッサの基本構造

を動かす2値論理の情報に分解される．逆にいうと，ハードウェアの構成要素である各種ゲートの動作と機能を表す2値論理をコード化したものが命令で，命令の集まりがプログラムである．しかし，2値論理の知識だけで汎用プロセッサの仕組みを理解することは至難である．

9.1.1　汎用プロセッサの構造

図 9.1 に，RTL 記述の汎用プロセッサの例を示す [1]．データパス，制御系，メモリの配置はなるべく図 7.1 と対応させ，レジスタやスイッチ類も説明し易いように配置している．データパスの各所に付した (i)〜(ix) は，演算命令の場合の実行の流れを示す．詳しくはマイクロ操作の項で説明する．制御系はマイクロプログラム方式 (8.2.2 節参照) の場合である．

プログラムとデータを保持するメモリは，低速ながら安価で大容量のディスクなどの大容量外部記憶に実装される仮想空間から，高価で小容量ながら高速のキャッシュ (cache) まで階層化されている．キャッシュはさらにオンチップ，オフチップに階層化されている．主記憶とディスクの併用は，大きい方のディスクをページやブロックに分割して主記憶のサイズに合わせ，仮想空間での位置を相対番地とし，主記憶内の位置を絶対番地とする．それらの位置情報はプロセッサ内で管理する．一方，主記憶とキャッシュの併用は，時間的空間的局所参照性の原理に基づく．

命令もデータも，Op (operation) コードもオペランド (operand) も，メモリやレジスタ，デコーダ，演算器とのやり取りは2進数表示で行われる．しかし，演算器自体は2値論理を実行する．Op コードは制御系のデコーダで復号化され，制御信号として，データパスの各所に設けたコントロールポイントを種々の内容で制御する．それらの過程を通してデータやオペランドは演算レジスタに収まり，演算器でデータ変換を行うことで処理が進む．

表 9.1　図 9.1 のプロセッサの主な命令

機械語命令 Op コード　オペランド	アセンブラ命令 Op コード　オペランド	実行内容
0 001 000 *** *** ***	LDA ※※※	※※※番地の中味を A レジスタに格納
0 010 000 *** *** ***	LDS ※※※	※※※番地の中味を S レジスタに格納
0 011 000 *** *** ***	STA ※※※	A レジスタの中味を※※※番地に格納
0 100 000 *** *** ***	STS ※※※	S レジスタの中味を※※※番地に格納
0 101 000 *** *** ***	ADD ※※※	※※※番地の中味と A レジスタの中味を加算して S レジスタに格納
0 110 000 *** *** ***	SUB ※※※	※※※番地の中味から A レジスタの中味を引き算して S レジスタに格納
0 111 000 *** *** ***	MUL ※※※	※※※番地の中味と A レジスタの中味を乗算して S レジスタに格納
1 000 000 *** *** ***	DIV ※※※	※※※番地の中味を A レジスタの中味で割り算して S レジスタに格納
1 100 000 *** *** ***	JMP ※※※	※※※番地にジャンプ
1 101 000 *** *** ***	BEQ ※※※	S レジスタの中味が 0 なら※※※番地に分岐
0 000 000 000 000 000	NOP	何もしない

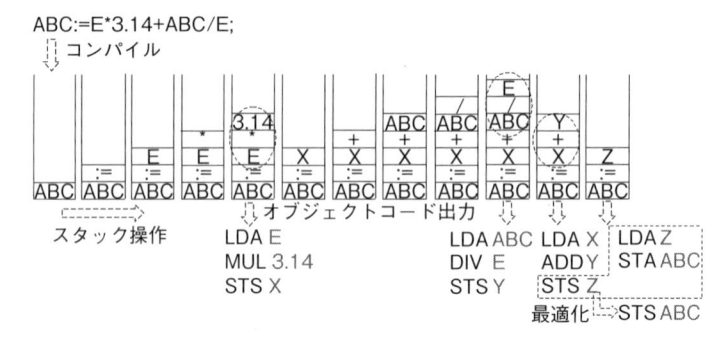

図 9.2　図 9.1 のプロセッサによる処理の例

9.1.2　プログラムの構造

図 9.1 の詳細を説明する前に，ハードウェアを動かす一連の情報の集まりであるプログラムの構造について説明しておく．一般にプログラムといえば高級言語で書かれたソースプログラムを指すが，プロセッサハードウェアの対象は機械語プログラムで，もっと具体的にいえば実行可能プログラムのことである．これらのことを，表 9.1 と図 9.2 を用いて説明する．

表 9.1 は，図 9.1 に示したプロセッサの命令セットの一部で，演算処理に関係するものである．ここで，機械語命令のオペランド *** *** *** は 2 進数表示で，アセンブラ命令の※※※は 8 進数表示である．表 9.1 の命令で組み立てられる簡単な計算例を図 9.2 に示す．ここでは，ソースコードからオブジェクトコードへの変換過程も図示している．ここで用いたコンパイラは，スタック操作に基づく最も単純なものである．プロセッサとコンパイラの開発は表裏一体である．

9.1.3　マイクロ操作

図 9.3 を用いて，図 9.2 の計算処理が図 9.1 のプロセッサでどのように実行されるかを説明

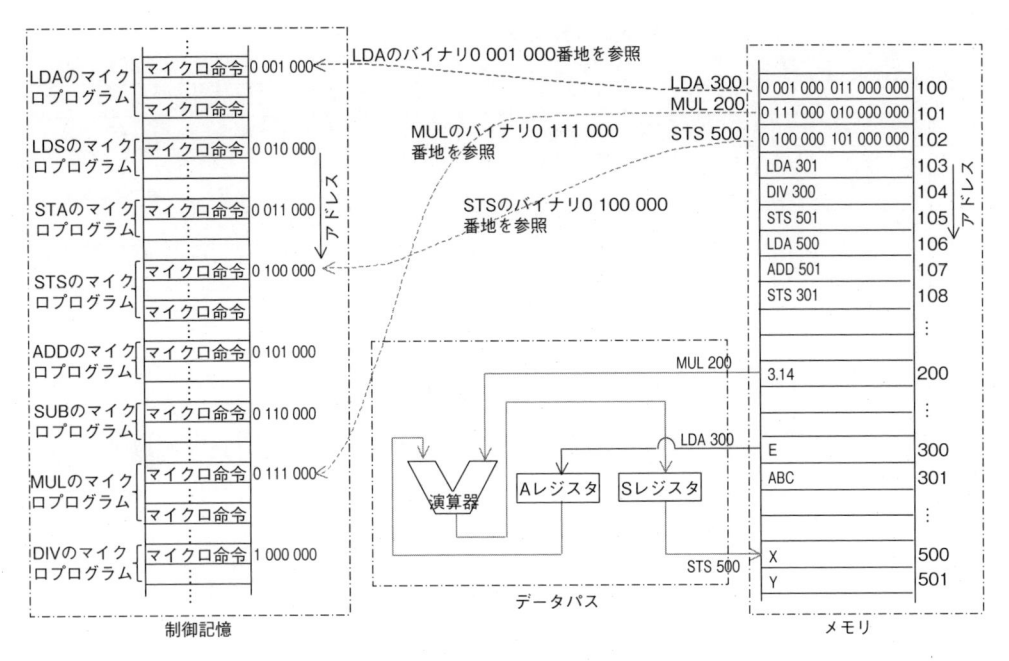

図 9.3 図 9.1 のプロセッサによる実行

する [2]．図 9.3 の右手のメモリには，図 9.2 で示したオブジェクトコードから求めた実行コードを書き込んである．この実行コードは，8 進数表示で 100〜102 番地の最初の 3 つのみ 2 進数表示で，残りはアセンブラ形式で省略してある．左手に示した制御記憶には，それぞれのマイクロプログラムが格納されている．

信号線やバス上のスイッチの開閉，演算器の機能選択実行や MUX の選択実行など，RTL 記述のデータパスの基本動作をマイクロ操作という．Op コードは複数のマイクロ操作に分解される．Op コードを構成する複数のマイクロ操作の中で，同時に実行可能なもの (例えば，図 9.1 において (i) から出る 2 本の矢印，(iii) と (iv) など) をひとまとめにしたものをマイクロ命令という．図 8.5 (c) と見比べると，マイクロ命令は FSM の state に対応する．

個々の機械語命令のマイクロ命令の系列をマイクロプログラムという．図 9.1 の (iii) で示したように，

$$\text{マイクロプログラムの先頭番地} = \text{Op コード} \tag{9.1}$$

とする．このことを明示するため，制御記憶のアドレスは 2 進数で表示している．実行コードは先頭番地から開始するので，(9.1) 式より LDA の 2 進数表示 0 001 000 番地が参照され，それ以降の一連のマイクロ命令でオペランドの 300 番地のデータ E を A レジスタに転送する．

図 9.3 に示した 2 番目の命令 MUL 200 について，一連のマイクロ操作を表 9.2 に取りまとめる．(i)〜(ix) の該当箇所は図 9.1 に示してある．命令サイクルのステージ名はパイプラインステージの呼称にもなっている．表 9.2 で，WB (write-back) の後の MA (memory access) ステージのマイクロ操作の欄が空いているのは，MUL などの演算命令には使われないためである．しかし，STA, STS などの実行には MA ステージは必要で，そのためのマイクロ操作も

表 9.2　MUL 200 のマイクロ操作

マイクロ操作		命令サイクル	
項目	内容	ステージ	内容
(i)	命令カウンタの指示する 101 番地の内容 MUL 200 を命令レジスタに転送	IF	命令をフェッチ
(ii)	命令カウンタを 1 つ進めて 102 とする		
(iii)	命令レジスタの操作部の Op コード MUL を制御系へ転送，MUL のマイクロプログラムの先頭番地呼び出しなど	D	デコーダで命令レジスタの操作部の Op コードを解読
(iv)	命令レジスタのアドレス部のオペランド 200 をアドレスレジスタに格納	OA	アドレスレジスタでオペランドのアドレスを指定
(v)	200 番地にアクセスして中味のデータ 3.14 をメモリデータレジスタに転送	OF	オペランドを演算レジスタに取り出す
(vi)	スイッチ $S_{M\text{-}X}$ を閉じてメモリデータレジスタの中味 3.14 を X バスに乗せる		
(vii)	スイッチ $S_{A\text{-}Y}$ を閉じて，A レジスタのデータ E を Y バスにのせる		
(viii)	演算制御信号に従って実行	EX	演算器を実行
(ix)	スイッチ $S_{S\text{-}Z}$ を閉じて演算器の出力を S レジスタに格納	WB	演算結果をレジスタに書き戻す
		MA	演算結果をデータキャッシュに格納

ある．(vii) で，A レジスタのデータ E は 1 番目の命令 LDA 300 の実行で格納済みである．

ここで改めて図 9.1 の詳細を説明する．個々のマイクロ操作は，表 9.2 に示すように命令サイクルに大別される．命令サイクルの繰返しを取り仕切るのは，命令カウンタである．命令カウンタはプログラムカウンタともいわれ，次に実行する命令を格納する．実行開始に際して，命令カウンタに実行コードの先頭番地を入れておき，IF (instruction fetch) ステージの間に順次増加させることで逐次処理が行われる．しかし，D (decode) ステージでジャンプ命令であることがわかれば，ジャンプ先のアドレスに書き換える．また，条件付き分岐命令なら EX (execute) ステージ後に書き換える．

IF ステージでは，命令カウンタからアドレスレジスタに転送する．アドレスレジスタは，命令レジスタ，メモリデータレジスタとともに，データパスとメモリのやり取りに使われる．CPU 上のアドレスレジスタが指し示すのは，仮想空間上のアドレスである．一方，メモリデータレジスタとやり取りするのは命令キャッシュとデータキャッシュである．IF ステージでアドレスレジスタが命令キャッシュを指し示す場合は命令レジスタへ転送し，その間に命令カウンタを 1 つ進める．OA (operand address) ステージでアドレスレジスタがデータキャッシュを指し示す場合は，オペランドがデータレジスタに転送する．このように仮想アドレスがキャッシュ上にある場合は問題ないが，キャッシュになく主記憶上にあったり，主記憶にもない場合は，階層化されたメモリ内でのやり取りが必要になる (9.3 節参照)．ディスクの仮想空間と SRAM (static RAM) のキャッシュという相反するメモリシステムの両立には，プログラム実行とは独立の巧妙な制御技術が必要であるが，本書では割愛する．

D ステージで命令レジスタの操作部から制御系に引き渡される Op コードは，(9.1) 式に示し

たように制御記憶のアドレスを指し示すので，最初のマイクロ命令がマイクロ命令レジスタに収まる．マイクロ命令のアドレス部には，次のマイクロ命令を格納してある制御記憶のアドレスが入る．マイクロ操作部には，同時に実行されるマイクロ操作の制御信号が符号化されており，それをデコーダで復号する．マイクロ操作部とデコーダの部分は水平型直接制御方式と垂直型に大別されるが，図 9.1 に示したのはこれらの中間の水平型符号化制御方式である．

デコーダとは複数出力の中から 1 本だけ活性化させるものであるから，同時実行が可能なそれぞれのマイクロ操作に対応させるため，デコーダは複数備える．例えば，表 9.2 に示した MUL 200 の場合，マイクロ操作 (vi) と (vii) は並列実行可能なので，1 番目のデコーダの d_1 本の制御信号のうちの 1 つは (vi) に，2 番目のデコーダの d_2 本の制御信号のうちの 1 つは (vii) に使う．デコーダ出力が複数なのは，活性化させるコントロールポイントがマイクロ命令ごとに異なるためである．最終的な制御信号を出す unification という回路の実態は，(i) と (v) のように 1 つのコントロールポイントに集中する複数のデコーダ出力に対して論理和をとって 1 本化するものである．これにより，配線数を減らす．$S_{M\text{-}X}$ などのスイッチには 3 状態バッファ (tri-state buffer) を使う．

マイクロ操作とクロックの間に固定の関係はない．IPS (instructions per sec) = 1 なる RISC 方式では，1 クロックサイクル内のタイミングは遅延時間で調整し，逆に，この遅延時間の総和でクロックスピードを設定する．IPS $>$ 1 なる CISC 方式では 1 命令サイクルに複数クロックを要し，マイクロ操作間のタイミングをクロックで調整できる．レジスタ間転送をクロックで制御する場合は，途中の組合せ回路の遅延時間は 1 クロックサイクル内に収める．

9.2 命令パイプライン

プロセッサの場合，性能とは処理効率，すなわち単位時間あたりの処理量と同義である．汎用プロセッサの処理対象はプログラムとデータであることから，性能評価の尺度には命令処理効率とデータ処理効率の 2 通りある．高い命令処理効率が求められる例として，将棋を指すプログラムがある．これは，限られた局面 (データ) に対するあらゆる可能性を判断する．そのために，演算命令と分岐命令を莫大な回数で繰返す．しかも時間の勝負なので，プログラムの良否には高速好判断のアルゴリズムなども影響するが，命令処理効率が基本的に重要である．データ処理効率が重要な場合として，画像データの符号化，特徴抽出，動きの検出などがある．一方，気象予報やデバイスの高精度解析の場合はデータ量も膨大である．このように，命令処理効率とデータ処理効率の両立が求められることが多い．

処理効率向上のためのプロセッサ技術は，パイプライン技術と並列化である．並列化の粒度は，プロセッサレベルからユニットまで多岐にわたる．パイプラインの基本は全体回路を 1 次元的に分割し，クロックで同期を取って流れ作業ライン的に使うことであるが，導入対象の回路規模，機能，向上の目標とする尺度でパイプライン化の技術内容は異なる．また，非同期式や非線形のものなどいくつか特有の方式もある．

汎用プロセッサ全体のパイプライン化は命令パイプラインという [3]．命令パイプラインは，命令処理効率の向上に関する基本技術である．これに対して，組込みプロセッサの動作記述に

対するパイプライン実行 (7.2.2, 8.2.1 節参照) や演算パイプラインのように，データ処理効率の向上に特化したパイプライン化もある．演算パイプラインはプロセッサの EX ステージや浮動小数点ユニットに導入される．ここでは，汎用プロセッサの高性能化に重要な命令パイプラインの基礎について説明する．

9.2.1 命令パイプラインの構造と処理様式

パイプライン化されたプロセッサは，多種多様な命令とデータを一定速度の流れ作業で処理を進める．これは，自動車の組立ラインと似ている．今日の自動車の組立ラインをある時刻に見渡すと，自動車生産の黎明期の単純な流れ作業とは違って，ラインの部署ごとに車体の色や装着するタイヤ，ホイール，内装オプションなどの仕様の異なる車に対して，所定の組立作業を施している．1 台あたりの作業時間は全部署同じで，次の部署に車を引き渡すと同時に，異なる仕様の車が前の部署から移動してくる．

自動車工場のラインの制御が生産性の向上にあるのと同様に，プロセッサのパイプライン化は命令処理効率の向上が目的である．このため，プロセッサ全体のパイプライン化を命令パイプラインという．命令パイプラインは，鉄道線路の運行管理にも似ている．この場合は，安全性，線路の利用率，収益などに配慮して 1 本の線路上の各所で信号制御を行うことにより，普通列車や急行，特急，各社の乗り入れなど多種多様な車両をそれぞれのスケジュールで運行させている．

図 9.4 に，命令パイプラインの構造を示す．IF から MA までのパイプラインステージは，表 9.2 に記載の通りである．図 9.4 (a) は図 9.1 のデータパスと制御系における 1 次元的な処理のフローをモデル化したものであるが，データパスと制御系の配置は 2 次元なので，全体としては 1.5 次元モデルとみなしている．図 9.1 で示した各種のレジスタはパイプラインレジスタの役割をしている．アドレスレジスタは，実行コードの先頭番地を入れておくので，入力レジスタである．また，出力レジスタも兼ねる．入出力レジスタの間には何もない．図 9.1 を見ると，命令レジスタの操作部とマイクロ命令カウンタは一緒にできるので，制御系の先頭はそのようにしている．制御系にはこのほかに 2 つのレジスタがあるので，パイプラインステージとしては，図示したように D1, D2, D3 の 3 つ存在していることになる．

図 9.4 (a) の制御系と同じタイミングで動作するデータパスのステージを一緒にすると，図 9.4 (b) が得られる．つまり，図 9.4 (b) の D, OF (operand fetch), EX の実態は，図 9.4 (a) の D1/OA, OF/D2, EX/D3 である．これに伴い，レジスタも一緒にしている．図 9.4 (b) は，汎用プロセッサ内の処理を 1 次元的に見たものである．

図 9.4 (b) のクリティカルパスとは，各ステージの最大遅延パスの中でも遅延時間の一番大きいパスで，クロックスピードに決定的な部分である．図 9.4 (b) の場合，EX ステージにあるクリティカルパス上の信号伝播終了後に演算レジスタをトリガする必要がある．パイプラインレジスタに対するクロックと入力データのタイミングをとるため，

$$\text{クリティカルパスの遅延時間} < \text{クロックサイクル時間} \tag{9.2}$$

より，クロック周波数を決める．逆に，設計仕様で与えたクロックスピードを得るため，(9.2)

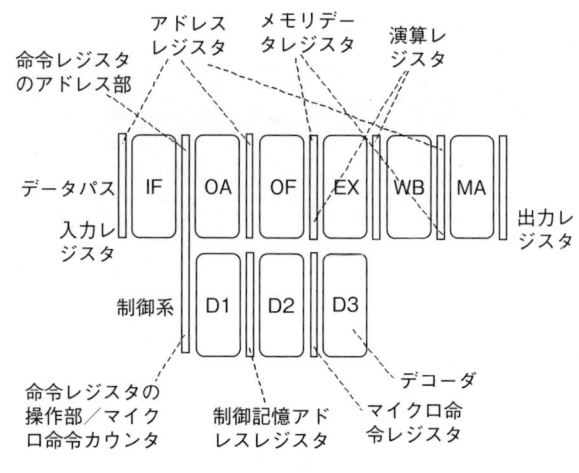

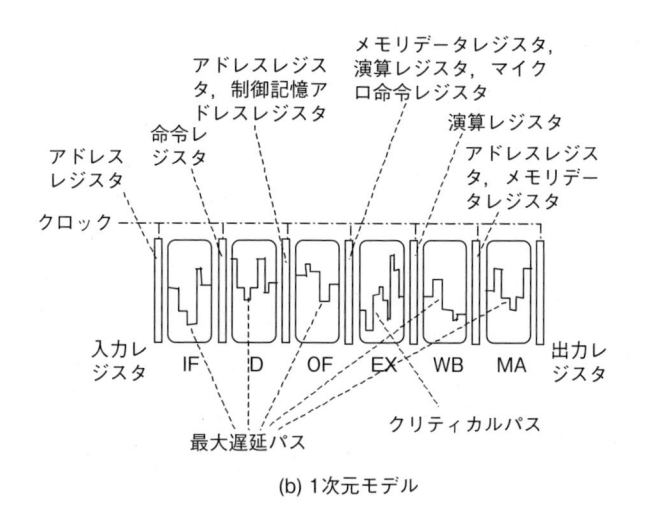

図 9.4 命令パイプライン構造

式を課してパイプラインステージ間の遅延調整を施す．一方，各ステージ内の遅延調整は組合せ回路一般に対するものと同じで，信号衝突やタイミングエラーが起こらず，各ゲートではジャストインタイムで信号が出揃うように遅延調整を行う．

理想的な命令パイプラインの処理を図 9.5 に示す．横軸は命令パイプラインのステージごとの時間遷移を表す．縦軸の実行順は分岐命令も含むので，実行コード上のコード順とは一致しない．理想的な命令パイプライン処理とは，このように時空間における各命令の軌跡を交叉することなく隙間なく埋めることで，命令処理効率を IPC (instructions per clock cycle) で評価すると，

$$IPC = 1 \tag{9.3}$$

の場合である．命令処理効率が最大の時，(9.3) 式の状況が達成される．

実際の実行コードは，必ずしも図 9.5 に示すような軌跡をとらない．まず，全ての命令が全

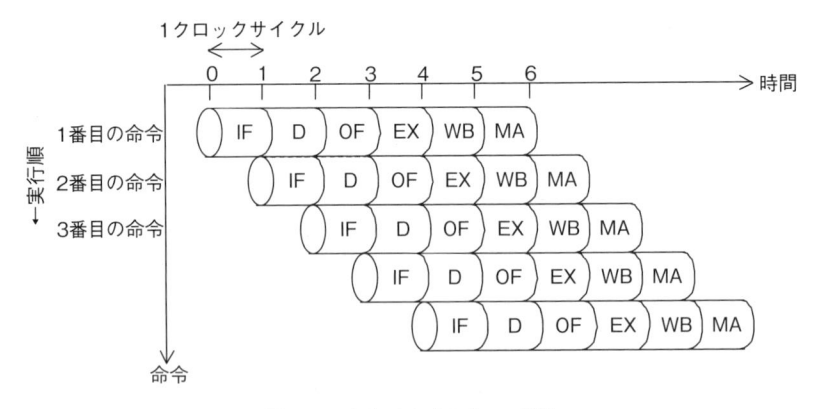

```
          1クロックサイクル
          ↔
       0  1  2  3  4  5  6                 時間
1番目の命令  IF  D  OF  EX  WB  MA
2番目の命令     IF  D  OF  EX  WB  MA
3番目の命令        IF  D  OF  EX  WB  MA
                  IF  D  OF  EX  WB  MA
                     IF  D  OF  EX  WB  MA
```

図 9.5　命令パイプラインの処理

てのステージで処理されるわけではない．例えば，表 9.2 に示したように，MUL などの演算命令は MA ステージを使わない．ジャンプ命令は OF 以下のステージは使わない．次に，ジャンプ命令や分岐命令では，次に実行される命令のフェッチの仕方を通常の命令の場合と変えなければ図 9.5 のようにはならず，IPC は 1 より小さくなる．この点については，9.2.2 節で取り扱う．

9.2.2　命令パイプラインの制御

構造的には，図 9.4 (b) は図 9.1 と全く等価である．しかし，図 9.1 の記述内容だけでは図 9.5 のように洗練された動作にはならない．パイプライン処理を行うためには，制御系にはパイプライン処理特有の機能を付加する必要がある．パイプライン特有の制御とは，各ステージに至るデータパスの信号とデコーダから出力される制御信号の間の同期を確実にとることである．

パイプライン制御の主な内容を以下に示す．

- IF ステージでなすべきことは全ての命令に共通であり，表 9.2 に示したように命令カウンタを 1 つ進めるのは IF ステージの期間内である．図 9.1 の (i), (ii) などの命令のフェッチに必要な制御信号を D ステージで発生させたのでは，図 9.5 に示したような IPC=1 なるパイプライン処理にならない．したがって，IF に対する制御信号は，D ステージとは独立に与える．
- OA, OF ステージは制御信号を必要としない．キャッシュミスが生じた場合の対応はプロセッサ側ではなく，メモリ内の制御で行われる．
- EX ステージについては，データパスにおける EX までのクロック数とデコーダ出力のクロック数は同じだから，演算制御信号が間に合うよう，D3 と EX 内の遅延調整をするだけでよい．
- EX ステージ以降は，D3 でデコードした命令に関わる処理であるから，D3 出力をデータパスの流れと同期して流せばよい．

ジャンプ命令 (無条件分岐命令)JMP や条件分岐命令 BEQ の直後に位置する命令をディレイスロットというが，ジャンプ命令のディレイスロットは実行されず，条件分岐命令のディレ

```
instruction 1
instruction 2
    :
jump instruction
    delay
    ↓
    specified instruction
    :

(a) ジャンプ命令を
    含む実行コード


instruction 1
instruction 2
    :
条件不  conditional branch
成立    ↓ delay slot
時       条件成
         立の時
         ↓
         taken instruction

(b) 条件分岐命令を含む
    実行コード
```

```
        ジャンプ,    条件の成
        条件分岐     否決定
        命令検出
        ←→        ←→
        ( IF  D  OF  EX  WB  MA )
          ←——→
          パイプラ
          インハザード

(c) 分岐命令とパイプライン
    ステージの関係
```

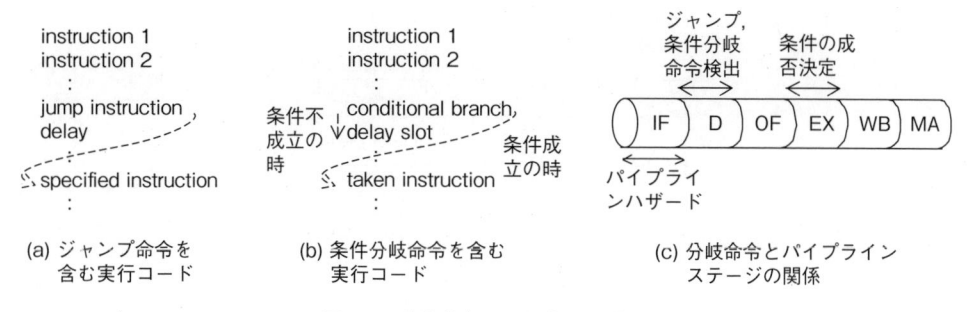

図 9.6 分岐命令のパイプライン処理

イスロットは条件不成立時には実行されるが，成立時には実行されない．しかし，D ステージと無関係に IF に対する制御信号を与えると，ディレイスロットを強制的に IF ステージに持ち込むことになり，文法に合わないことが命令パイプライン内で起きてしまうことになる．図 9.6 (c) に示すように，ジャンプ命令の次の命令は D ステージで決まり，条件分岐命令の次の命令は EX ステージで決まるので，命令パイプライン先頭の IF ステージから D ステージの直前までのパイプラインステージは障害 (ハザード) の源になる．パイプラインハザードのステージはディレイスロットと対応する．

分岐命令に対するパイプラインハザードのために，IF に対する制御信号の与え方を変えるわけにはいかないので，図 9.7 に示す対策をする．図 9.7 (a) はジャンプ命令のパイプライン制御法を示す．ジャンプ命令が D ステージで検出された時，ディレイスロットの命令は IF ステージにあるので，放置すれば 3 クロック後には EX ステージで実行されて誤動作に至ってしまう．これを回避するには，以下の 2 通りの策がある．

- 動的回避：パイプラインハザードのステージ内の命令を破棄し，次のステージに無効データを渡さない制御機能を付加する．このやり方でジャンプ命令に伴う誤動作は回避できるが，破棄した分だけ IPC の低下を引き起こす．図 9.7 (a) の場合はパイプラインハザードのステージが 1 段しかないが，複数段の場合 IPC の低下の度合いは大きくなる．
- 静的回避：コンパイラを使ってディレイスロットに NOP (no operation) を挿入する．表 9.1 に示したように，NOP を実行しても何も起こらないので，誤動作を回避したことになる．このやり方は制御系の対応を必要としないが，プログラムサイズを増加させる．

図 9.7 (b) は，条件分岐命令のパイプライン制御法を示している．ディレイスロットの誤動作を回避するには，D ステージで条件分岐命令が検出されたら以下の制御を行えばよい．

- ディレイスロットの命令をストール (stall) する．ストールとは，パイプライン処理が不可能な命令や命令の使い方に対して，パイプライン制御を停止させることをいう．
- IF ステージもストールして，3 番目以降の命令をフェッチしない．

また，条件分岐命令が EX ステージを過ぎたら以下のように制御すればよい．

- 条件成立の場合はストール中のディレイスロットを破棄し，分岐先から IF を再開する．
- 条件不成立の場合は，ディレイスロットと IF ステージのストールを解除してパイプライン処理を再開する．

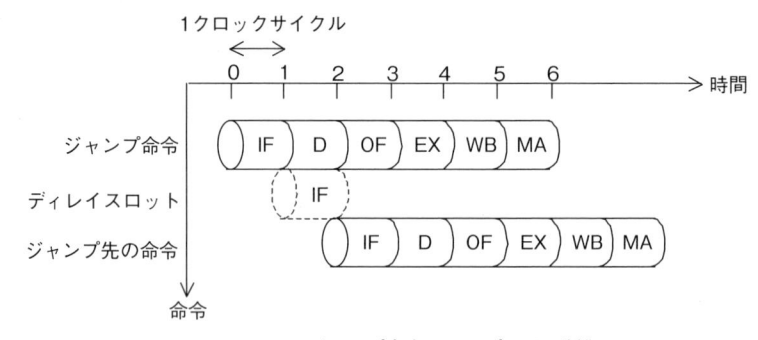

(a) ジャンプ命令のパイプライン制御

(b) 条件分岐命令のパイプライン制御

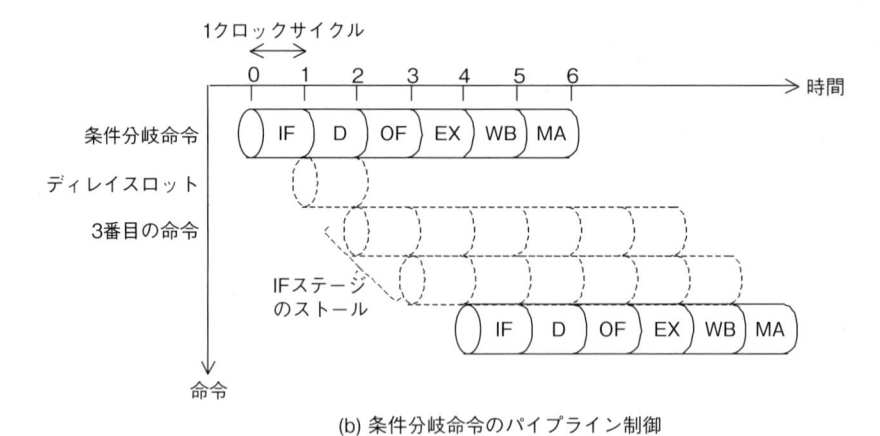

図 9.7 分岐命令のパイプライン制御

　以上の制御で誤動作は回避できるが，条件が成立してもしなくても IPC は低下する．この影響は，将棋プログラムのように判断分岐命令が多い場合に看過できない．このため，条件分岐命令に対しては命令パイプライン制御とは別次元の，投機予測という手法が導入される．これは，条件分岐命令は成立するものと予測して，条件分岐命令の次は条件成立の分岐先をフェッチする，というやり方である．予測には，コンパイラによる静的なやり方と，プロセッサ内に専用のハードウェア機構を設けて動的に対処するやり方がある．投機予測は，分岐命令が不成立の場合は実行コード上を大分さかのぼってやり直す必要があるが，一般的なプログラムでは条件命令が成立する可能性の方が高いので，実行コード全体を通した平均的な IPC の観点からは効果的である．

演習問題

設問1 次の ☐ を埋めよ．
RTL 記述のデータパスの基本動作を $\boxed{A}$ という．$\boxed{A}$ の例として，$\boxed{B}$ などがある．Op コードを構成する複数の $\boxed{A}$ の中で，同時に実行可能なものをひとまとめにしたものを $\boxed{C}$ という．機械語命令を記述した $\boxed{C}$ の系列を $\boxed{D}$ という．

設問2 図 9.1 において MUX が必要な箇所を示せ．

設問3 遅延に関して，以下の問いに答えよ．
(a) 次の ☐ を埋めよ．
命令パイプライン化されたプロセッサの $\boxed{A}$ は，全ステージに対して十分な処理時間を確保し，処理結果を確実に次のステージに伝えるため，$\boxed{B}$ の遅延時間より $\boxed{C}$ に設定する．$\boxed{B}$ は，各ステージの $\boxed{D}$ の中でも遅延時間の一番大きいパスである．

(b) 図 9.4 (b) の IF, D, OF, EX, WB, MA ステージの最大遅延が各々 1.8, 2.2, 1.7, 2.4, 1.9, 2.1 ns であったとする．この場合，妥当なクロック周波数は何 Hz か．

設問4 IPC と GIPS の関係を示せ．

設問5 命令パイプライン制御では D ステージと無関係に IF ステージをスタートさせるが，そのためにはどのようなマイクロ操作が必要か．図 9.1 を参照して説明せよ．

参考文献

[1] 深瀬政秋他，"計算機ハードウェア，" 昭晃堂 (1994).

[2] T. C. Bartee, "COMPUTER ARCHITECTURE AND LOGIC DESIGN," McGraw-Hill Book Co. (1991).

[3] D. A. Patterson and J. L. Hennessy, "COMPUTER ORGANIZATION & DESIGN THE HARDWARE/SOFTWARE INTERFACE," Morgan Kaufmann Pub. (1994).

第10章
マイクロプロセッサの開発

□ 学習のポイント

　マイクロプロセッサはデジタル技術の究極の成果である．組込みプロセッサのみならず，汎用プロセッサにもデータ処理や柔軟性など，市場の要求や使用状況などそれぞれ固有の事情はあるが，いずれの設計も工程の大半はマイクロプロセッサに普遍的な技術に負っている．逆に，IT社会の持続的な発展にはマイクロプロセッサ開発工程の更なる標準化が必要である．この章では，組込みプロセッサと汎用プロセッサに共通する設計手法と設計工程に関して，以下の内容について理解する．

- 半導体集積回路の製造技術とCAD技術の発達は互いに強く影響し合っている．
- マイクロプロセッサのCAD技術は，ソフトウェア開発に対するSEの考え方に基づいている．
- マイクロプロセッサのチップ化には，半導体ビジネスの制約が大きい．
- 微細化プロセスの課題とマイクロプロセッサの性能は密接に関係する．

□ キーワード

　設計手法，CAD，設計工程，レイアウト，デザインルール，配線，クロック，スタンダードセル，加工プロセス，チップ化，配線遅延，微細化の限界

10.1 マイクロプロセッサ設計の手法とは

　大規模集積化で複雑化したマイクロプロセッサ設計はもはや人手の及ぶところではなく，計算機の援助，すなわちCADが不可欠である．マイクロプロセッサやコンピュータの開発は，現有コンピュータで次世代型を設計することの繰返しである．計算機の設計に計算機を使うことで進化を続けてきたのには手法や手段と設計ツールの改良があったことはいうまでもない．計算機の進化の度合いはロードマップに明らかであるので，ここでは設計手法の進化を概観する．

10.1.1 CADツール

　設計手法の中核を占めるCADは進化の度合いが遅いので，時間の経過とともに，プロセス能力あるいはチップのキャパシティ(1チップに搭載可能なトランジスタ個数)と設計能力(1人／月で設計可能な回路)の乖離が顕著になる．一方，チップの流通期間も時代とともに短縮してきた．このように技術面でも市場動向としても設計生産性の向上が大きな課題となり，一種

のソフトウェアクライシスが繰り返されてきた．

1970 年代に，レイアウト矩形パターンのデータ処理からリソグラフィの位置合わせ制御などでレイアウトの自動化技術が生まれた．1980 年代に，EWS を使った回路図エディタによるゲートレベル設計が始まった．これで，設計生産性はチップ能力に追いつき，それまでのカスタム IC からマイクロプロセッサ設計を可能とした．1990 年代に入ると，回路が大規模化するにもかかわらず短期間での開発が一層求められた．そこで，HDL 記述を入力とし RTL 記述を出力する論理合成技術が使えるようになった．

しかし，SoC の開発が始まると RTL 設計の粒度では細か過ぎて，再び設計生産性が足りなくなってきた．そこで，2000 年代になるとより高位のシステムレベル設計で動作合成まで自動化が進められた．その後，IP (intellectual property, 知的財産) 再利用，プラットフォームベース設計に自動化の範囲を広げつつある．

10.1.2 シリコンコンパイレーション

CAD 技術を振り返ると，パターン設計，論理合成，動作合成と手法が進化し，対象も低レベルのレイアウトからゲート，RTL，システムと高レベルに推移した．この傾向を体系化して，現在の設計環境の枠組を示したのがシリコンコンパイレーションである．この言葉は，シリコン集積回路に関する高位の記述からチップ上の配置配線情報の生成を，ソフトウェアプログラムに対するコンパイルと対比させたものである．シリコンコンパイレーションの基本は，設計対象のコンピュータを 3 つの座標空間，すなわち Y チャート上で取り扱うことである [1]．

Y チャートは機能 (behavior domain)，構造 (structural domain)，実装 (physical or geometrical domain) の 3 つの座標を持ち，上位から下位に至る設計工程はスパイラル状の軌跡をとる．上位の設計モデル，すなわち機能を特性方程式で表すと，出力信号は入力信号を要素とするベクトルと内部状態を表す変数を要素とするベクトルを引数とした関数である．この関数記述を関数型プログラムと見るとコンパイルが可能である．この変換で合成した構造を，下位のより具体的な機能として以上のステップを繰返す．

シリコンコンパイレーションの概念に沿った設計フローを表 9.1 にまとめる．この表は，設計内容と作業内容の欄に，変換，合成の具体的なことを記載している．例えば，動作記述は仕様書を SoC 機能として入力し，アーキテクチャを構造として出力する．次に，アーキテクチャの機能を HDL で記述し，動作合成を経て RTL 記述を合成する．

10.2 設計工程

CAD 手法に基づく設計では多くの作業がプログラミングと関係するので，設計用の言語とプログラム技術の習得が必要であるが，それよりも大事なことは SE 手法に従った開発である (7.2 節参照)．SE のポイントは，1960 年代後期に問題となったソフトウェア危機の解決策として，プログラミングという人間の思考と作業の過程をできるだけ標準化することである．特に，各工程，各作業間の接続関係，あるいは形式を変化させる過程に飛躍を持ち込むことなく，いかにして一般化するかが大事である．

表 10.1 設計フローの枠組

対象	設計開発工程		設計内容		作業内容	設計ツール
組込みシステム	組込みシステム設計		仕様記述	組込みシステム仕様	SoCを実装する組込みシステムに対する要求事項を仕様書に明記	C, システム仕様記述言語
SoC	上流工程	SoCシステム設計		SoC仕様	SoCの仕様書作成	
		アーキテクチャ設計	動作記述		仕様から動作を切り出し,処理アルゴリズム化し,技術情報を基にアーキテクチャを導出	
		実装設計			SW実装部分の分離	
	下流工程	広義の論理設計	HW機能設計	広義の論理合成	動作合成	HW実装部分についてデータパスと制御回路の動作モデルを作成し,RTLの合成	HDL
			論理設計		論理合成	RTLを論理合成し,ライブラリ参照によるモジュールのテクノロジィマッピングを経てネットリストの作成	シリコンコンパイラ
		レイアウト設計		配置配線	実チップ上でモジュール配置とモジュール間の信号,クロック電源の配線を経て,マスクパターンを構成する矩形ごとの寸法,座標などの明記	配置配線ツール
シリコン化後	半導体プロセス		プロセスパラメータ記述		Si基板情報や拡散,エッチング,メタルや絶縁物の膜厚などのプロセス制御パラメータの明記	

マイクロプロセッサ設計も,設計に携わるものなら誰でも実践可能な設計工程があるべきであるというSEの理念の基に,漠然としたイメージに対する抽象的な工程から単純化された現実的な工程をたどる.したがって,ここでは設計工程の上流から下流に向かって説明するが,実際は下流から上流工程にさかのぼる検証,妥当性確認,テストもある.しかし,この流れはチップ設計製造品質の保証であることからここでは割愛し,11.2.1節でまとめて扱うことにする.

10.2.1 システム要求仕様

図10.1にSoCの基本的な設計工程を示す.各工程の基本的な作業として,仕様記述,モデリング,最適化,変換があるが,ここでは主な作業のみを示している.仕様記述とは上位の工程の意図を,誰でもわかり,誰でも設計可能な表現で文書化することで,最終工程では実現可能な文書を作成することである.モデリングとは文書化された仕様をモデル化することで,階層構造や並列性を明確化し,最適化の作業をやり易くする.最適化とは,面積,消費電力,動作速度,処理効率などを総合的に改善することである.変換とは,仕様とモデルをより具体化して,下位の工程に引き渡すことである.

抽象度の高い上流工程から段階的に下流工程へ具体化するにつれ仕様の記述量やモデルの規模は増加するが,冗長性は減少する.仕様書の量は最上位が最少であるが,最下位まで正しく効率的に演繹可能なように過不足なく記述する必要がある.組込みシステム設計の記述にはCやC++などの言語が使われる.SoCアーキテクチャはSystemCやSpecCなどで記述され,ハードウェア設計にはVHDLやVerilogが使われる.

システム要求仕様は,SoCを搭載する組込みシステムに関する仕様書である.要求項目間で最適化を行うが,例えば機能と性能の両立は一般に難しい.また,待機モードで液晶は止められるが,通信プロセッサは受信可能状態を保つために休めない.これに要する電力消費が,バッテリの持続性を表す尺度の待受時間を決めている.

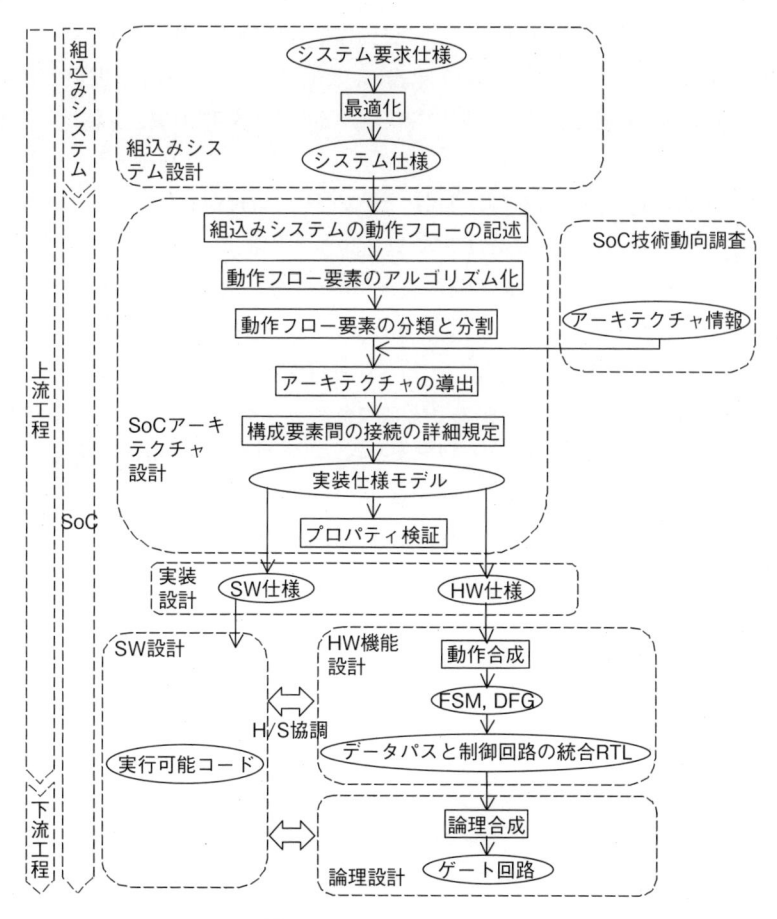

図 10.1 SoC の開発フロー

他に配慮すべきことは，環境や健康に対するユーザの志向，ユビキタス化や格差のないデザインに関する市場動向，製造物責任法や家電リサイクル法などの法的規制，関連技術の動向調査や過去の開発経緯などである．現実にはこれらの要素が互いに絡み合っている．例えば，公共車内における携帯電話の使用はマナーに合わないが，電源を切らなければ待機モードでも電磁波を発する．これは携帯電話の本質で EMC (electro-magnetic compatibility) 技術の適用外であるが，人体に及ぼす影響は大きい．

10.2.2 SW と HW の分割

汎用プロセッサと違い，SoC アーキテクチャは制御，通信，マルチメディアの用途ごとに大きく異なり，SW と HW の割合や構成要素の区別も設計工程の始めのうちは明確でない．図 10.1 は，プロセッサ構造が暗黙のシステム仕様を受けて，SoC アーキテクチャ設計のどこで HW と SW を分離し，構成要素を区別するかを明示している．

SoC アーキテクチャ設計は，前半の組込みシステムの解析をする段階から徐々にハードウェアの構造化を推し進める．まず，組込みシステムの動作，操作，処理間の順序関係とそれらの

間のやり取り (通信) をグラフ表示する．次に，動作フローのノード (動作，操作，処理等) とエッジ (やり取り) の各々のアルゴリズムを記述し，動作フローの各要素を開発と評価の観点から SW 向きか HW 向きか仕分けする．機能を実現するための処理手順，すなわちアルゴリズムの実行は，ソフトウェアプログラムだけに限らず，ハードウェアソリューションもあるが，一般的には単純演算の繰返しや定型処理は DSP などの HW 処理が適している．一方，判断や分岐があったり，処理の種類が多い場合は SW 処理向きである．

HW と SW の分岐点で，利用可能な SoC 技術の中からアーキテクチャ構成要素を選択する．組込みの分野では，SW としてソフトウェアプログラムを走らせる汎用マイクロプロセッサとプログラム格納用メモリを指す．したがって，SW 向きの動作フロー要素にはプロセッサコアを置換 (マッピング) し，HW 向きの要素には ASIC のカスタム HW，バス，IP などをマッピングすることでアーキテクチャを導出し，アーキテクチャ構成要素間の接続構造，同期，タイミングなどを明確化する．実装設計以降は HW と SW の設計フローが分かれるが，最終的に SoC の形にまとめるまで HW と SW の設計を別々に進めるウォーターフォール型と，随時協調して互いの工程を吟味するスパイラル型がある．

10.2.3 HW 設計

HW 仕様の段階ではデータパスと制御回路の区別はない．図 10.1 の実装設計以降の HW 設計フローのもう少し詳しい様子を図 10.2 に示す．まず，HW 仕様から処理の流れと構造情報を読み取ってデータパスを作成し，次にその制御に必要な制御回路を設計する (8.2 節参照)．等価性検証は，設計内容が前段と同じであるか否かを確認する．設計内容が複雑になるにつれ，検証も複雑になる．統合 RTL に対する DFT (design for testability) の付加とは，チップ製造後に実施する機能テスト効率を上げるためのものである (11.1.1 節参照)．

テクノロジィマッピングは，遅延時間，電力，駆動能力等の条件の合うモジュールを ASIC のライブラリから選択して割り付ける．ライブラリは，VLSI 回路に共通する設計パターンをモジュールとして標準化して LSI 製造側があらかじめ提供するものである (6.3.1 節参照)．セルベース方式のモジュールは論理ゲートやフリップフロップなどのスタンダードセル，機能ブロックのマクロセル (ハードマクロ)，マクロセルを大規模化したメガセルである．ゲートアレイのモジュールは 4 トランジスタの基本セル，マクロセル，メガセルである．

テクノロジィマッピングで出力するネットリストは，実チップ情報を伴う全モジュールと各モジュール間の接続情報である．ネットリストの最適化は，主に遅延時間の調整 (リタイミング) である．パイプライン実行の場合には，この操作でクロックスピードが決まる．なお，簡単な回路の場合は HW を構造記述とみなすことにより，論理合成でゲート回路を直接出力することも可能である．ただし，このやり方では機能設計の段階での大局的な最適化ができないので，複雑な回路には適さない．

図 10.3 に，組込みプロセッサの HW 設計に適用可能な LSI 製造の枠組をまとめる．ASIC は，高額な LSI 製造ラインの稼働率を高めて使用コストを抑制するため，LSI 製造側があらかじめ設けた論理設計やレイアウト設計に関する制約を設けたチップ開発の枠組である．ASIC の利用により，デジタル回路やプロセッサの専用チップ単価を下げることができる．セルベー

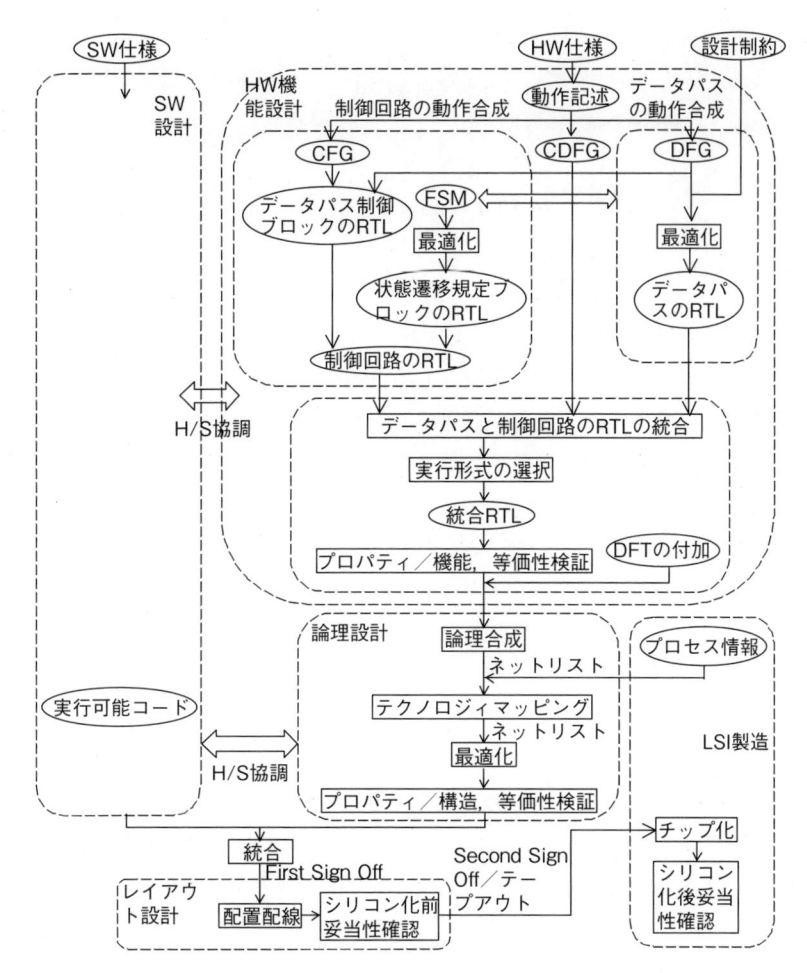

図 10.2　HW 設計フロー

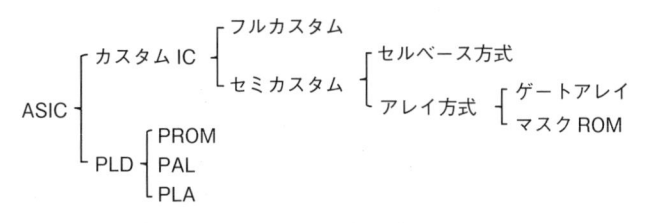

図 10.3　HW 設計のための LSI 製造の枠組

ス方式は，テクノロジィマッピングの段階でゲート回路をモジュールに置換してカスタマイズ（専用化）する．ゲートアレイ方式の場合は，レイアウト設計工程の段階の配線でカスタマイズする．

PLD (field programmable logic device) はフィールド (ユーザ) がプログラム化するためのICで，PROM (programmable ROM)，PAL (programmable array logic)，PLA (programmable logic array) などがある．この場合のプログラム化とは専用化と同意で，プログラム実行能力（柔軟性）のことではない．セミカスタム IC によるチップ化前の専用化あるいはカスタマイズ

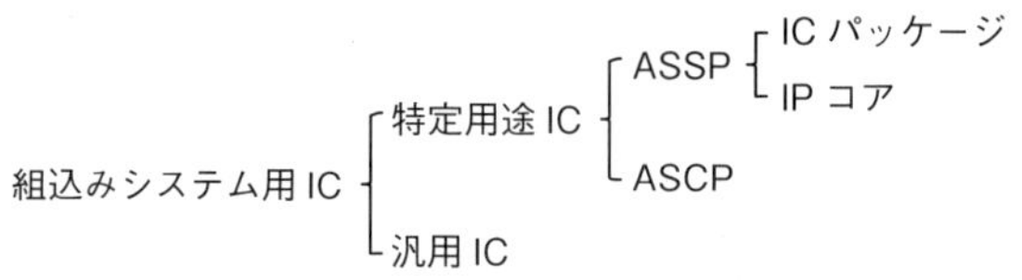

```
                              ┌─ ASSP ┌─ IC パッケージ
              ┌─ 特定用途 IC ─┤        └─ IP コア
組込みシステム用 IC ─┤              └─ ASCP
              └─ 汎用 IC
```

図 10.4　組込みシステム用 IC

の特性を，コンフィギャラブルと形容する場合もある．コンフィギャラブルプロセッサは命令セットなどをカスタマイズできる．一方，PLD や FPGA によるチップ化後の HW 再編や，マイクロプログラムの書き換えによる命令セットの再構成ができることをリコンフィギャラブルという．この特徴は，例えば，日々変化するネットワーク状況に対処するためのプロトコル改良をネットワーク関係の組込みシステムに速やかに取り入れるのに好都合である．ハードウェアの製作期間は，フルカスタム，セミカスタム，PLD の順で短くなる．

　図 10.4 は，図 6.2 の組込みシステムに使用可能な IC をまとめている．ASSP (application specific standard product) は既製の分野専用品で，IP コアは設計ノウハウを内包したビルディングブロックとして LSI の設計専業や製造側が提供する．ASCP (application specific customer product) は顧客専用品で，カスタム IC で開発する．

10.2.4　物理設計

　テクノロジィマッピングを経てプロセス情報を加味してはいるものの，HW 設計まではあくまでモデルの域を出ていないのに対して，レイアウト設計はチップの配置配線を決めるので，現実の世界に入る．配置配線モデルには論理的なモデルでは取り扱い対象外の加工面や電気回路の特性も含まれるので，レイアウト設計では新たな課題が発生する．ここでは，DFM (design for manufacturing)，RDR (restricted design rule)，配線パターンの高精度高周波回路モデルに配慮したレイアウト設計，すなわち物理設計について述べる．

A. レイアウト設計

　レイアウト設計とは，これまで述べてきたように論理機能の実現のためのモジュールや論理ゲートのみならず，必要に応じて MOS トランジスタや LCR (L：インダクタンス，C：キャパシタンス，R：抵抗) の回路素子を含めて，チップ上に配置配線を行い，シリコン基板内の p, n 領域，基板上の金属，ポリシリコン，絶縁層の形状と寸法を決め，チップ製造用のマスクパターンを決定することである．論理回路のチップ実装に能動素子の単体トランジスタのみならず受動素子の LCR までも必要なのは，チップ上での信号伝播も電磁波であり，増幅や波形整形用に高周波回路としての設計が必要なためである．

　図 10.2 のレイアウト設計の部分を展開すると図 10.5 のようになる．以下，カスタム IC，特にセルベース方式の場合を想定して，レイアウト設計で遵守すべき基本的なルールやアルゴリズムについて説明する．

　図 10.6 にチップレイアウトの枠組を示す．LSI チップの表面周辺部には，外部電極引き出し用のボンディングパッドと I/O セルを配置する．セルベース方式では，I/O セルとして入出力

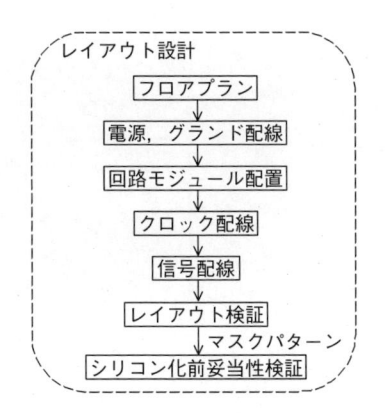

図 10.5 レイアウト設計フロー

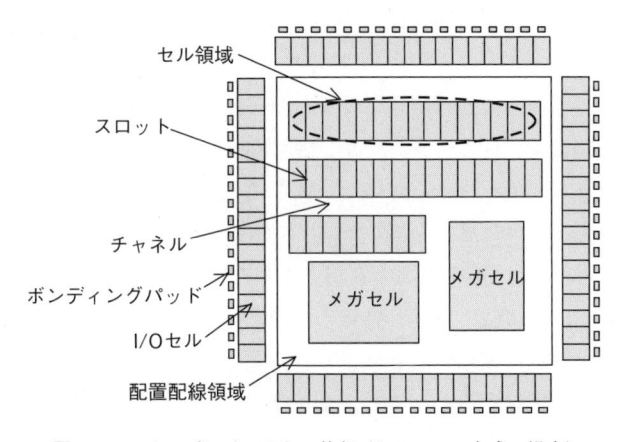

図 10.6 チップレイアウトの枠組 (セルベース方式の場合)

バッファ，トライステートバッファ，電源セルがライブラリに用意されている．設計自由度のある配置配線領域は，高さ一定のスロット (配置格子) の並びのセル領域と，配線用のチャネルからなる．スタンダードセルは，その大きさに応じて複数スロットを占有する．論理設計の段階でライブラリから取り込んだモジュールをスロットに配置し，モジュール間を配線する．セルベース方式のベアチップ写真を図 10.7 に示す．この例は，0.5 μm プロセスの 2.3 mm 角チップにウェーブ化スカラ (scalar) ユニットを実装したものである [2]．

配置配線領域は，その全てをモジュールと配線パターンで埋め尽くすことが許容されているわけではない．どの程度まで使用可能かは，レイアウトルール，配線ルール，デザインルールを総合的に勘案して決まる．まず，レイアウトルールとして，

$$\text{モジュール占有率} = \text{全モジュールの総面積} / \text{配置配線領域の面積} \tag{10.1}$$

$$\text{全モジュールの総面積} = \text{使用スロット数} \times \text{スロット面積} < \text{コア面積} \tag{10.2}$$

$$\begin{aligned}\text{配置配線領域の面積} &= \text{チップ面積} - \text{IO セルとボンディングパッド領域の面積} \\ &= \text{セル領域とチャネル領域とメガセルの総面積}\end{aligned} \tag{10.3}$$

で与えられるモジュール占有率の上限が設定されている．全モジュールの総面積には，フィー

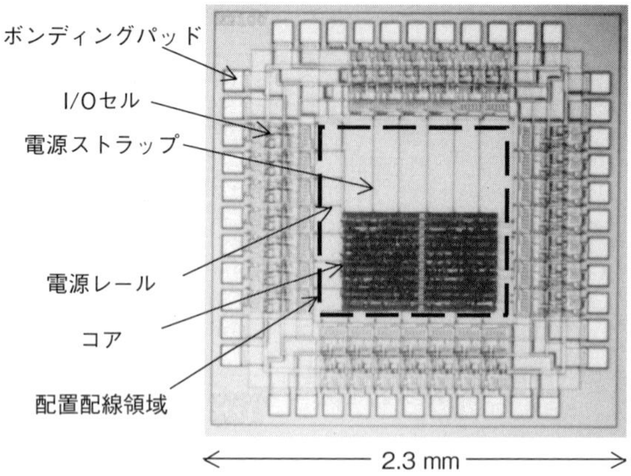

図 10.7 セルベース方式のベアチップ写真

ドスルー配線 (図 10.9 参照) に使う空きスロットの面積は含まない．コアとは，この場合は配置配線領域の中で回路素子，回路モジュール，導体パターンとして実際に使用する部分とそれに付随する空きスロットとチャネルを含めた一塊の領域を指している．配線用のメタル層数が増えると配線の自由度は増すので，モジュール占有率は高く設定できる．3 層メタルの場合，モジュール占有率の許容範囲は 50-70% で，6 層メタルの場合は 80-90% である．

メタル層が多層化されるのは，電極，結線，配線という多角的使用の自由度確保のためである．ボンディングパッド数は極めて限られているのにモジュール数は莫大であり，これらを限られたチップサイズ内で配線するとなると，交叉でショートを引き起こしてしまう．メタル層同士を全面接触させるわけにはいかないので絶縁膜をはさみ，必要なところだけ穴をあけ，金属を詰めて上下のメタル層間を導通させる．半導体拡散層と M1 の間の貫通穴はコンタクトホールと呼び，M1 より上のメタル層間の貫通穴をビアホール (via hole，スルーホールとかプラグともいう) という．メタル層数はプロセスジェネレーションとともに増加し，0.25 μm の 6 層から 45 nm では 9 層に増えた．

多層化メタルの用途は，MOS トランジスタや LCR 素子の電極，セル内の MOS トランジスタ間の結線，セルやモジュール間の配線であるが，詳しい内訳を以下に示す．

・配線用途：
 a. 電源，グランド (アース)
 b. 信号
  b1. モジュール間のグローバル配線
  b2. スタンダードセル間のローカル配線
 c. クロック
  c.1 グローバルクロック
  c.2 ローカルクロック

・結線，電極用途：
 d. スタンダードセル内の MOS トランジスタ間の結線

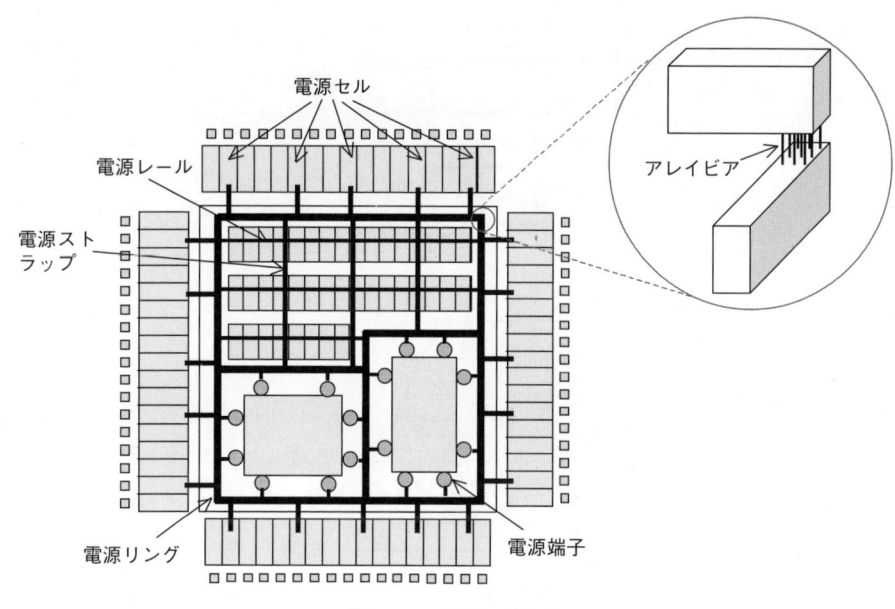

図 10.8 電源の取り方

e. MOSトランジスタの電極取り出し

信号とクロックはどちらも，配線の遠近で範囲を分類する．信号のグローバル配線はモジュール (10.2.3 節参照) 間の配線を指す言葉であるのに対して，グローバルクロックとはプロセスジェネレーションが 0.13 μm 以降も高速化を続けるローカルクロックから分離させた低速クロックである．したがって，信号とクロックのグローバルの範囲に明確な対応付けはないが，同一範囲を指すと考えて差し支えない．

図 10.5 において，フロアプランとは回路図上での素子やモジュールの位置と対応付けてチップ上での配置の大枠を決めることである．設計工程を経るにつれ細分化してきた回路構成をアーキテクチャレベルあたりまでさかのぼり，少なくともキャッシュメモリや CPU はそれぞれ一塊にする．このようにすることで，レイアウトを鳥瞰して占有面積の最適化が容易になる．また，遅延評価やグローバルクロックがやりやすくなり，設計手直しも容易になる．電源配線は図 10.8 に示すように行う．煩雑を避けるためグランドレールと GND セルは省略しているが，電源と同様に取ればよい．

FF やラッチなどのクロック端子におけるクロック波形の時間差をクロックスキューという．クロックスキューは，クロック配線上の遅延やクロック増幅用ドライバの遅延に起因する．クロック配線については，チップの隅々まで減衰もクロックスキューも極力少なくクロックを分配することが重要である．信号配線については，メタルの多層化と階層化の整合性をとるため，レイアウトの 2 点間を配線するのに要する配線層の数や配線長の最適値を求めるものなど数多くの配線アルゴリズムが考案されてきた．

多層構造の金属配線を伝搬速度の異なるクロック，信号，電源供給に使うことから，基本的に，デバイス動作の主役である Si (silicon) 基板に接する最下層を最小寸法で加工し，クロッ

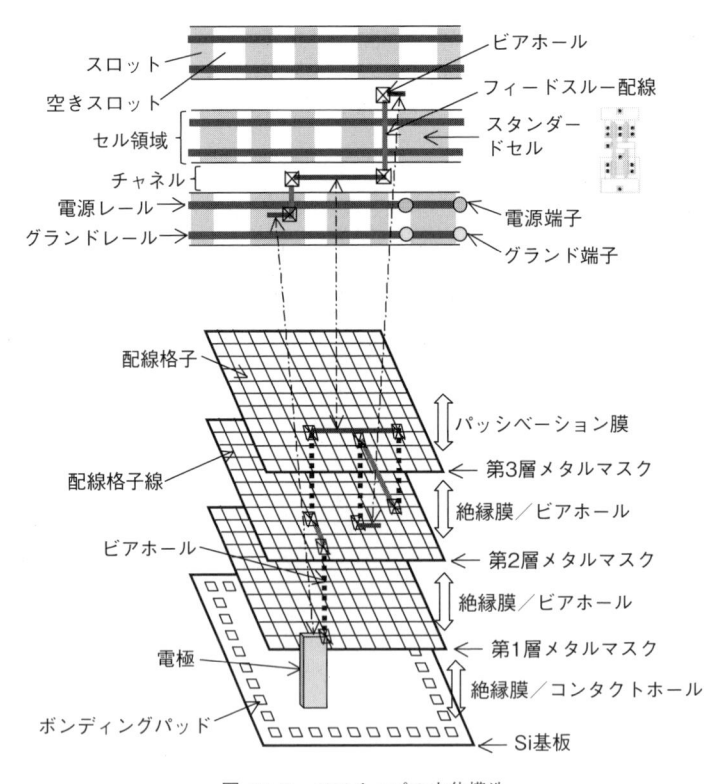

図 10.9 ベアチップの立体構造

ク配線に使う．中間層は信号配線，チップ表面の最上層は電源とグランド配線に使うが，1 層を使い切ったら次の層に移るという方法は必ずしもとらない．

　Si 基板近傍で，信号のローカル配線から電極あたりのメタル層の様子を図 10.9 に示す．配線領域のチャネルは水平方向なので，上図に示すように垂直方向の配線はスロットの空きスペースも利用する．配線格子はスロットより密で，配線は配線格子線 (実際は見えない) 上に張る．グローバル配線の場合は，配線格子線より目の粗いグローバル配線格子を使う．

　図 10.9 の下図に示すように，奇数のメタル層 M1, M3 は水平 H 方向の配線に使い，偶数層 M2 は垂直 V 方向の配線に限定するというように，配線層ごとに優先方向を設ける．図 10.9 に示したのは HVH の場合で，M1 は H，M2 は V，M3 は H である．配線層の間には絶縁層をはさみ，ビアホールを設けて上下の配線を接続する．メタルも絶縁膜も平らな平面ではなく，図中に示した電極の実際の背丈はもっと低い．パッシベーション膜はベアチップの保護膜である．

　MOS トランジスタの電極とスタンダードセル内の結線を図 10.10 に示す．この図のメタルパターンは全て M1 に形成されているが方向は入り乱れている．これは，電極は配線ではないので，H-V の配線ルールは適用外だからである．ソースとドレインのコンタクトホールを 2 個使うのは，半導体内の電流密度を均一にするためである．

B. 加工プロセス

　メタルパターンは，下層から徐々に絶縁膜の堆積，リソグラフィ，エッチング，金属膜の堆

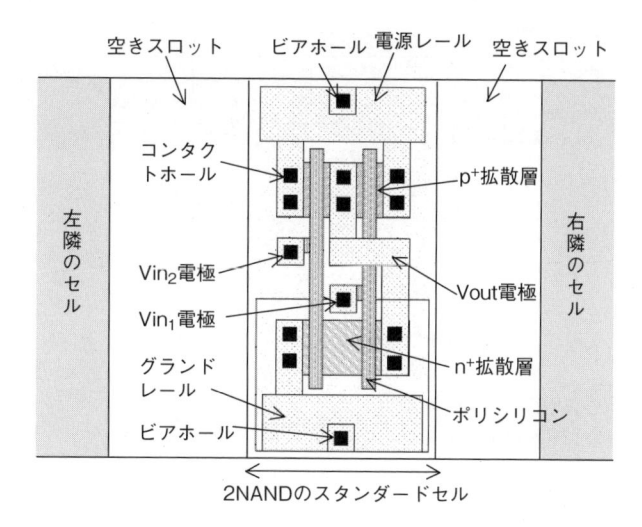

図 10.10 スタンダードセルのメタルパターン

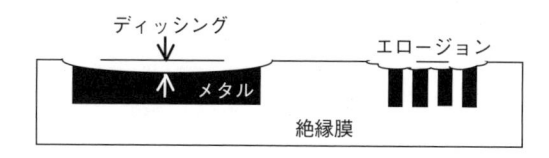

図 10.11 CMP ばらつき

積，平坦化を繰返すことで形成する．平坦化はウェハ表面に積んだ絶縁膜と金属膜を研磨液と研磨パッドで化学的，機械的に研磨する CMP (chemical mechanical polish) で行うが，金属の方が絶縁膜よりも削られ易いことから研磨むらが生じる．図 10.11 に示す CMP ばらつきは，レイアウト設計で考慮すべきメタル加工の代表的な課題である．平坦さを保てなくなると微細加工の寸法精度がばらつくので，CMP で均一に削ることが重要である．

配線幅が広いほど削られやすいディッシングを抑制するため，デザインルールに最大配線幅を設定する．また，配線密度に依存するエロージョンを抑制するため，配線密度のまばらな部分にはダミーパターンを配置する．Cu 配線の場合は，CMP の研磨速度の Cu 配線密度依存性対策としてダミーパターンが生成される．Cu 配線以前の Al 配線の場合は，ドライエッチのエッチングレートの Al 配線密度依存性，異方性対策としてダミーパターンが必要とされた．

デザインルールとは，LSI プロセス技術や LSI 材料の電気的特性に基づくマスクパターン各部位の最小サイズ，最小隣接間隔，最小オーバーラップサイズなどに対する制約である．デザインルールの制約のうちの最小値が，すなわち最小加工寸法である．このことから，最小加工寸法をデザインルールと呼んだりする (6.3.3 節参照)．代表的なデザインルールに λ ルールがある．これは，全ての制約をパラメータ λ で記述することで単純化したデザインルールである．λ は最小加工寸法で，他の全ての最小値の制約は λ の倍数で指定する．

最小加工寸法は半導体プロセス技術の世代を区別するので，デザインルールは極めて重要である．デザインルールに対する LSI プロセス技術の因子として，前述の CMP におけるディッ

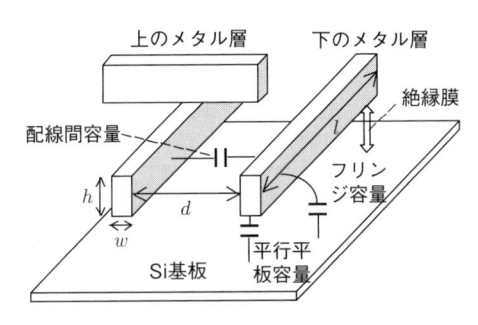

図 10.12　配線の集中定数等価回路

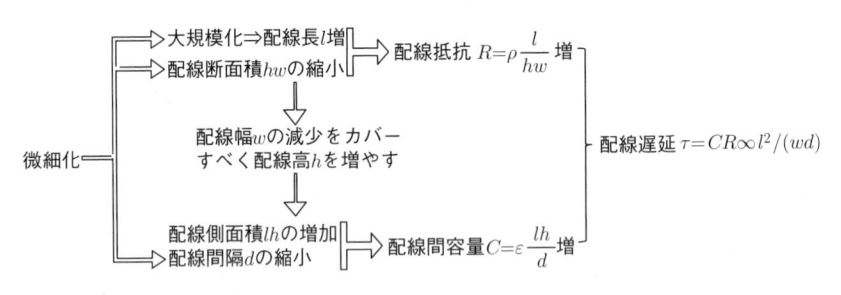

図 10.13　集中定数等価回路パラメータの傾向

シングや，光回折干渉による解像度の低下などがある．一方，デザインルールに対する LSI 材料の電気的特性の因子としては，エレクトロマイグレーション (electromigration) などがある．ディッシング対策はメタルの最大幅を制約するのに対して，光回折やエレクトロマイグレーションはデザインルールで最小幅を制約する．

C. 微細化の限界と打開策

　図 10.5 のレイアウト検証以降について説明する．まず，モジュール占有率の妥当性とデザインルールを満たしていることを確認する．また，全工程の機能性能を満たすかを確認する．微細化してくると，特にタイミング検証が重要で，配線パターンの高精度高周波回路モデルに配慮したレイアウト設計が必要である．微細化大規模化したチップ上の信号は，MOS トランジスタのオンオフ動作が金属配線を進行波として伝播するので，定量的な把握には少なくとも分布定数モデルを適用すべきであるが，ここでは傾向の概略把握のため，図 10.12 に示す集中定数モデルの範囲で説明する．浮遊容量として，配線間容量，平行平板容量，フリンジ容量を示す．

　図 10.12 の回路モデルで，メタル層の電気抵抗率を ρ，絶縁膜の誘電率を ε とする．微細化と大規模化が進むと，図 10.12 の電気特性 C, R と時定数 CR は図 10.13 に示すように変化する．浮遊容量として，配線間容量を取り上げている．微細化で配線遅延時定数 CR の分母 wd は減少する．分子 l^2 は，グローバル配線では増で，ローカル配線では減である．したがって，ローカル配線遅延は増えないが，グローバル配線遅延は急増する [3]．

　グローバル配線で l が長くなると議論の前提の集中定数モデルの妥当性が崩れるが，チップ全体として図 10.14 に示すような傾向にある．サブミクロンの領域までは (6.1) 式に示したよ

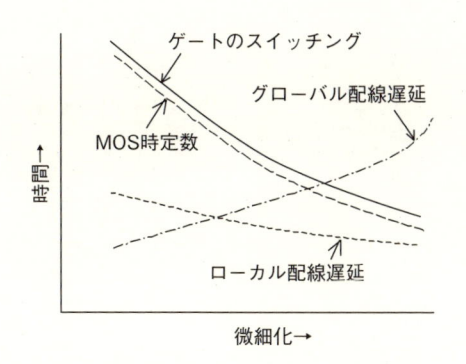

図 10.14 微細化に伴う各種遅延の傾向

うにMOSトランジスタやゲートのスイッチングに要する時間が伝播に要する時間よりも大きいが，ナノスケールの領域に入るとこの関係は逆転する (6.3.3 節参照)．この領域でも論理動作自体は高速化の傾向が続くが，配線長の長いグローバル配線の遅延時間の急増が大きな問題である．

グローバル配線遅延対策としては，まず材料物性面の工夫が施されている．その1つは，配線抵抗 R を小さくするため，電気抵抗率のなるべく低い金属材料を電極，配線に使うことである．このため，Al に代わって電気抵抗率が 2/3 の Cu の配線が用いられるようになってきた．ただし，Cu は Al よりもプロセスがいろいろと難しく，エレクトロマイグレーションも存在する．もう1つは，浮遊容量を小さくするため，なるべく低誘電率の材料を絶縁膜に使うことである．このため，従来の SiO_2 膜に炭素を入れたりする．このような材料を一般に low-k 膜という．k は材料分野で使われる比誘電率の記号で，電磁気学で普通に使われる ε_r と同義である．

グローバル配線遅延についての回路面の工夫として，まず低速のグローバルクロックを導入することである．もう1つは，電力遅延積の観点から，グローバル配線，グローバルクロックの駆動電力を上げることで遅延時間を減らす．電力遅延積 (power-delay product, $P\tau$ 積) とはデバイス，ゲート，ロジックユニット，回路いずれのレベルでもオーソドックスな性能指数で，$P\tau$ 積が小さいほど良いとされる．いわゆるロジックファミリーの $P\tau$ 積は概ね一定で，動作には一定のエネルギーを要する．つまり，遅延時間 τ を減らすには大きな消費電力 P が必要である．駆動電力増加策としては，配線の途中電力ドライブ用バッファを挿入したり，配線高さ (金属膜厚) h を大きくして電流密度の許容値を上げる．

グローバル配線遅延についてもっと大局的な工夫は SoC 化の推進である．チップ間の配線をチップ内に収めることで，入出力バッファが占める遅延を排除することができる．このことは，電力削減にもつながる．

10.3 チップ化

10.2 節のおさらいと，テープアウト後のチップ化の概要を図 10.15 にまとめる．6.4.2 節で触れたようにチップ製造には複数業種の複数業者が関わっており，それらの呼称もビジネス的なベンダやハウス，製造的な (チップ) ファウンドリーやメーカーやファブなど複数通りある．

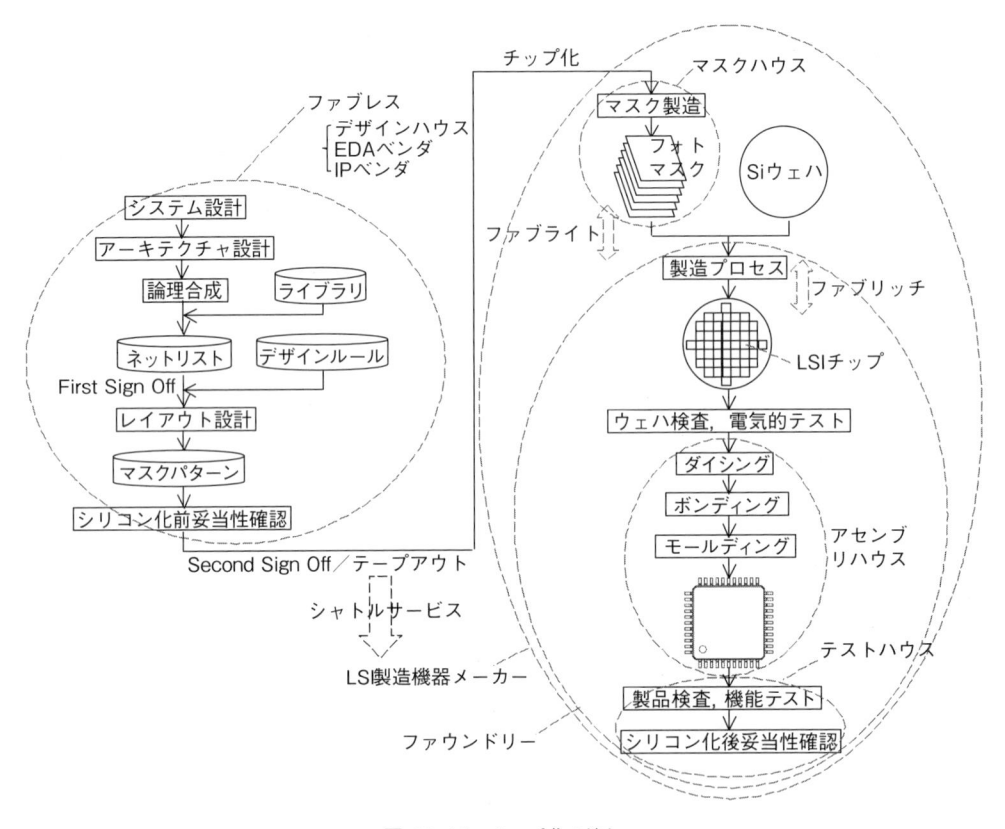

図 10.15 チップ化の流れ

　設計工程を行うファブレス (fabless) はファブフリーともいわれ，fabrication facility を持たない会社である．

　(チップ) ファウンドリーあるいは LSI 製造機器メーカーのうち，ファブライト (fab lite) は設計職の強いファウンドリーで，ファブリッチ (fab rich) は製造色の強いファウンドリーである．テープアウト後のシャトルサービスとはマスクパターンをファウンドリーに小口で引き渡す方式で，乗合タクシーのように，複数ユーザが設計した LSI 回路チップを同じフォトマスク上に相乗りさせて試作する．

　チップ化の詳細プロセスについては本書の対象外なので割愛する．ウェハ検査とは，LSI チップに切り離す前のウェハ状態で，プローバ (prober) とテスタ (tester) を使って電気的に LSI チップが良品か不良品を判定する LSI テストの一種である．最終形態での検査には IC テスタによる機能テストと外観検査がある．

演習問題

設問 1　CAD ツールの 3 つの革新について説明せよ．

設問 2　実装仕様の段階ではっきりする SW と HW の区別は SoC アーキテクチャ設計のどのあたりで見えてくるか？

設問 3　SoC に関して，SW 向きの処理とはどのようなものか．HW 向きの処理とはどのようなものか．

設問 4　図 10.8 の場合，I/O セルの内訳を示せ．

設問 5　図 10.10 に示したスタンダードセルの回路図を示せ．

参考文献

[1] D. D. Gajski, et al., "New VLSI Tools," Computer, Vol. 16, No. 12, pp. 11-14 (1983).

[2] M. Fukase, et al., "Scaling up of Wave-Pipelines," Proc. of the Fourteenth International Conference on VLSI Design, pp. 439-445 (2001).

[3] D. Sylvester, et al., "Rethinking Deep-Submicron Circuit Design," Computer Magazine, pp. 25-33 (1999).

第 11 章
マイクロプロセッサの最前線

□ 学習のポイント

情報革命，IT 革命，あるいはユビキタス社会を迎えて，基盤技術のマイクロプロセッサには，第 10 章まで取り上げた開発設計製造についての基礎事項とは別次元の高度な要求が課される．この章では，次世代のマイクロプロセッサが直面するシナリオの中からいくつかのトピックスに焦点を当てる．特に，以下の内容について理解する．

- 品質保証はマイクロプロセッサ本来の機能と構造には直接関与しないが，実チップには不可欠の条件である．
- 本書を上梓する時点で社会的要請のあるユビキタスのための信頼性，モバイルと環境のための省電力性，マルチメディアのための高速高機能性などの確保については最適解がないので，トレードオフの詳細吟味が必要である．
- マイクロプロセッサの開発設計には市場原理への配慮が不可欠で，この観点から IP 活用が重要性を増す．

□ キーワード

検証，テスト，妥当性確認，歩留まり，故障モデル，DFT，信頼性，安全性，エネルギー効率，消費電力，トレードオフ，オーバーヘッド，設計生産性，IP

11.1 マイクロプロセッサ設計に求められる高度な内容とは

マイクロプロセッサの高度設計手法は機能構造の更なる進化にも求められるが，ここでは視点を変えて，品質保証の確保に焦点を絞る．品質保証は，半導体ビジネスのみならず，IT 社会におけるマイクロプロセッサへの期待，存在意義，役割などの実用的観点から極めて重要な課題である．品質保証は，例えばネットワークに対する QoS (Quality of Service) のような付加価値のことではなく，マイクロプロセッサ本来の機能を保証するために不可欠である．

マイクロプロセッサで保証する品質として，表 11.1 に示す 3 種類を取り上げる．表 11.1 に挙げた以外に，プログラム実行に対する品質保証まで包含するディペンダビリティ (dependability) という技術分野もあるが，本書ではこのようなソフトウェア面の手段については割愛する．

設計製造品質は，チップ出荷前に発生する不具合に対して保証する．ハードウェアセキュリ

表 11.1 品質保証

品質の種類		保証内容	発生時期	原因の所在	予測・制御
設計製造品質		設計ミス，欠陥，ばらつきなどの不良	チップ出荷前	開発設計製造主	可能
ハードウェアセキュリティ	信頼性	ハードエラー，ソフトエラー	チップ出荷後	開発設計製造主	困難
	安全性	致命的エラーやトラブルなど	チップ出荷後	悪意の第三者	不可能

表 11.2 設計製造品質の確保手段

不良確認手段		実施時期	主な手法		主な手段	
広義のテスト	検証	設計中随時	静的		検証プログラム，プロパティの正解	
			動的	シミュレーション	プラットフォーム，テストパターン	シミュレータ，テストベンチ
				エミュレーション		模倣回路実装用ハードウェア
	シリコン化前の妥当性確認	設計後	プロトタイピング			プロトタイプ
	LSI テスト	製造後	測定		LSI テスタ，テストパターン	
	シリコン化後の妥当性確認	測定製品化直後	実動，測定，観察		実機，実装	

ティは，出荷後にユーザ側で発生するプロセッサチップのトラブルに対して保証する．スタンドアローンで使っていたコンピュータの黎明期と違って使用環境が格段に複雑化した現在，ハードウェアセキュリティは通常設計の段階から十分意識する必要がある．ハードウェアセキュリティは，トラブルの所在で信頼性と安全性に区別される．開発設計製造主にトラブル原因がある場合は信頼性で保証するのに対して，安全性は第三者の悪意による致命的エラーやトラブルなどに対する保証である．

11.1.1 設計製造品質

表 11.1 に示したように，設計製造品質とは設計ミス，欠陥，ばらつきなどの不良の度合いのことである．これらは検証 (verification)，LSI テスト，妥当性確認 (validation) を通して評価がなされ，歩留まりという尺度で示される．これらの設計製造品質確保手段を表 11.2 にまとめる．これらの手段も設計工程の大事な処理項目であるが，10.2 節の通常の開発工程と切り離してここでまとめて取り扱うのは，次の理由による．まず，設計不良対策は下流から上流工程を顧みることを随所で繰返すので，全体工程の流れとか各工程の意義と一緒に説明すると紛らわしくなる．また，テスト回路は本来の機能をカバーする通常回路とは直接関係しない．しかし，テストに要する時間とコストは莫大であり，独自の内容がある．

マイクロプロセッサ設計の高度化のためには，設計工程の各段階を客観的に評価し，もし正常状態からの逸脱があれば設計工程に対するフィードバックが不可欠である．しかも，不具合は極力根元で断つに限る．なぜなら，不具合が設計工程の後になってから見つかる程，それまでに要したコストもやり直しに要するコストも大きくなり，したがって損失が大きくなってしまうからである．このため，内容の異なる設計不良対策を三重に実施する．なお，半導体ビジネスは分業体制であるから (6.4.2, 10.3 節参照)，後の工程で見つかる軽微な設計ミスに対してはパッチングで対応することも多い．

表 11.3 検証の詳細

主な設計工程	検証項目		検証方式
システム設計	アルゴリズム		静的
		等価性	静的
機能設計	機能, プロパティ		静的
		等価性	静的
論理設計	構造, プロパティ		動的
		等価性	静的
レイアウト設計	デザインルール		静的

　検証，LSI テスト，妥当性確認という 3 つの設計不良対策には明確な違いがあるが，呼称の面では曖昧さがある．その 1 つは，テストという言葉である．検証も LSI テストも妥当性確認も，一般的な意味では設計開発の対象をテストし，設計という行為を検証し，確認する．表 11.2 でわざわざ広義と断り書きを入れたのはこのためである．したがって，LSI テストは狭義のテストである．また，動的検証に付き物のテストパターンは検証パターンというべきで，動的手法のシミュレーションツールのテストベンチ (testbench) は検証ベンチとでもいうべきである．しかし，既にこのような通称がまかり通っているため，本書でも多数派に従うしかない．

　曖昧な呼称の 2 つ目は，検証と妥当正確認をひとくくりにした V&V である．この言い方は SE にならったものである．HDL や CAD ツールの使用のみならず，設計データの授受は極度にセキュリティを強化した上でネットワーク上で行われ，不良確認にもコンピュータを使うので，チップ設計にも SE の手法が取り入れられている．このため，本来チップに対して行わる VLSI 設計製造の妥当性確認は，テクノロジィマッピングとレイアウト後にも，シリコン化前の妥当性確認 (pre-silicon validation) として導入されている．

A. 検証

　検証は設計者とは別の観点に立って，表 11.3 に示すように設計の各工程と工程間で随時行い，仕様から制御までの機能やアーキテクチャレベルから配線レベルまでの論理状態などを確認する．検証対象のことを DUV (device under verification) というが，各工程では，DUV の仕様記述，モデリング，最適化，変換 (合成) の基本的な作業 (10.2.1 節参照) に検証が必要である．変換後は工程間にまたがる等価性検証が実施され，下位の設計結果が上位の設計内容を満たしているかを確認する．

　検証項目のプロパティ (property) は一般的には物体の特性・特質を意味するが，プログラミングの分野ではプログラムを俯瞰して検証する際に着目する特性を指す．ここでは，設計対象の仕様や条件，論理関係の時間的推移のことを指す．このように，プログラミングの用語がハードウェア検証に使われるのは，この段階ではシステム設計の記述内容を対象にしていて，SE の手法にならうのが妥当なためである．

　プロパティ検証のように，設計の記述範囲内で検証する方式を静的あるいは形式的検証という．等価性検証方式も，異なる工程が対象であることから全て静的である．これに対して，動的検証はプラットフォームを使った検証で，プラットフォームとはアプリケーションソフトウェ

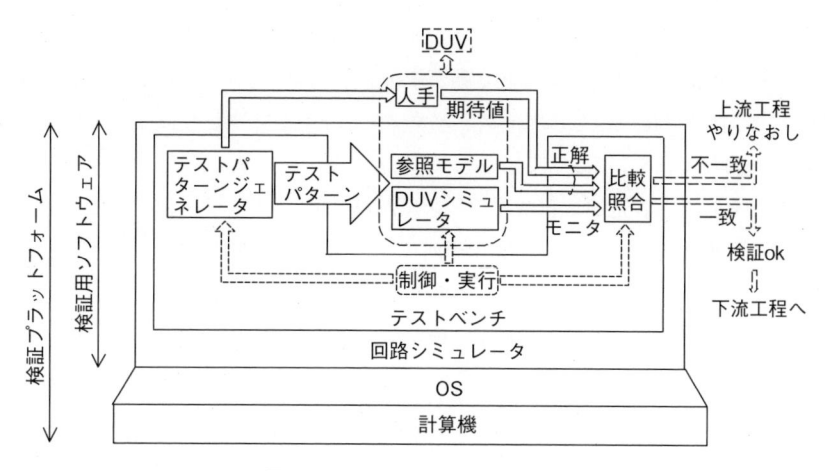

図 11.1 シミュレーションの構造

ア（ここではシミュレータ）やハードウェア（ここでは模倣回路実装用ハードウェア，プロトタイプ）の動作に必要な計算機，ハードウェア，OS，ミドルウェアなどの基盤や環境のことである．静的検証と動的検証の是非は場合によりけりで，検証品質，すなわち，神のみぞ知る全設計ミスに対して，検証で見出される設計ミスの割合で判断する．

静的検証は，設計ミスを HDL コードのバグあるいはプログラムの誤りとして見つけ出す．具体的には，DUV の記述を入力とし，設計ミスを出力とする検証プログラムを実行する．検証プログラムの個々のステートメントをアサーション (assertion) といい，アサーションの主要部がプロパティである．プロパティには，設計対象の仕様や条件，論理関係の時間的推移などが記述される．アサーションは一般的には断言したり主張したりすることで，より洗練された自己表現を意図するのに使われる．辞書的には断言の内容は問わないようであるが，静的検証では断言の内容も重要で，検証対象であるプロパティが真であることを明言する意味で使われる．

検証プログラムの実行結果は，これとは別ルートで人手を使って上位の設計内容から導いたプロパティの正解（正とする設計データ）と比較される．静的検証はソフトウェア分析手法であるので本書では詳細には立ち入らないが，原理的には静的検証は網羅的であり，徐々に重要視されつつある．小規模回路に限定すれば全てのプロパティを記述できるので，検証品質は完ぺきのはずである．

表 11.2 に示した通り，動的検証のプラットフォームとしてはシミュレータ，エミュレータ，プロトタイプがある．シミュレータは，DUV の動作を擬似するプログラムである．エミュレータは DUV の機能を模倣した回路をマッピングしたハードウェアで，そのようなことが可能なハードウェアとして，FPGA などのプログラマブル HW を使う．プロトタイプは，DUV の模倣ではなく DUV の回路構成そのものを既存の CPU やメモリチップで試作したものである．

動的検証の代表的な手法であるシミュレーション方式の概要を図 11.1 に示す．プラットフォームは，計算機と検証用ソフトウェアが階層構造を成している．土台の計算機は汎用でもいいが，シミュレーションの高速化を狙って汎用計算機の並列構成，あるいはシステム，機能，あるいは論理の設計工程ごとに適したシミュレーション専用のアクセラレータもある．検証用ソフト

ウェアは，それぞれのバージョンアップごとに調整が必要である．

CAD ツールの回路シミュレータの上で動かすテストベンチ (テストベクトル) はソフトウェアの作業台で，サブモジュールとしてテストパターンジェネレータ，シミュレータ，モニタを有し，それらの制御と実行を司る．テストパターンをシミュレータに注入して動作させ，出力波形をモニタし，その出力の正誤を正解と比較して吟味する．正解としては，正当性が既に実証されている吟味対象である DUV の参照モデルや DUV 出力の期待値を使う．期待値は人手で導出する．参照モデルはゴールデン設計モデルともいわれ，度量衡器のような位置付けである．

テストベンチから上は，それぞれの記述に適した言語で記述する．例えば，DUV シミュレータは A という HDL コードで記述し，テストベンチは HDL コード B で記述する．DUV シミュレータは，各レベルの DUV 動作をイベントドリブンやコンパイル方式で記述する．

設計仕様，構造，機能などの検証項目ごとに検証箇所の数を積算して検証箇所総数を見積もると，動的，静的を問わずに

$$検証回数 = 2^{検証箇所総数} \tag{11.1}$$

$$検証カバレッジ = 検証箇所総数/DUV の検証対象箇所総数 \tag{11.2}$$

が成り立つ．(11.1) 式より，マイクロプロセッサの大規模化，複雑化で，検証回数は指数関数的に急増し，検証工数 (人月) の増加を引き起こす．一方，開発工数自体も増加するので，検証に要する工数は全体の半分以上を占める．検証工数の内訳は，動的検証の場合，テストパターンの作成とシミュレーションとエラー解析がほぼ 3 分の 1 ずつである．

多人数が長時間従事することからどうしても検証漏れが起こり，その後の妥当性確認と LSI テストへの負荷が増える．そこで，不具合を根元で断つ品質管理の鉄則に従うことになる．それでも，大規模複雑化は市場不良率 ((11.6) 式) を増加させ，歩留まり ((11.7) 式) を低下させるので，最後の工程まで検証は欠かせない．(11.2) 式より，大規模化するにつれ検証カバレッジの確保は難しくなる．

B. LSI テスト

LSI テストには，図 11.2 に示すような種類がある．電気的テストは，プローバとテスタを使ってウェハ状態の LSI チップが電気的に良品か不良品かをチェックする (10.3 節参照)．機能テストの機能とは一般的には物のはたらきのことであるが，ここでは物理的欠陥 (defect, 断線，ショート，MOS の不良等) のない動作のことである．そして，機能テストとは物理的欠陥の種類ごとに表 11.4 に示すような故障モデルを想定し，テスト部位にそれらが存在する場合の論理動作とテスト結果を比較することで物理的欠陥の有無を検出する．

論理動作用のテストデータの取り扱い方で，機能テストは細分化される．テストパターンを使ってテストデータを振る場合は，網羅的に生成するアルゴリズミックな方法とマニアル生成するアドホックな方法がある．人手に頼るやり方では大規模化に対応できないが，アルゴリズミックなテストの補完としての価値はある．すなわち，アルゴリズミック手法でもテスト漏れ (図 11.5 参照) は許容範囲なので，アルゴリズミックなテストパターンの生成の際に省略した入力パターンについては，アドホックにテストすればよい．

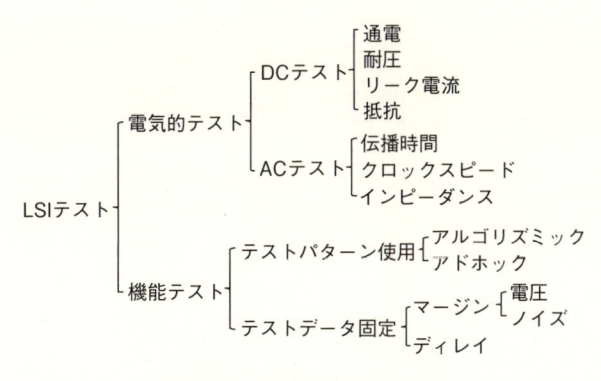

図 11.2 LSI テストのメニュー

表 11.4 故障モデルの種類

物理的欠陥	故障モデル	論理モデルの例	導入割合
GND とショート	0 縮退故障	単一縮退故障	主流
電源とショート	1 縮退故障		
ショートなど	冗長故障		
断線	オープン故障		
信号間のショート	短絡故障		
クロック抵触	遅延故障	ディレイ>クロックサイクル	
マージン抵触	誤動作		

　テストデータが固定の機能テストは，信号波形のどこに着目するのか，電圧レベルかタイミングかで分類される．機能テストのディレイと AC テストの伝播時間の違いは測定場所である．機能テストのディレイとは表 11.4 に示すように何段分かの遅延時間のことであり，AC テストの伝播時間は入出力端子間を測る．

　表 11.4 は LSI 内部で発生するいろいろな故障を簡単化したものである．したがって，想定外の故障は検出不可である．また，想定外の故障に基づくテスト結果は解釈不可である．表 11.4 に示した故障モデルの中で，取り扱いが確立していてよく使われるのは，単一縮退故障である．例えば，GND(接地)とのショートは 0 縮退故障としてモデル化する．0 縮退故障は通常 sa0 (stuck-at 0) と表記される．一方，VDD (電源電圧) とショートする 1 縮退故障の表記は sa1 (stuck-at 1) である．取り扱い易い単一縮退故障モデルに対して，オープン故障や短絡故障のモデルは，テストデータだけでなく対象回路の構造もいじる必要があるため，取り扱い難い．

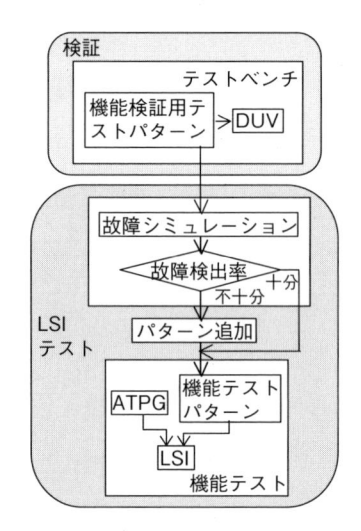

図 11.3 機能テストパターンの生成法

　図 11.3 は，アルゴリズミックな機能テストデータの生成法を示している．1 つは ATPG (automatic test pattern generator) を用いる場合で，もう 1 つは DUV に対する機能検証用のテストパターンを利用する．このパターンの機能テストに対する品質評価を故障シミュレーションで行う．これにより，機能テストのカバレッジを高め，あるいはテスト漏れの度合いを抑制する．テストパターンの生成および機能テストには LSI テスタが使われる．

　図 11.3 は，機能検証と機能テストが登場するので紛らわしい．機能検証は設計を対象とし，機能テストはチップを対象とする．設計とチップは別物だから，それぞれについてテストする必要がある．次に，テストパターンによる似たような 2 つのテストを繰返すことの必要性について疑問が湧くかも知れない．また，故障シミュレーションの意義についても紛らわしい．この 2 つの疑問は絡み合っている．(11.1), (11.2) 式よりテストパターンの作成はそれ自体が大仕事なので，設計工程で用いた機能検証用テストパターンをチップテストで有効利用するのである．このことの妥当性確認を故障シミュレーションが担うのである．さらに，パターン追加の必要性は，設計段階ではなかった製造プロセスに起因する欠陥やばらつきで，チップの方が故障の度合いが増すことにある．

　機能テストの手順を以下に示す．
 i. テスト部位を定めて故障モデルを想定する．
 ii. 想定した故障モデルの妥当性を確認するため，テスト部位の入力側と出力側の論理状態を決める．
 iii. ii で決めたテスト部位の入力側の論理状態を，チップ入力端子で制御してセットする．
 iv. 回路を動作させる．
 v. テスト部位の出力側の論理状態をチップ出力端子で観測する．
 vi. v の観測と ii で考えた出力側の論理状態を比較し，i で想定した故障モデルの妥当性を確認する．

i でテスト部位とテストデータを直接指定していることから，上記の手順はアドホックな場合で

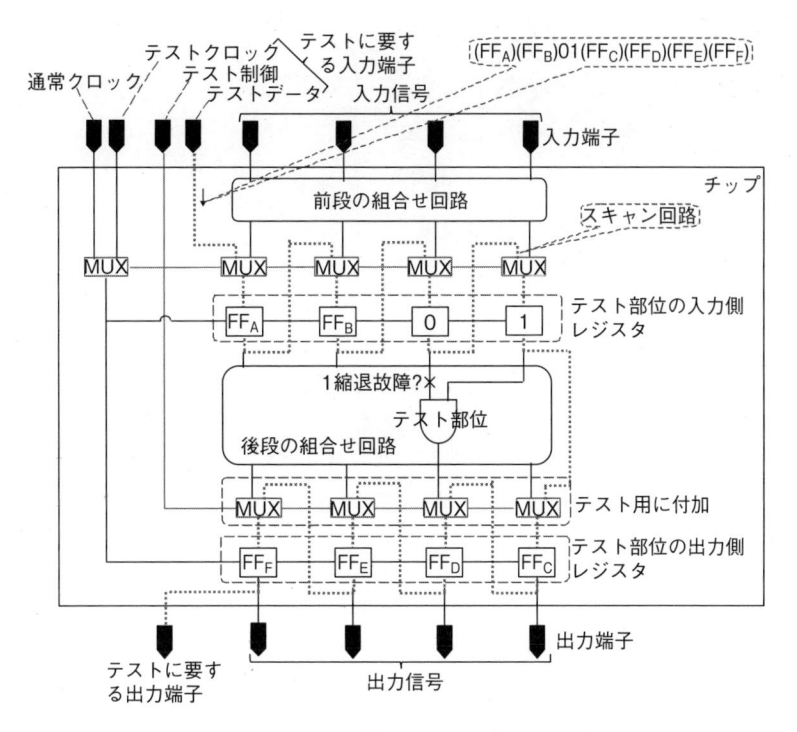

図 11.4　機能テストの手順

ある．アルゴリズミックなテストデータの場合は，iiでセットする論理状態としては図11.3で示したようなものを使い，上記の手順をループ化すればよい．

　アドホックな機能テストの具体例を図11.4に示す．ここでは，後段の組合せ回路でANDの左入力が1縮退故障かどうかをテストしている．このゲートの入力を01にセットすると出力は0のはずであるが，もし出力側レジスタのFFDに1が出たら，左入力は1縮退故障であったことになる．

　図11.4に示すように，回路内のテスト部位を外部端子からテストするのは簡単なことではない．機能テストの容易さ(testability)は，テスト部位が組合せ回路内にある場合はステップiii，vに要する最小端子数で評価できる．順序回路内のテスト部位に対しては，入出力端子とテスト部位間の最小クロック数を尺度とする．どちらも，ステップiiiの可制御性(controllability)とステップvの可観測性(observability)の成分に分解できる．

　図11.5に，機能テストの位置付けと役割を示す．機能テストは前工程と後工程の2回実施する．前工程の機能テストでは，ウェハ上の全チップに対してプロービングで入出力を行う．1枚のウェハからとれる総チップ数をNとする．品質保証のため，いずれもアルゴリズミックなテストを主とする．妥当性確認は，良品と判断された製品が要求仕様を満たしているかを確認する．市場で検出される不良とは，機能テスト漏れの故障である．その1つは想定外の故障で，故障モデル以外の種類に起因する不良はテスト不可である．もう1つは省略した入力パターンで発生する不良で，故障シミュレーションで機能テストのカバレッジを高めても，省略した入力パターンがある限りテスト漏れはなくならない．

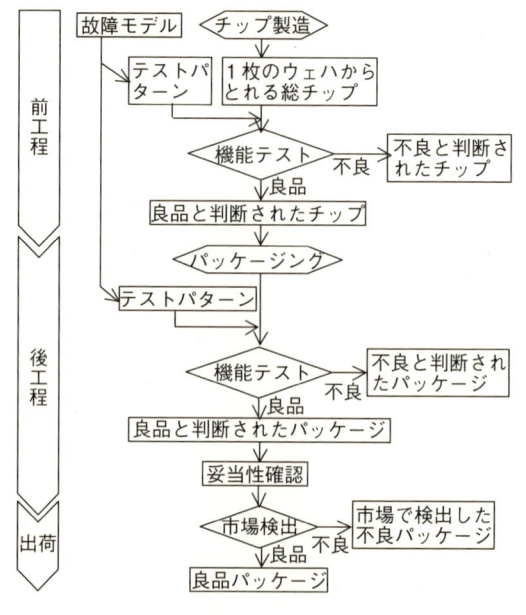

図 11.5 機能テストの位置付け

以下,添字の意味は,a: 良品; b: 不良品; c: chip; p: package; m: market; t: total である.テスト前に想定される全故障数を故障モデルごとに積算して b_t とおく.前工程の機能テストより,不良と判断されるチップ数 b_c,良品と判断されるチップ数 a_c が導出される.欠陥のあるチップ数を b'_c,ばらつきのあるチップ数を b''_c とおくと,

$$b_c = b'_c + b''_c \tag{11.3}$$

である.パッケージ組立欠陥により後工程の機能テストで不良と判断されるパッケージ数を b_p,良品と判断されたパッケージ数を a_p とする.また,市場検出をパスする良品パッケージ数を a_m,検出される不良パッケージ数を b_m とおくと,

$$b_m = b_t - (b_c + b_p) \tag{11.4}$$

である.

性能と歩留まりの間にはトレードオフがある.性能を引き上げると性能ばらつきが増加し,性能歩留まりを低下させ,したがって歩留まりを低下させることになる.歩留まり (yield) は歩留まり率 (yield rate) ともいわれ,一般的に製造ラインの優劣を示す指数で,生産される製品から不良製品を引いたものの割合のことである.例えば,100 個の製品のうち 20 個の不良品があった場合の歩留まりは 80%で,不良率は 20%である.しかし,VLSI 製造の場合は図 11.5 に示したように不良の内容が多岐にわたるので,不良要因の分析と歩留まりに対するもっと厳密な定量化が必要である.

不良品を未然に抽出する生産ラインの能力に対する故障検出率と,市場に出てから判明する不良品の割合で評価する市場不良率は,各々

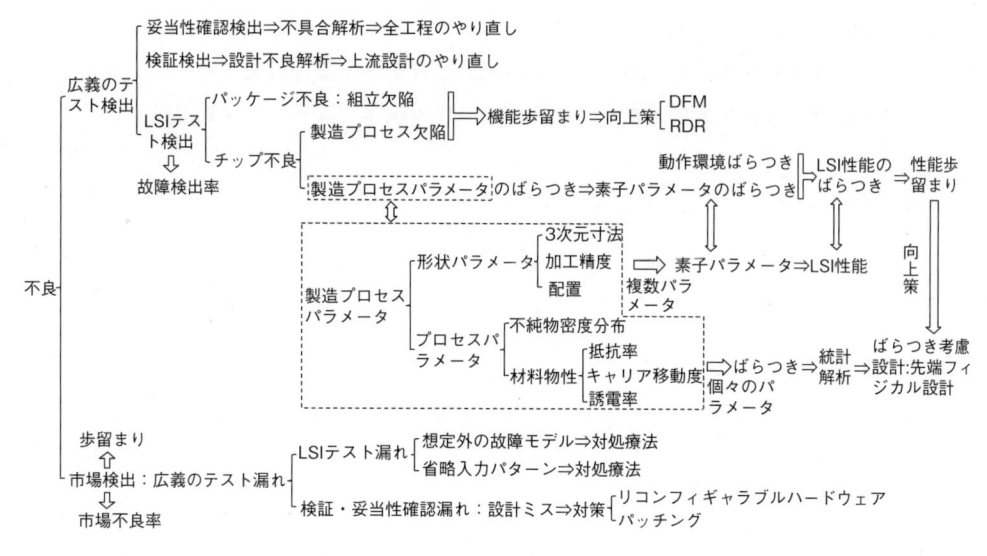

11.1 マイクロプロセッサ設計に求められる高度な内容とは

図11.6 図11.5で検出される不良，不良要因，ばらつき，歩留まりと設計製造品質保証

$$故障検出率 = \frac{テストで実際に検出された故障数}{故障モデルに基づきテスト前に想定される全故障数} = \frac{b_c + b_p}{b_t} \quad (11.5)$$

$$市場不良率 = \frac{市場で検出した不良パッケージ数}{テストで良品と判断されたパッケージ数} = \frac{b_m}{a_p} \quad (11.6)$$

で与えられる．生産ラインで見つかる不良品は除外する．一方，市場検出にもひっかからない良品数の割合を示す歩留まりは

$$歩留まり = \frac{良品パッケージ数}{1枚のウェハからとれる総チップ数} = \frac{a_m}{N} = \frac{a_p - b_m}{N} \approx \frac{a_p}{N} \cdots b_m \approx 0 \quad (11.7)$$

で与えられる．市場検出の不良は本来あってはならないことなので $b_m \approx 0$ とした．以上の3つの量の間には

$$市場不良率 = 1 - 歩留まり^{(1-故障検出率)} \quad (11.8)$$

なる関係が成り立つ．コスト計算に直結するのは，市場検出をパスする良品数を数えた歩留まりである．市場不良率も歩留まりと同じ内容を分子としているが，分母が異なる．

図11.6は，図11.5で検出される不良とその要因，ばらつき，歩留まり，設計製造品質保証の関係を示している [2]．この図を参照して，歩留まりの向上策を考えてみる．LSIテストで検出されるチップ不良要因の1つは製造プロセス欠陥である．これは，製造プロセス上の異物，汚染，リソグラフィ欠陥などで，ハードエラー (11.1.2節参照) には至らない程度の欠陥のことである．製造プロセス欠陥とパッケージ組立欠陥に起因する機能歩留まりの向上策として，DFM とは，例えば光回折干渉を低減するレイアウトパターンの採用や，レイアウト設計においてメタルプロセスの CMP ばらつき対応ダミーパターンを生成することである．RDR (restricted design rule) は，デザインルールをより厳密にすることで欠陥の発生を抑制する (10.2.4節参照)．

チップ不良のもう1つの要因は，製造プロセスパラメータのばらつきあるいは変動 (variation) である．製造プロセスパラメータのばらつきと製造プロセス欠陥はどちらも，チップ間，ウェ

ハ間,ロット間のグローバル成分とチップ内のローカル成分からなる.さらに,ローカル成分は,ばらつく様相から規則的な成分とランダム成分に分類される.製造プロセスパラメータは設計の段階では単なる数値であるが,現実のチップ化の段階でばらつく.したがって,しきい値電圧やキャリア移動度などの素子パラメータがばらつく.このことと,電源電圧や温度などの動作環境ばらつきによって,遅延時間やリーク電流などの LSI 性能 (特性) がばらつくことになる.

動作環境ばらつきは設計製造品質保証の対象外であるから,ここでは,ばらつき考慮設計として,高精度配置配線の先端フィジカル設計について紹介しておく.加工精度が 100 nm を切るようになると,これらのばらつきにより LSI 性能のばらつきの度合いが極めて大きくなり,性能歩留まりにも大きく影響する.プロセスばらつきは本質的に不確定さを伴うので統計数学的な対処が常套手段であるが,この領域では設計の早い段階からばらつきを考慮した設計が必要である.このため,

- 微細構造に起因する製造プロセスパラメータのばらつき,例えばイオン注入の注入むら,素子分離用絶縁層とシリコン間の歪などによる素子パラメータへの影響
- メタルプロセス対応ダミーパターン,すなわちフローティングメタルによる寄生容量と抵抗成分

を考慮した高精度シミュレーションにより遅延解析精度を上げることが重要視されている.

市場検出の不良は,テストに要するコスト抑制の観点から全く無くすことはできない.この段階まで残る不良の要因は往々にして複雑で複合要因であり,単純な対策は役に立たないことが多い.このため,市場に出てしまってから見つかる設計ミスの対応策は,リコンフィギャラブルハードウェアの導入によるハードウェアパッチ,BIOS (Basic Input/Output System) やマイクロコード修正などのファームウェアパッチ,コンパイラ修正などのソフトウェアパッチである.ハードウェアパッチは,製造チップ内にあらかじめ設けたプログラマブルハードウェアを修正して,検出エラーのない回路の再構成を行う.パッチングは動作とは無関係の抜本的な対策で,同じ不良は二度と繰り返さない.この意味ではパッチングには信頼性がある.

図 11.6 より,歩留まりを上げるには,LSI テストで導出される 2 つの歩留まり

$$機能歩留まり = \frac{製造・組立欠陥無しパッケージ数}{1 枚のウェハからとれる総チップ数} = \frac{N - (b'_c + b_p)}{N} \tag{11.9}$$

$$性能歩留まり = \frac{性能ばらつきが許容内のチップ数}{1 枚のウェハからとれる総チップ数} = \frac{N - b''_c}{N} \tag{11.10}$$

を上げればよい.機能歩留まりは製造と組立の欠陥を対象とし,性能歩留まりはばらつきを対象として互いに独立な割合を示す指数であることから,これら 2 種類の歩留まりと図 11.6 全体としての歩留まりとの間には

$$歩留まり = 機能歩留まり \times 性能歩留まり \tag{11.11}$$

なる関係が成り立つ.機能歩留まりを上げるには,プロセスと組立の欠陥を減らすことが必要である.性能歩留まりを上げるには,その要因である製造プロセスパラメータのばらつきを抑えることが重要である.

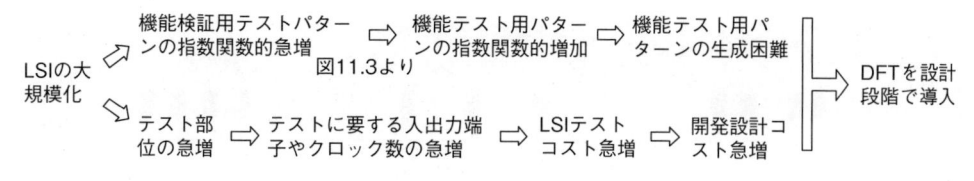

図 11.7 LSI 設計における DFT の必要性

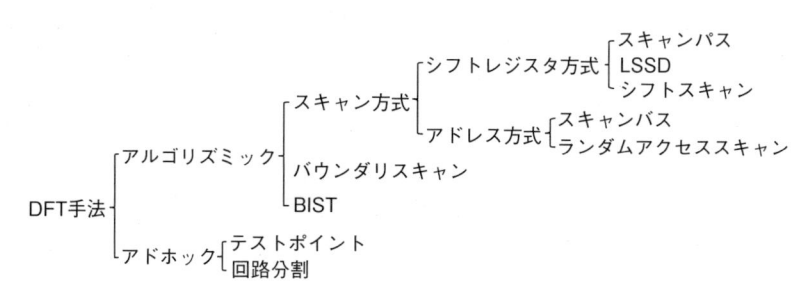

図 11.8 DFT 手法.

　マイクロプロセッサの大規模複雑化につれ問題視されるようになった設計生産性の低さ (10.1 節参照) の一因は，検証やテストに手間がかかり過ぎることである．図 11.7 に示すように，LSI の大規模化に伴ってテスタビリティの確保は 2 重の意味で困難になる．検証カバレッジを保つため，機能検証用テストパターンは指数関数的に急増する．したがって，それを利用する機能テスト用パターンも急増する (図 11.3 参照)．一方，ビリオンオーダーのトランジスタからなる VLSI 回路に対して，アドホックにテスタビリティを確保するのは半導体ビジネスとして成り立たず，現実的ではない．そこで，設計の早い段階からアルゴリズミックな機能テストを強く意識したテスト容易化設計 (DFT) を導入する必要性がある (10.2.3 節参照)．LSI テストを容易ならしめる回路的工夫に起因するオーバーヘッドを多少犠牲にしても，DFT は有用であり，不可欠である．

　DFT 手法の主なものを図 11.8 に示す．DFT は，主に図 11.2 でテストパターンを使う場合である．機能テストの分類と対応して，DFT にはアルゴリズミックな手法とアドホックな手法がある．アルゴリズミックな DFT では，図 11.3 に示したようにして生成した機能テストパターンをテストデータとして使う．BIST は built-in self test のことである．一方，アドホックな DFT は，テストデータの生成のみならずテスト回路の設計を含むテストの実施をマニュアルで行う．

　スキャン方式のシフトレジスタ方式の原理は，実は図 11.4 に示してある．テストデータを格納するレジスタをわざわざテストのために挿入すると面積オーバーヘッドが大きいので，図 11.4 ではパイプラインレジスタを流用している．パイプラインレジスタをシフトレジスタにすることでパイプラインステージごとの読み書きを行うことを想定している．テスト用レジスタとテスト部位間は並列接続であるが，テストデータの読み書きはシリアルスキャンで行い外部端子を節約する (6.3.2 節参照)．したがって，テストレジスタはシフトレジスタに切り替え可能とする．図 11.4 の場合，パイプラインレジスタとしての通常動作とシフトレジスタ動作の切

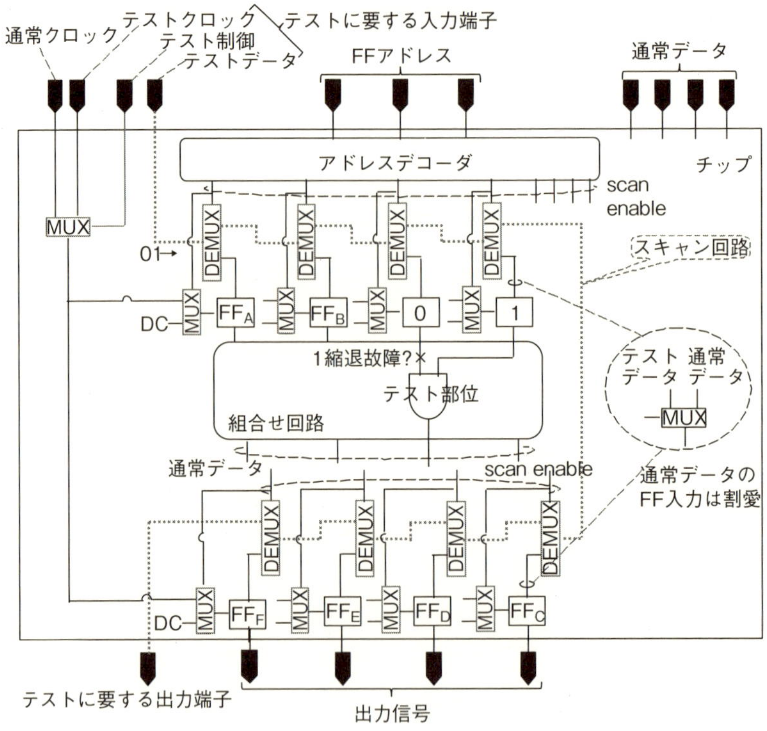

図 11.9 アドレス方式の原理

り替えは，マルチプレクサ MUX とテスト制御信号で行う．MUX の分がシフトレジスタ方式に要する面積である．一方，テストに要する外部端子としては，テストデータの入出力用，テストクロック (通常使用時よりも低速にして確実なテストを行う) 用，レジスタ構成とクロックの切換制御信号用がある．LSSD は level sensitive scan design のことである．

　スキャン方式のアドレス方式の原理を図 11.9 に示す．図 11.4 のシフトレジスタ方式との一番の違いは，テストレジスタに対するアクセス (データの読み書き) の仕方である．シフトレジスタ方式の場合は全ての FF に均一にクロックを供給するのに対して，アドレス方式は必ずしも全体を動かさず，実際にデータを読み書きし，テストに使う FF のみをスキャンイネーブル信号で活性化させる．DC 入力でクロック供給を停止すると FF のトグル動作が止まるのでスイッチング確率を抑制し，ダイナミックパワーの節約になる (11.2.1 節参照)．スキャンイネーブル信号は，テストデータを読み書きする FF 番号 (アドレス) をアドレスデコーダでデコードする．なお，図 11.9 では FF に対する通常データの入力の部分は割愛している．

　シフトレジスタ方式とアドレス方式の比較を表 11.5 にまとめる．アクセス方式に違いはあっても，テストデータの読み書きは図 11.4 と図 11.9 で点線で示したように各 1 個の外部入出力端子間のパス (一連の伝達経路) で行う．このパスを，DFT ではスキャン回路という．アドレス方式 DFT は省電力化を意識しており，テストに要するスイッチング電力は小さい．しかし，テスト用に付加する外部端子もゲート数，配線も多くて複雑になり，通常動作も遅くなる．このため，シフトレジスタ方式の方が主流である．

表 11.5 スキャン方式 DFT

スキャン方法	テストデータ		FF のスイッチング確率	テストに要する			導入割合
	格納場所	アクセス		時間	電力	面積	
シフトレジスタ方式	シフトレジスタ	シリアル	100%	長	大	小	主流
アドレス方式	レジスタ	ランダム	低	短	小	大	マイナー

バウンダリスキャン方式はスキャン方式の特殊な場合である．バウンダリスキャン方式はスキャン方式のテストレジスタを回路と外部の境界 (バウンダリ) に設け，テストパターンによる機能テストや DC テストも容易化する．

C. 妥当性確認

マイクロプロセッサは大規模化が進んでいるため，設計工程に長期間を要し，設計の正当性の確認にも多大の労力を必要とする．このため検証漏れもあり，工程の最後で設計ミスが見つかると，その影響は大きい．したがって，妥当性確認は開発設計サイクルのボトルネックといえる．

表 11.2 に示したように妥当性確認はシリコン化前にも行われるが，動的な手段でも複雑なシステムの細部までカバーすることは不可能なので，設計ミスを見逃し易い．妥当性確認は本来完成品か市場に出す段階の製品が元々の要求仕様を満足しているかを確認するものであるから，このようなソフトウェアの段階ではなく，シリコン化後の妥当性確認 (post-silicon validation) の役割は重要である．この妥当性確認は実チップに対する測定，観察で残りのバグを見つけ出すが，高いコストを要する．

11.1.2　ハードウェアセキュリティ

開発設計製造を担う側での品質保証がたとえ万全でも，チップのトラブルは起こる．例えば，宇宙や軍用の過酷な使用状況ではトラブルの発生頻度が高い．一方，インターネット上のウイルスや不正侵入などと同様の目的で，チップの正常使用をハード的に妨げようとする者が存在する．ここでは，出荷後にユーザ側で発生するプロセッサチップのトラブルに対して未然に保証するハードウェアセキュリティについて述べる．

ハードウェアセキュリティとは，マイクロプロセッサに対する信頼性と安全性をハード的に備えることである．この目的はマイクロプロセッサ本来の機能とは無関係であるものの，ユビキタス環境下の使用では不可欠である．実際，高機能の組込み機器には信頼性が前提である．また，RFID (Radio Frequency Identification) タグをばらまくのにはタグ情報の安全性を利用者に保証することが前提である．しかし，現実にはこのような前提を阻害する要因がいくつもある．ハードウェアセキュリティの確保が必要なのはこのためである．以下，ハードウェアセキュリティのそれぞれの定義，阻害する原因，確保対策などについて述べる．

表 11.6 信頼性の阻害要因と対策

故障	継続性	原因	信頼性確保対策	
ハードエラー	永久的	エレクトロマイグレーション	Al から Cu 配線への変更	
		経時絶縁破壊	欠陥の少ない絶縁膜作製	
		サーマルサイクリング	実験データの収集	
ソフトエラー	過渡的	高エネルギー照射	IC パッケージの保護，電流センサの組込み	検証専用ハードウェアの増設
		ノイズマージン	低電圧化とのトレードオフへの配慮	
		電圧マージン	低電圧化とのトレードオフへの配慮	

A．信頼性

　プロセッサの信頼性 (reliability, robustness, trustworthiness) とは，ユーザ側で発生する故障に対して，原因の改良や故障の予防，予測，制御などが行われ，故障に関する品質管理がなされる状態を指す．表 11.6 に信頼性の阻害要因と対策をまとめる．ハードエラー (hard error, permanent damage) とは永久的な故障を指す．エレクトロマイグレーションによる金属配線の断線，経時絶縁破壊，サーマルサイクリングによる IC 材料の劣化などは修理不可能な欠陥である．

　ハードエラーの定量的な評価指数としてプロセッサ寿命，平均寿命 MTTF (mean time to failure)，平均故障時間 MTBF (mean time between failures)，故障率曲線あるいはバスタブカーブなどがある．ENIAC の時代の真空管の故障はハードエラーで，真空管の MTTF も ENIAC の MTBF も極めて短かったが，コンピュータとして使いこなせていたのは，信頼性工学手法でどのあたりの真空管がどのタイミングで切れるかが予測できたことによる．

　ソフトエラー (soft error, transient-fault, intermittent fault) とは一時的なトラブルで，ハードエラーによらない誤動作の総称である [1]．ハードエラーのように致命的ではなく，現象もはっきりしているが，再現性も規則性もないのでむしろ厄介である．ソフトエラーの1つの原因である高エネルギー照射とは宇宙空間，飛行機内，海面などでの重粒子，プロトン，ニュートロンなどがパッケージを透過してベアチップまで到達することであるが，微細化と低電圧化が進むにつれフリップフロップやラッチの状態反転に要する蓄積電荷の量は少なくて済むように設計されるので，これらの粒子照射の影響を受けやすい．高エネルギー粒子の照射は回路の種類や位置を選ばないので，逐次回路，順序回路，メモリのいずれにもソフトエラーは発生する．1個のエネルギー粒子がメモリセルに衝突して記憶状態を反転させることを SEU (single-event upset) といい，組合せ回路の敏感な場所に衝突して過渡電流を発生させることを SET (single-event transient) という．SET は，電流センサを組み込めば高感度で検出できる．

　ソフトエラーの別の原因は，微細化でスケーリング則 (6.3.3 節参照) による低電圧化が進むと，ノイズと電圧に対するマージンが脅かされることである．ノイズマージンとはノイズ信号の大きさに対する余裕で，ノイズマージンを超えるノイズは正規の信号の ON-OFF 状態を反転させてしまう．電圧マージンとは，電源と接地の電圧レベルに対する余裕である．例えば，電源電圧マージンを超えた電圧レベルは設置のレベルとして作用してしまう．

　ソフトエラーの原因は CMOS デバイスの微細化にあるので，表 11.6 に示した個々の原因

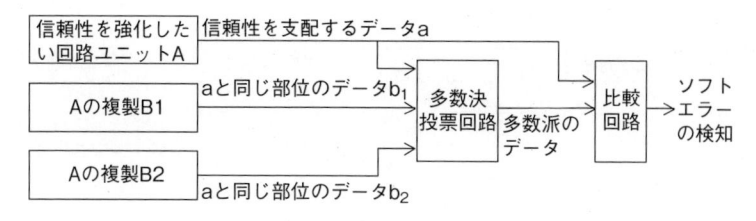

```
┌─────────────┐ 信頼性を支配するデータa
│信頼性を強化し ├──────────────────┐
│い回路ユニットA│                   ↓
└─────────────┘              ┌──────┐          ┌────┐
┌─────────────┐ aと同じ部位のデータb₁│多数決 │多数派の  │比較│ソフト
│ Aの複製B1    ├─────────────→│投票回路├─────→│回路│エラー
└─────────────┘              │      │ データ   │    │の検知
┌─────────────┐              └──────┘          └────┘
│ Aの複製B2    ├─────────────↑
└─────────────┘ aと同じ部位のデータb₂
```

図 11.10 増設ハードウェアによるソフトエラーの検知

ごとの対処療法だけでなく，設計の早い段階で共通する対策を講じるのがよい．ソフトエラーに対する信頼性の確保は，実行中の故障を検出し，正常動作を維持するフォールトトレランス (fault-tolerance, 耐障害性) と関係する．フォールト・トレラントプロセッサは，ハードウェアかソフトウェアの冗長性で信頼性の強化に対処する．

ハードウェアの冗長性とは，図 11.10 に示すように検証専用ハードウェアを増設することである．これは，信頼性を高めたい回路ユニット A の複製を設け，多数決投票回路 (majority voting logic) と比較回路で回路ユニット A のソフトエラーの有無を検知するものである．ソフトエラーの検知対象である回路ユニットには，プロセッサレベル，コアレベル，モジュールレベルなどがある．モジュールとしては，機能ユニット，論理ブロック，ゲートなどがある．

図 11.10 の方法は，多数決投票回路自体は誤動作を起こさないことを仮定している．多数決論理には少なくとも 3 つ以上が必要なので，面積と消費電力のオーバーヘッドがかなり大きい．また，図 11.10 全体の実行時間も，回路ユニット A だけの場合よりもはるかに大きくなる．したがって，リアルタイムの信頼性が求められる場合には必ずしも適していない．回路ユニット A の性能も劣化する．

ソフトウェアの冗長性とは，プログラムを再実行させることである．結果の不一致があれば過渡的故障と判断し，一致をみるまで繰返すことになる．そもそもプロセッサの故障自体が問題なのではなく，それによってプログラム実行に支障をきたすことが問題なので，ソフトウェアによる対策の方が実用的で，しかも安価で容易である．以上の正攻法の対策とは別に，動作時のソフトエラーに応急処置を施すことをリカバリという．これは大元の退治を行わないので再発の可能性が高く，信頼性の確保とはいえない．

SoC の場合，ソフトエラーとハードエラーは省電力化とも複雑に関係する．SoC の適度な省電力化は動作温度を下げ発熱に起因する故障を減らすが，過度の抑制 (scaling down) は逆に信頼性の低下を引き起こす．DVS (dynamic voltage scaling) & DFS (dynamic frequency scaling) は動作中の省電力化策であるが，過度の電圧あるいは周波数の抑制はソフトエラーを引き起こすことがわかっている．低電圧化は電圧マージンやノイズマージンに抵触するし，ダイナミックにクロック周波数を変えると，タイミングエラーを引き起こす．これは，ゲート遅延の調整は周波数ごとに行う必要があるが，そのような再調整をダイナミックに行うことはできないので，ゲート遅延のばらつきに大きく影響するためである．一方，DPM (dynamic power management) はアイドル中の省電力化策であるが，やり過ぎると IC 材料の劣化を引き起こし，ハードエラーに至る．

表 11.7 安全性の攻撃対象と攻撃手法，安全性確保対策

攻撃対象			攻撃手法	安全性確保対策
大分類	中分類	小分類		
回路構造	基本構造	回路ユニット一般	タンパリング	耐タンパ性技術
			リバースエンジニアリング	スクランブリングなど
	付加構造	テスト容易化のため スキャン回路	スキャン攻撃，スキャンパス攻撃など	暗号化
		攻撃のため トロイ回路	トロイの木馬と同様	設計データと工程の管理強化，警察回路
回路情報	直接情報	入出力	ポートスキャン	暗号化
	サイドチャネル	消費電力	サイドチャネル攻撃	暗号アルゴリズムの強化，サイドチャネル情報の均一化
		タイミング	リバースエンジニアリング	
		処理時間		

B. 安全性

プロセッサの安全性 (secureness) とは，チップ出荷後にユーザ側で発生する第三者の悪意によるチップに対する攻撃，正常使用のハード的妨害，致命的エラー，トラブルなどに未然に対応し，保証することである．表 11.7 は，攻撃対象の観点からプロセッサの安全性をまとめている．安全性に配慮したプロセッサをセキュアプロセッサという．

タンパリングとは，パッケージを開封し，チップ表面から徐々に膜を剥ぎながらプロービングしたり，内部や動作を観察したりすることである．リバースエンジニアリングとは，チップを分解したり，動作を観察し解析したりして，その仕組みや仕様，目的，構成部品，要素技術などを明らかにすることである．タンパリングもリバースエンジニアリングも不正行為に直結することではなく，必ずしも安全性の阻害に結び付く行為でもないが，現実的には悪用されやすい．リバースエンジニアリングはプロセッサ IP の不法取得にも使われる．

機能に不可欠な基本構造は，タンパリングやリバースエンジニアリングによって安全性が脅かされる．タンパリングする側は，不正に取得した設計内容に基づいて，プロセッサやその使用状況を攻撃する．タンパリングやリバースエンジニアリングに対しては，核心部位にたどり着こうとすると壊れてしまう仕組みにしたり，観察しても判読不能な配置にしたり，観測を察知すると動作を止めてしまったりといったような対処療法を組み合わせる．

付加構造も攻撃されやすい．例えば，開発設計製造側がテスト容易化のために付け加えるスキャン回路は規則性があるので，スキャン攻撃，スキャンパス攻撃などの対象となる．これらの攻撃ではパスワードなどが狙われるので，対策は暗号化である．トロイ回路 (hardware Trojian) は，悪意の第三者が付加して基本構造を攻撃するハードウェア回路である．トロイ回路は開発設計製造側の知らぬ間に不正なハードウェア回路を付加するので，ソフトウェアのトロイの木馬とは実態が異なる．トロイの木馬 (Trojian horse) はインターネットや記憶媒体を介してコンピュータに侵入し，プログラムの実行制御を乗っ取るウイルスであるので，ユビキタス環境の弱点をついている．

トロイ回路を許してしまうのは，VLSI 開発設計製造に敷かれた国際的な分業体制に隙間があるためである (6.4.2, 10.3 節参照)．開発メーカーはチップ機能を切り分け，各部分の設計を

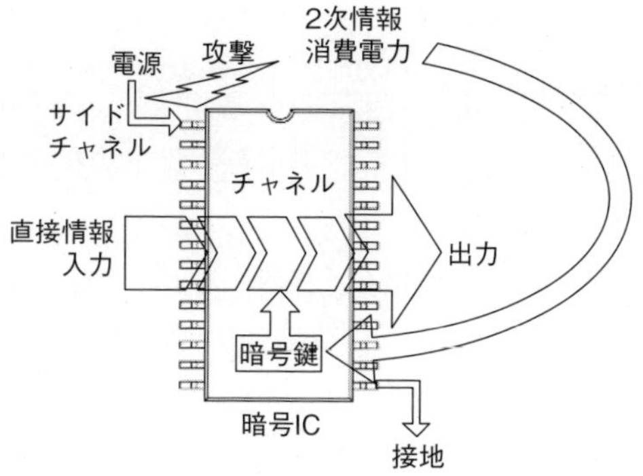

図 11.11 暗号技術とサイドチャネル攻撃

異なる企業に発注するし，IPベース設計 (11.3.2節参照) は，プロセッサコア IP，論理 IP，メモリ IP などの様々な IP の寄せ集めである．また，レイアウト設計とチップファウンドリー (10.3節参照) の間の時空間的な間隙では，正規のマスクとトロイ回路を付加したマスクの交換は容易に起こり得る．トロイ回路は，テストパターンによる機能テストとは別次元の攻撃者が設定した特殊なトリガ条件で起動する．このようにトロイの木馬と同様の攻撃で，正規回路の無効化や誤動作，ペイロードエラー，機密情報を外部に漏洩させたりする．トロイ回路はステルス攻撃であることから検出も対策も難しい．警察回路とは正規回路の静的，動的状態を常時チェックし，不審な動きを検出したら然るべき手段で回路を守るものである．

回路構造のみならず回路情報も攻撃の対象になる．サイドチャネルとは回路に関係する情報を関与の度合いで見た場合の1つの範疇で，直接情報のチャネルの脇にある通信路の意味である．サイドチャネルは，図 11.11 に示すように，特に暗号技術に対する攻撃対象として使われる．サイドチャネル攻撃とは，オープンなチャネル上の平文と暗号文を秘密の鍵で暗号化と復号化の処理をする正規の暗号技術に対して，サイドチャネルから漏れる消費電力，タイミング，処理時間などの2次情報を観測し，処理内容を特定することにより，暗号鍵を暴き出すことである．サイドチャネル攻撃対策は，2次情報の特徴を消し去って利用価値をなくすことである．このため，暗号アルゴリズムを強化して，消費電力や処理時間を均一化する．

11.2 マイクロプロセッサの開発傾向

マイクロプロセッサの開発傾向はロードマップに網羅されてはいるが，詳し過ぎて逆にわかりにくいところがある．開発指針のポイントは，時代の要請や設計加工技術の進歩とともに推移してきた．黎明期の計算機から科学分野のスーパーコンピュータまでは演算性能が重視され，FLOPS (floating point number operations per second) などの性能指数が重視された．次に，PCの普及時期にはこのような古典的な計算需要よりもどれだけ多くの処理をこなせるかということに関心が移り，スループット (処理効率，パフォーマンス，性能やバンド幅という場合もある) の増加に開発の重心が移った．以来，マイクロプロセッサの主な開発指針はスループットと消費電力である．

表 11.8　エネルギー効率の因子

処理内容	処理量	処理速度	スループット	エネルギー効率
計算，制御，判断分岐，メモリ操作などの命令	命令数	クロック	MIPS, GIPS	MIPS, GIPS/mW
画像，音声などのデータ処理	データ数	スピード	MOPS, GOPS	MOPS, GOPS/mW

近年では，高機能化やセキュリティ強化も重視されるようになった．しかし，どちらも達成にはそれなりのオーバーヘッドを必要とする．例えば，ネットワークセキュリティ対策としてサーバ上で行う各種チェックは相当の計算リソースを使っている．したがって，通信や制御などの本来の処理に支障をきたさないように，やはりスループットの向上が求められる．そのためにはクロックスピードを上げたり並列化したりするが，いずれも消費電力の増加を伴う．要するに，マイクロプロセッサの開発はトレードオフに配慮してスループットと消費電力の間で最適なバランスをとるということである．

11.2.1　エネルギー効率

表 11.8 に示すようにスループットには GIPS と GOPS の 2 通りあるが，どちらにしても 1 クロックサイクルあたりの処理量であるから，スループットの追求はクロックスピードの加速で対応してきた．ところが，デジタル技術基盤の CMOS ゲートは，後述の (11.14) 式に示すようにオンオフ動作で消費するスイッチング電力がクロックスピード f に比例する．f が GHz のオーダーになると，PC プロセッサの消費電力密度すなわち発熱はホットプレートと匹敵するようになった．

PC プロセッサの発熱が課題になるあたりの時期になると，モバイル化も顕著になってきた．このため，プロセッサ開発の焦点はスピードの追求から低電力化に移った．さらに，いつでもどこでもインターネットにアクセス可能なユビキタス社会が到来すると，高スループットと省電力化を両立するマルチメディアモバイル技術が要請されてきた．このため，マイクロプロセッサの基本仕様の中で現在最も重要視されているのはエネルギー効率である．これはスループットを消費電力で割った値で，

$$\text{GIPS}/消費電力 = (\text{giga instructions} \times f)/消費電力 \qquad (11.12)$$

$$\text{GOPS}/消費電力 = (\text{giga operations} \times f)/消費電力 \qquad (11.13)$$

で与えられる．ここで，スループットに f を持ち込んだのは，本書はグローバルスタンダードの立場で同期式を前提としているためである．

スイッチングに要する消費電力が f に比例することを考えると (11.12), (11.13) 式から f が消え，f の増加は支障なしということを意味することになり，クロックスピードの追求に歯止めをかけた根拠がおかしなことになる．この推論の誤りは，消費電力の捉え方にある．実際，加工寸法がサブミクロンの CMOS ゲートはオン電流が流れずスイッチング電力が支配的であるが，加工寸法が 100 nm 以下の領域に入るとそのような前提が成り立たなくなる．この領域では，ショート電流とリーク電流による電力の占める割合が大きくなってくる．モバイル化や昨今の環境保護からグリーン IT への傾向からは消費電力を減らすものの，スループットの観点か

ら f は減らさない方策を総括するには，もっと厳密な議論が必要である．

クロック供給がなされている回路の領域内にあって常時スイッチングしている実働セル1個の消費電力 p，最大クロック周波数 f_{max}，i_{leak} は

$$p = p_{sw} + p_{short} + p_{leak} = \alpha V^2 fc + \alpha \tau V i_{short} f + V i_{leak} \tag{11.14}$$

$$f_{max} = (V - V_{th})^2 / V \tag{11.15}$$

$$i_{leak} \infty \exp\{-qV_{th}/(kT)\} \tag{11.16}$$

で与えられる [3]．p_{sw} は実働セルあたりのスイッチング電力，p_{short} は実働セルあたりの貫通電力，p_{leak} は1セルあたりのリーク電力である．スイッチング電力と貫通電力を合わせてダイナミック電力という．リーク電力は，実働中でなくても電源とつながりバイアス印加の状態である限り流れる静的あるいはDC電力で，クロックを止めた状態で電源に出入りする電流値を測定して導出できる．

α は実働セルが1クロックサイクル内にスイッチングする確率である．c は1セルあたりの負荷容量で，スイッチング時に c の充放電に要する電力が p_{sw} である．V は電源電圧，f はクロック周波数，i_{short} はオンオフのスイッチング時に電源から実働セルを介してアースに流れる短絡電流のピーク値，τ は短絡電流が流れる時間，V_{th} はMOSのスレッショールド電圧，i_{leak} はCMOSを構成するpMOS, nMOSのうちオフしている方のMOSの各部に流れるリーク電流のセルあたりの総和である．

(11.14) 式より f を減らさずに p を減らすには V を減らすことになるが，そうすると (11.15) 式より f_{max} が低下してしまう．そこで，(11.15) 式において V 減少の影響を少しでも食い止めるためには V_{th} を減らす必要があるが，そうすると (11.16) 式より i_{leak} が増加し，(11.14) 式の第3項が増加してしまうので，最初に意図した p の削減に逆行してしまう．結局，V と V_{th} のスケールダウンに対する (11.14) 式の第1項と第3項のトレードオフ関係を検討することになる．

ノートパソコンでいえば，(11.14) 式の第1項は使用時の処理速度に関係し，第3項はスリープ時の電力消費を左右する．どちらを優先するかに，正解はない．携帯用プロセッサの場合はとりあえず省電力化が優先され，PCプロセッサよりも1桁低いクロックスピードに抑えられている．低電力化は携帯性のみならず，バッテリの持続性の観点からも不可欠である．モバイル機器のバッテリ消耗を緩和するにはディスプレイとプロセッサの電力抑制が必要で，両者の消費電力は似たようなレベルであるが，ディスプレイは必要な時だけ稼働させるのに対して，プロセッサは常時待受状態でディスプレイの制御も行う．したがって，モバイル機器の省電力化はプロセッサが負わされている．

省電力化に関して，クロックスピード f の低下の代わりに，クロック供給の制御を工夫する方法もある．ゲーテッド (gated) クロックは，回路動作に寄与していないレジスタへのクロック供給を一時的に停止する．この場合，(11.14) 式に基づいてマイクロプロセッサの消費電力を算出する際に，クロック供給が停止中のセルは平均電力の算出にカウントしない．多周波化は，重要度の低いユニットのクロックスピードを落とす．その他，クロックパルスの立ち上がりと立ち下りの両エッジを使うことによりクロック周波数 f を半減したり，クロックツリーの

消費電力を削減する方法もとられる．

ゲートレベルの省電力化以外に，省電力志向のプログラミング，アーキテクチャ，トランジスタ構造などいくつかのバリエーションもある．並列化は，クロックスピードを上げずにスループットを増やすためのマイクロプロセッサの顕著な傾向である．(11.12) 式に戻って，GIPS 値を上げるにはマルチコア化と命令レベルではスーパースカラ (superschalar) などの MISD (multiple instruction single data stream) 方式が導入される [4]．これらのハードウェア並列機構は，プログラムや命令レベルの並列供給を可能とするソフトウェアと強調した開発がなされる．例えば，スーパースカラプロセッサを構成するマルチパイプラインにはアウト・オブ・オーダーの命令を供給し，個々のパイプラインにはその段数分に等しい数の命令を満遍なく行き渡らせる．しかし，投機的実行などの採用でパイプラインハザードがあると，スループットは理想値に達せず，電力損失も伴う．一方，(11.13) 式より GOPS 値を上げるには SIMD (single instruction multiple data stream) 方式と演算実行段の並列化の推進である．

11.2.2 トレードオフ

トレードオフとは，一般にある目的を達成するのに二律背反となる条件，関係，項目の意味で使われるが，様々な価値観を持った人間社会を相手とする工学の分野は本質的に唯一解というものがないので，常に配慮が必要な概念である．本書の場合は，マイクロプロセッサの設計と開発という大きな目的のもとに様々な目標があって，そのそれぞれにトレードオフ項目がつきものであるといっても過言ではない．

マイクロプロセッサでよく取り上げられるトレードオフ項目に，スループット，チップコスト，消費電力，開発期間，柔軟性 (6.2.1 節参照) などがある．表 11.9 には，本書で触れたトレードオフ項目を列挙した．ある目的のために導入するオーバーヘッドは必然的にトレードオフ項目になる．LSI 設計の課題解決にもオーバーヘッドを伴うことが多く，レードオフが発生し，最適設計が求められる．例えば，ハードウェアセキュリティに対して導入する冗長回路である．信頼性，安全性を高めようとする程チップ面積も増えて，消費電力が増え，スループットは劣化する．フォールトトレランスと IP 使用の場合も同様で，チップ面積がオーバーヘッドである．

11.3 設計生産性

設計生産性とは設計の効率で，どのくらいの工程期間にどれだけの人員が参加するかで評価できるが，コンピュータに関しては設計生産性の危機が度々クローズアップされてきた (10.1.1 節参照)．まず，社会的要求，市場動向として IT 化の普及と共にマイクロプロセッサの製品開発時間 (time-to-market) は短縮化が求められる．一方，20 世紀の間は複数チップを寄せ集めることでコンピュータを作っていたが，21 世紀に入ったあたりから例え設計生産性を高めたとしても，1 チップのキャパシティがコンピュータ 1 台の性能を凌駕するようになった．それで SoC 化が進んだが，大規模で複雑さが更に増したことで設計生産性の低さがますすの課題となった．そのため，CAD 技術自体の向上からはずれるが，IP 再利用，プラットフォームベー

表 11.9　本書で取り上げたトレードオフ

目的・行為	トレードオフ項目		記載箇所
並列化	高速化	消費電力	6.2.2
ゲート幅	スイッチングスピード	駆動力	6.3.3
集積化	微細化	配線遅延	10.2.4
高度設計	品質保証	プロセッサ本来の機能や性能	11.1
大規模化	性能	歩留まり	11.1.1
DFT	Testability	チップ面積，消費電力，動作速度，設計工数，端子数，安全性	11.1.1
微細化	電源電圧	ノイズマージン，電圧マージン	11.1.2
ソフトエラー対策	フォールトトレランス	チップ面積，消費電力	11.1.2
高性能化	演算／命令／データ処理能力	消費電力	11.2.1
エネルギー効率	スイッチング電力	DC 電力	11.2.1
	スレッショールド電圧	リーク電流	
投機的実行	スループット	消費電力	11.2.1
ハードウェアセキュリティ	安全性	チップ面積，コスト，消費電力，スループット	11.2.2
	信頼性		
開発期間短縮	IP 使用	チップ面積，消費電力，スループット	11.3.2

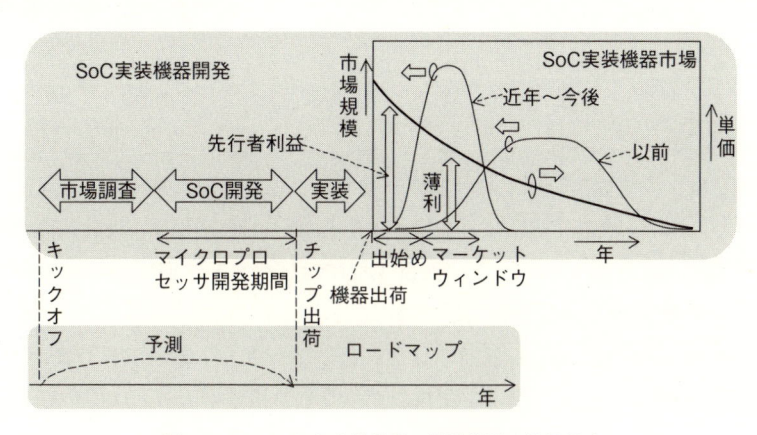

図 11.12　SoC と実装機器の開発期間の位置付け

ス設計に設計自動化の範囲が広がりつつある．

11.3.1　製品開発時間

　マイクロプロセッサ製品の開発期間の短縮は，それを実装する機器や製品の開発フローの一部としてとらえる必要がある．図 11.12 に，SoC と実装機器の開発期間の位置付けを示す．SoC 開発の背景には，この図に示すようなロードマップの制約，市場動向，同業他社の動向などがある．まず，図 11.12 の構成を説明する．上図は，例えばデジカメや携帯オーディオ機器などのようなある SoC 実装機器のライフサイクルを示す．横軸はこの SoC 実装機器の出荷時期を原点とした時間軸である．原点の左側は開発期間で，右側は市場の状況を示す．縦軸の右手はその機器の単価を示し，左手には全メーカーの売上総額／年を示す市場規模を示している．下

図はロードマップのイメージで，縦軸には意味はない．

　SoC 実装機器のライフサイクルは市場調査から始まることは容易に理解できるが，SoC 開発としてはこの時点で，プロセッサロードマップを精査し，また，同業他社も開発を進めるであろうチップ性能も予測して，SoC 仕様 (10.2.1 節参照) を定める必要がある．いわゆるニッチ (隙間) 市場を狙うならこの限りではないが，これがグローバルスタンダードに準拠した開発である．SoC 開発と示した部分がマイクロプロセッサの製品開発期間である．上図右側には，SoC 実装機器市場のいくつかの現象を示している．製品単価は出始めは高いが，その後は他社の追随で販売数が急増する．市場から得られる利潤が次の開発資金になることを考えると，開発計画は極めて大事である．

　マーケットウィンドウ (売上規模大なる期間) は薄利なので，先行者利益を得られる部分に出荷時期を合わせる必要がある．そのために考えられることの 1 つは，開発開始時期を早めることである．しかし，たとえ対象の動きが少ないとしても，あまりに先のことを予測するのは得てして困難である．これに加えて，IT 市場動向の変化は年々早まってきている．したがって，開発開始時期を早めるという選択肢は妥当でない．もう 1 つは，開発期間を短縮することである．これも取り組み難いが，これしか選択の余地はない．開発期間の短縮策として，設計手法 (10.1 節参照) と検証技術 (11.1.1 節参照) の工夫，改良が進められてきたが，これからは次に述べる IP 活用である．

11.3.2　IP 活用

　設計の高度化は，大規模集積化で設計期間が長期化しているのに加えて，ますます期間の長期化を招くことになる．設計短縮には再利用が欠かせない．IP 活用は，設計工程 (10.2 節参照) ごとの短縮を可能にする．SoC システム設計工程にはビヘイビア IP，アーキテクチャ設計工程にはアーキテクチャ IP，実装設計工程ではソフトウェア IP とハードウェア IP が活用できる．また，論理設計工程では HDL 記述のソフト IP，レイアウト設計工程ではレイアウト記述のハード IP が再利用できる．シリコン化後の工程でも，検証やテストに関わる IP がある．

　一方，構造面から IP を眺めると，汎用プロセッサを構成するプロセッサ，メモリ，インタフェース，バスそれぞれに IP がある．SoC もマルチメディア，通信，制御それぞれに特有 IP が使える．例えば，マルチメディア系の SoC なら画像処理用ミドルウェア IP が使えるし，通信系ならプロトコル IP の再利用が効果的である．

　IP 活用には，設計生産性の向上以外にも大きな意義もある．マイクロプロセッサの設計開発工程は SE に準拠しているが (7.2, 10.2, 11.1.1 節参照)，SE とは情報処理システムのソフトウェアに関わる開発設計から運用，保守管理などに至る全工程において採用すべき普遍的，工学的方法論である．これに則って，プログラムをパターン化し，処理パターンごとに標準化したモジュールを選定することで，最初からコーディングする作業は極力省く．

　SE はソフトウェア設計の生産性を高めるばかりでなく，デバッグを容易にする．誰かがコーディングしたバグを別の人が見つけ出すのは容易なことではない．往々にして見つけられないために，想定外と称される交通システムや金融システムのトラブルが発生することを考えると，プログラミングの標準化は極めて重要である．これと同じ効果が，マイクロプロセッサ開発に

おけるIP再利用にはあり，設計製造品質とハードウェアセキュリティ(11.1節参照)の向上にとって極めて有意義である．

しかし，IP活用には課題も多い．まず，標準化されたものを流用するということは，最適化がおろそかになる．チップ面積，消費電力，スループットなどに無駄があるのは承知で使うことになる．また，品揃えが十分ではないうえに，他組織のIPで特許に関わるものもある．それから，プログラムモジュールと比較してハードウェアには融通性がないので，導入したIPが原因でチップが動かない場合が多い．これらのことから，IP活用はなかなか浸透しない．

演習問題

設問1 検証と妥当性確認の違いを述べよ．

設問2 (11.1)式に関して，検証項目，検証箇所，検証内容の例を挙げよ．

設問3 機能歩留まりと性能歩留まりが製品歩留まりに対して乗算の関係にあることを示せ．

設問4 図11.10の場合，信頼性強化に要する面積オーバーヘッドはどの部分か．

設問5 2入力NANDゲートのダイナミック電力を求めよ．ただし，このゲートのスイッチング確率は0.2，負荷容量は10 fFで，電源電圧=3 V，クロック周波数=1 GHzとする．

参考文献

[1] E. H. Neto, et al., "Using Bulk Built-In Current Sensors to Detect Soft Errors," IEEE micro, Vol. 26, No. 5, pp. 10-18 (2006).

[2] O. S. Unsal, et al., "Impact of Parameter Variations on Circuits and Microarchitecture," IEEE micro, Vol. 26, No. 6, pp. 30-39 (2006).

[3] T. Mudge, "Power: A First-Class Architectural Design Constraint," Computer Magazine, Vol. 34, No. 4, pp. 52-58 (2001).

[4] 五島正裕，"スーパースカラ/VLIWプロセッサとスループット指向MTプロセッサ," IPSJ Magazine, Vol. 46, No. 10, pp. 1104-1110 (2005).

第3部　マイクロプロセッサのインタフェースと応用

　マイクロプロセッサ (micro processor) は，世界で1000億個も使われている．最も多いのが，CPU (central processor unit, 中央処理装置)，記憶回路，入出力用の回路などを1チップ (1chip) の LSI (large scale integrated circuit) に内蔵したもので，時計から自動車にいたるまで広く利用されている．

　このような1チップ形のマイクロプロセッサは，情報をプロセッサ外部の回路や装置から入力回路で読み取り記憶回路に書き込む．つづいてこの情報を読みとって処理をし，処理後の情報を記憶回路に書き込んで出力回路により外部の回路や装置をはたらかせる．そしてこの一連の動作は，CPU が記憶回路に内蔵されたプログラム (program) に基づいて，実行する．

　すなわちマイクロプロセッサは，外部のデバイス (device) を含めたシステム (system) の中で，記憶回路から情報を読み出し処理後の情報を記憶回路に書き込む動作を繰り返しており，システムの構成要素間の接点や共有部分で情報を受け渡ししていることがわかる．このような接点および共有部分をインターフェース (interface) という．

　第3部ではマイクロプロセッサのインタフェースに着目して，システムを構成する要素とマイクロプロセッサを汎用性が高い C 言語で扱う方法を第12章と第13章で示し，ついで第14章で表示信号発生，第15章で音響信号発生への応用方法を説明する．

　各章末には参考文献を示した．書籍に「発行年」を記しているが，著者が参考にした刷りの「発行年」である．読者にあっては，発行年にとらわれず利用して，理解を深め広められたい．

第12章
ハードウェア・ソフトウェア間のインタフェース

▫️ 学習のポイント

第12章では，マイクロプロセッサのインタフェースに着目する．システムを構成する要素とマイクロプロセッサの協働したはたらきを，汎用性が高いC言語で取り扱って，ハードウェア (hard wear) とソフトウェア (soft wear) のインタフェースを説明する．図12.1でマイクロプロセッサの処理対象である情報を，ハードウェアとソフトウェアの両面から比較した．マイクロプロセッサは電圧や電流で表される信号やデータ (data) を処理する．信号は振幅や時間と位置すなわち回路の節点で定まって，回路の動作を表す情報であり，ハードウェアの情報である．またデータは，数や順序と番地で定まりプログラムの動作を表す情報であって，ソフトウェアの情報である．

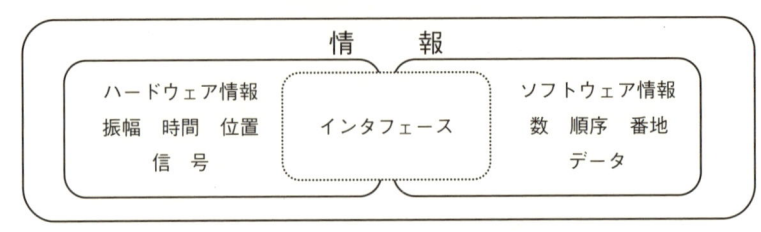

```
                    情　報
┌─────────────────┬─────────────────┐
│ ハードウェア情報 │ ソフトウェア情報 │
│ 振幅 時間 位置   │ 数 順序 番地     │
│      信　号      │ インタフェース │ データ │
└─────────────────┴─────────────────┘
```

図 12.1 ハードウェア情報とソフトウェア情報の比較

そこでこの章では，マイクロプロセッサにおけるハードウェア情報とソフトウェア情報の接点および共有部分を明らかにする．そしてこのようなインタフェースを考察するときのプログラム言語は，1チップ形マイクロプロセッサで最も多く使われているC言語を使う．

▫️ キーワード

レジスタ間処理，ポート，汎用レジスタ，反転発振，一巡実行時間，変数レジスタ，転送，リアルタイム

12.1 レジスタ間処理

マイクロプロセッサのソフトウェアから見て，ハードウェアとの関連をもっているのは，プログラム (program) である．ハードウェアとの関連があるプログラム (命令) では，CPUは処理過程の2進数と信号として物理的に意味のある2進数との間の相互変換をしている．そして，この信号はレジスタ (resister) に置かれる．すなわちこのような信号を，プログラム上も変数としてレジスタの定義をしている．つまり信号として定義されたレジスタを含むレジスタ間処

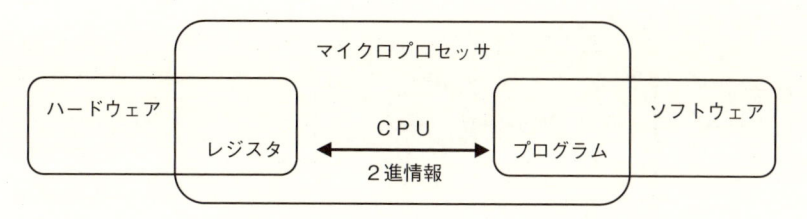

図 12.2 マイクロプロセッサのハードウェア・ソフトウェア間インタフェース

理がハードウェアとソフトウェアのインタフェースといえる．

　これらのハードウェア・ソフトウェア間のインタフェースについて，図 12.2 に表した．レジスタはハードウェアとしてみると記憶回路であって，マイクロプロセッサ内部には多くの種類のレジスタがある．以下の節では信号との関連から，ポート (port) と変数レジスタおよび汎用レジスタについて，ハードウェアとソフトウェアとのインタフェースに関するはたらきを調べる．

12.2 ポートによるインタフェース

12.2.1 ポートにおけるレジスタ間処理

　マイクロプロセッサは，論理回路や順序回路を組み合わせたデジタル回路 (digital circuit) と，プログラムを内蔵した ROM (read only memory) で構成されている．入力ポートや出力ポートはマイクロプロセッサの端子であって，CPU がこのポートの信号をプログラムに基づいて制御している．

　入力ポートでは，プログラムによって定められた周期ごとにクロック (clock) に同期して，CPU 内の汎用レジスタに入力情報が読み出される．つづいて CPU は入力情報をプログラムに基づいて処理し，定められた周期ごとにクロックに同期して，出力ポートのレジスタへ書き込む．この一連の動作は，レジスタ間処理と言える．

　図 12.3 にポートのレジスタ間処理を，ハードウェア的にブロック図 (block diagram) で示した．情報は，矢印の方向に転送され，途中の破線部がソフトウェアによる処理を表している．○印はポートであって，マイクロプロセッサの端子である．入力ポートは，バス (bus) を通して CPU 内の汎用レジスタに接続される．◎は出力ポートで出力レジスタでもある．

　つまりマイクロプロセッサの入出力端子において，ポートに接続されたレジスタ間の処理に

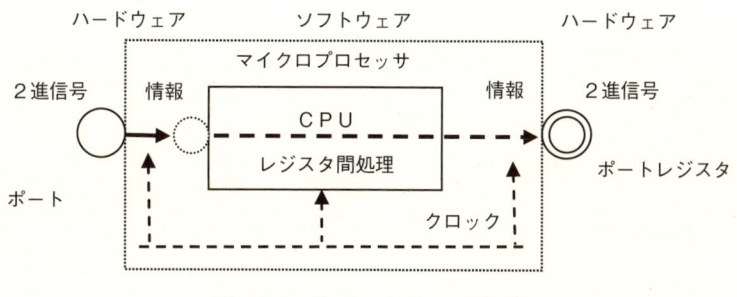

図 12.3 ポートのレジスタ間処理

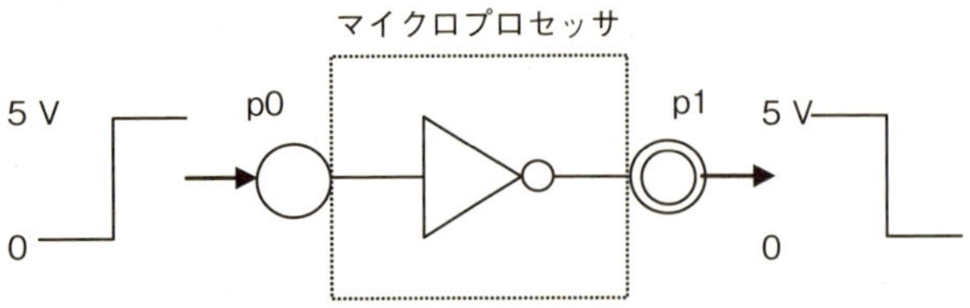

図 12.4　インバータのハードウェア仕様

[リスト 12.1] インバータのプログラム
```
1 for(;;){
2     p1 = ! p0;
3 }
```

よってハードウェア・ソフトウェア間のインタフェースをとっていることになる．

12.2.2　ポートによるインタフェースの動作

ポートに接続されたレジスタによるハードウェア・ソフトウェア間のインタフェースの例として，マイクロプロセッサにインバータ (inverter) のはたらきをさせる場合の動作を考察する．

インバータはシリアル (serial) のデジタル信号を，リアルタイムに反転して出力するシステムである．その動作を図 12.4 に示している．またポート p0 をマイクロプロセッサの入力ポートとして，ポート p1 をマイクロプロセッサの出力ポートとして使う．入力ポート p0 に加わった信号を，すなわち振幅が 5 V の電圧情報を，反転して出力ポート p1 に出力している．

ハードウェアとして考えると，p0 と p1 は各々のポートの電圧を表しており，またソフトウェアとして考えると，p0 と p1 は各々のレジスタとその情報すなわち 2 進の数値を表す．

ソフトウェアの仕様として C 言語によるプログラムをリスト 12.1 に記述している．ただし，main 文内のみを示し，定義も省略した．このプログラムではポートのレジスタ間処理が，2 行目に書かれている．すなわち p0 から p1 の間でレジスタ間処理とハードウェア・ソフトウェアのインタフェースがなされていることがわかる．

12.3　汎用レジスタによるインタフェース

12.3.1　汎用レジスタにおけるレジスタ間処理

12.2 節でインバータをマイクロプロセッサではたらかせたときの，ポートのレジスタ間処理について考察した．このインバータの場合，アセンブラ (assembler) や機械語での動作を考えると，汎用レジスタ間の処理がなされている．そこで汎用レジスタ間処理にはどのようなインタフェースがあるのかを考える．

C 言語で示されたリスト 12.1 のプログラムは，アセンブラや機械語では次の (1)〜(4) に示した実行ステップで表せる．C 言語の処理を機械語で実行できるようにしているのが，コンパイラ (compiler) である．

(1) ポートレジスタ p0 の情報を読み出す．
(2) ! で反転する．
(3) = でポートレジスタ p1 へ転送する．
(4) もどる．

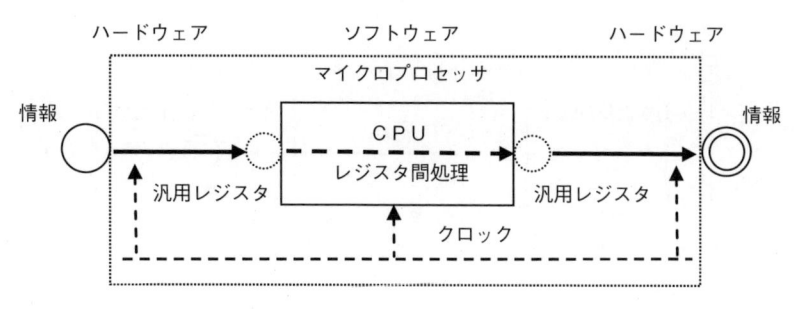

図 12.5 汎用レジスタ間処理

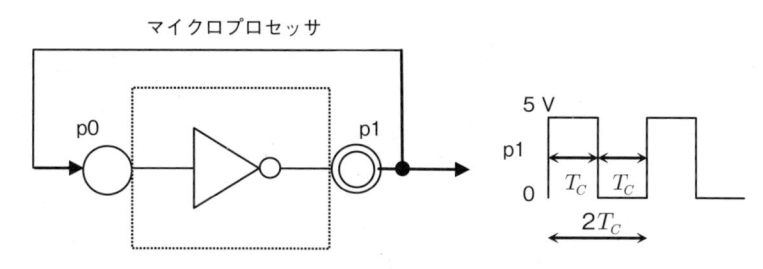

図 12.6 反転発振と波形

これらの処理において，処理の途中結果を一時記憶する必要がある．このため CPU 内の汎用レジスタを使う．すなわち汎用レジスタは，マイクロプロセッサ内や CPU 内のソフトウェア処理の途中結果を受け取って，次の処理へインタフェースする．これはソフトウェア・ソフトウェア間のインタフェースである．

12.3.2　汎用レジスタによるインタフェースの動作

C 言語を使っているときには，汎用レジスタは何がどこではたらいているのか見えない．しかし実際にはこれは，コンパイラが配置していて，処理の途中結果を一時記憶している．つまり表に表れない処理が実行されている．

次にこのプログラムの実行時間を考える．前項に示した (1)〜(4) のように 4 命令で実行でき，1 命令が解読と実行の 2 クロックで処理できるとすると，合計 8 クロックで実行できると考えられる．この合計実行時間を一巡実行時間 T_C とすると，クロック周波数が 16 MHz なら一巡実行時間は 500 ns である．

12.3.3　一巡実行時間の測定

インバータの入力と出力を接続すると，方形波で発振する．この現象を反転発振という．図 12.6 に接続と波形を示した．入力が 5 V なら一巡実行時間 T_C 後には出力は 0 V に反転し，入力が 0 V になると一巡実行時間後には出力は 5 V に反転し，これを繰り返す．

したがってオシロスコープ (oscilloscope) で，周期および半周期すなわち一巡実行時間が測定できる．周期は $2T_C$ になると考えられ，前項の例では周期が 1 μs で，周波数が 1 MHz になると予想される．

```
                ハードウェア情報      ソフトウェア        ハードウェア情報
                              マイクロプロセッサ
                入力変数レジスタ                      出力変数レジスタ
                              CPU
                         ○           →           ○
                           レジスタ間処理
                                   ↑
                                クロック
```

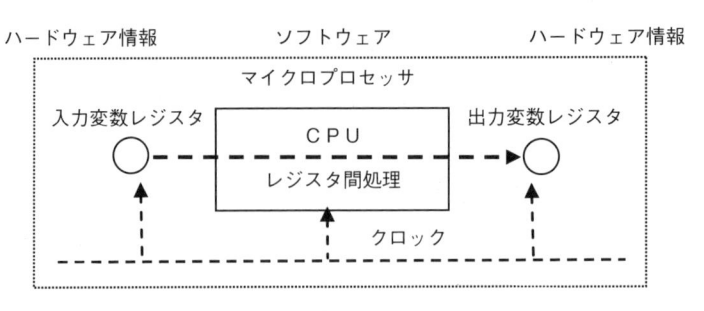

図 12.7　変数のレジスタ間処理

12.4　変数レジスタによるインタフェース

12.4.1　変数レジスタにおけるレジスタ間処理

マイクロプロセッサは，記憶回路として RAM(random access memory) をもち，ポートに関連した情報や大規模なデータなどの一時記憶に利用される．すなわちレジスタとして利用されている．C言語では，これを変数として扱い，変数の定義はアドレス (address) に対応している．アドレスはコンパイラが割り付ける．そして CPU は，変数レジスタの情報をプログラムに基づいて処理する．すなわち CPU はレジスタ間処理を実行していることになる．

このようなレジスタ間処理は，ポートに関連したプログラムの過程などに着目すると，2進化したハードウェア情報の処理が変数レジスタを経由して行われる．すなわち，各処理の入力変数となるポートのレジスタでは，プログラムによって定まる周期ごとにクロック (clock) に同期して，入力情報が読み出される．つづいて CPU は入力情報をプログラムに基づいて処理し，プログラムによって定まる周期ごとにクロックに同期して，出力変数のレジスタへ書き込む．この一連の動作は，レジスタ間処理と言える．

図 12.7 に変数のレジスタ間処理の例を，ハードウェア的にブロック図 (block diagram) で示した．情報は，太線の矢印の方向に転送され，途中でソフトウェアにより処理を受けることを表している．○印は変数レジスタであって，マイクロプロセッサ内部では，変数レジスタで信号と情報の間のインタフェース，つまりハードウェア・ソフトウェア間のインタフェースをとっていることになる．

12.4.2　変数レジスタによるインタフェースの動作

変数レジスタによるハードウェア・ソフトウェア間のインタフェースの例として，スイッチ (switch) 付きインバータのはたらきをマイクロプロセッサにさせる場合を例にあげて動作を考察する．シリアルのデジタル信号を，リアルタイム (real time) に反転させ，これをスイッチで制御して出力するシステムである．

ハードウェアの仕様を図 12.8 に示している．ポート p0 をマイクロプロセッサの入力ポートとして，ポート p1 をマイクロプロセッサの出力ポートとして使う．そして入力ポート p2 でポート p1 を制御する．また ip0 は p0 を反転した信号用の変数レジスタである．

12.4 変数レジスタによるインタフェース

マイクロプロセッサ

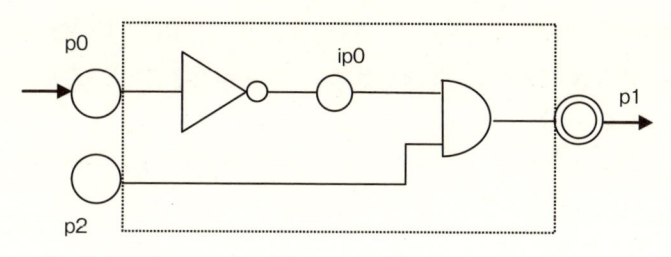

図 12.8 スイッチ付きインバータのハードウェア仕様

表 12.1 スイッチ付きインバータの動作仕様

ポート	条件	波形
p0	X	1,0（パルス）
p1	p2=0	0 固定
	p2=1	1（反転パルス）

[リスト 12.2]
スイッチ付きインバータのプログラム

```
1 for(;;){
2     ip0= ! p0 ;
3     p1 = p2 && ip0;
4 }
```

また入出力波形に基づく動作仕様を，表 12.1 に示した．p2 が 0 のときは出力 p1 が 0 で，p2 が 1 なら反転した p0 が出力 p1 に現れる仕様である．

ソフトウェアの仕様として C 言語によるプログラムをリスト 12.2 に記述している．ただし，main 文内のみを示し，定義も省略した．このプログラムでは変数レジスタとポートレジスタのレジスタ間処理が，2 行目と 3 行目に書かれている．したがって，ここにハードウェア・ソフトウェア間のインタフェースがあると考えられる．

そこで次に ip0 のはたらきについて考察する．入力ポート p0 に加わった電圧情報は 2 進化情報として扱われ，CPU はこれを反転し変数レジスタ ip0 に転送する．次に CPU は，ip0 の 2 進化情報をポートレジスタ p2 の制御情報で制御して，ポートレジスタ p1 に転送している．したがって出力ポート p1 から制御された 2 進化信号が出力される．

ここで変数レジスタ ip0 の 2 進化情報は，振幅と時間で表せる信号の特徴を明確にもったハードウェア情報であって，CPU から見るとこれは 2 進値とアドレスおよび順序であるから，変数レジスタ ip0 上にハードウェア・ソフトウェア間のインタフェースがあると考えられる．

演習問題

設問1 図 12.8 のスイッチ付きインバータの実行ステップを 12.3.1 節にならって示せ．

設問2 設問1で各ステップの命令が2クロックで処理できるとして，クロック周波数が 16 MHz なら一巡実行時間はいくらになるか．

設問3 次の図のように接続して反転発振させる．半周期，周期，周波数を求めよ．

マイクロプロセッサ

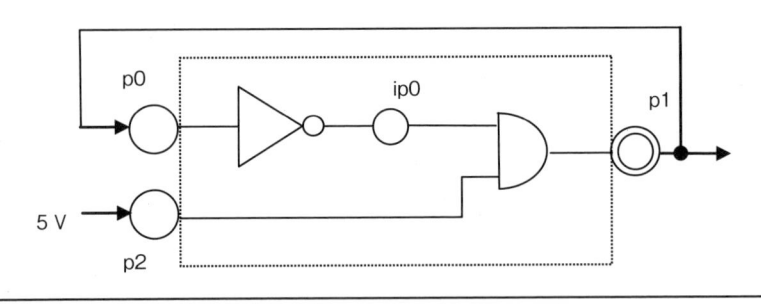

参考文献

[1] 坂下夕里，"C 言語入門教室，" 翔泳社，第 9 刷 (2008).
[2] 藤広哲也，"組み込みシステムの基本と仕組み，" 修和システム，第 1 刷 (2005).
[3] 森下巖，"マイクロコンピュータの基礎，" 昭晃堂，第 18 刷 (2004).
[4] 松田忠重，"マイクロコンピュータ技術入門，" コロナ社，第 3 刷 (2003).
[5] 板谷雄一，"見てわかる C 言語入門，" ブルーバックス B-1349，講談社，第 1 刷 (2001).
[6] 常深信彦編著，"情報処理，" オーム社，第 1 刷 (1999).
[7] 樋口，鹿股，"理工系のためのマイクロコンピュータ，" 昭晃堂，第 3 刷 (1990).

第13章
内部入出力デバイス

□ 学習のポイント

1チップ形マイクロプロセッサは構成要素として，CPU，ROM，RAM，内部入出力デバイスをもつ．ここでデバイスとは，部品や部品で構成された回路，複数の回路で構成された装置までを総称している．
コンピュータ (computer) 組込みシステムを構成するには，システムを構成する外部デバイスとマイクロプロセッサ内部の入出力デバイスを接続して，プログラムとCPUによりはたらかせる必要がある．これの基本となるのがレジスタ間処理であって，この章では内部入出力デバイスとレジスタ間処理についてC言語のプログラムを使った動作例をあげて説明する．

□ キーワード

論理レベル，プルアップ，DA変換，インクリメント，AD変換，サンプリング，折り返し

13.1 ポート

ポートはマイクロプロセッサのデジタル入出力端子のことであり，入力ポートと出力ポートに分けられる．その他の場合には，電源ポートや発振出力ポートのように用途を示して区別する．この節ではポートのはたらきについて，C言語プログラムを使った動作例で説明する．

13.1.1 入力ポート

入力電圧がHレベル (high level) か，Lレベル (low level) かをマイクロプロセッサ内に取り込むはたらきをする．HとLの境界となる電圧をしきい値といい，電源電圧をV_{CC}とすると，CMOS (complementary metal oxide semiconductor) の集積回路では，ほぼ$V_{CC}/2$となっており，またHは$0.7\,V_{CC}$以上Lは$0.3\,V_{CC}$である．これらを論理レベルといい，図13.1に示している．

図13.2には入力ポートの回路を例示した．ポートp0を入力端子として，トライステート (3-state) のバッファ (buffer) で受けている．Eはイネーブル (enable) 端子でアドレスバス (address bus) からの制御信号がHのとき，データバス (data bus) に接続されてポートのレベルがCPU内の汎用レジスタに転送される．

ダイオード (diode) は寄生素子でゲート (gate) の帯電による破壊を防ぐ効果がある．また，

図 13.1 論理レベル

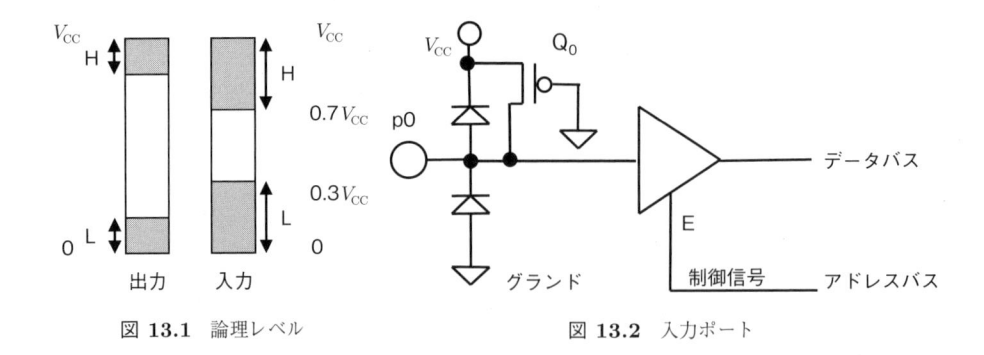

図 13.2 入力ポート

ダイオードと並列にトランジスタ (transistor) が接続されている．ゲートは接地してあるので，トランジスタ Q_0 は導通して $100\,\mathrm{k\Omega}$ 程度の抵抗となる．その結果ポート p0 が開放されているときの電圧を電源 V_{CC} までつり上げることになる．このはたらきをプルアップ (pull up) という．プルアップされているとスイッチ (switch) をポート p0 とグランドに接続するだけで H と L の切り替え入力ができるので便利である．トランジスタ Q_0 のゲートを電源 V_{CC} に接続すると，プルアップははたらかない．多くのマイクロプロセッサでは，プルアップするかしないかの選択を，専用レジスタでプログラムできるようになっている．

13.1.2 出力ポート

出力ポートは，ポートの電圧が H レベルか L レベルかで，2 進値をマイクロプロセッサ外に出力するようにはたらく．負荷が重いと H の電圧が低下し，L の電圧は上昇する．

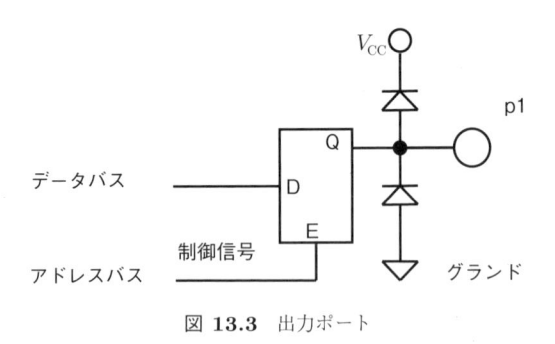

図 13.3 出力ポート

H の電圧と L の電圧は図 13.1 に示したように，入力の論理レベル内ではたらかせる必要がある．

図 13.3 には出力ポートの回路を例示した．ポート p1 を出力端子として，ラッチ (latch) が使われている．アドレスバスからの制御信号が H のとき，イネーブル端子が H になりデータバスのレベルが Q 端子に保持されレジスタとして作用する．このように，書き込みが可能であるが，読み出しはできない．したがってプログラム上は変数として扱うことはできない．外部回路から読み出せるだけである．

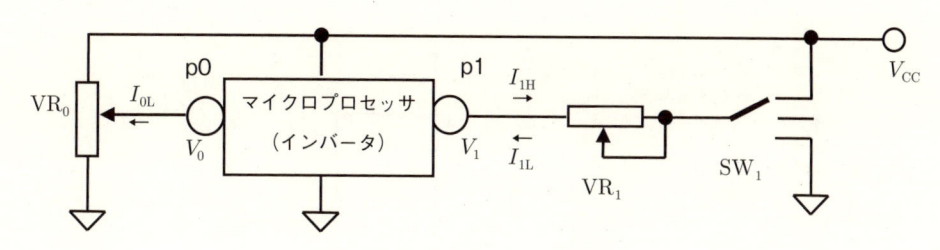

図 13.4 入出力ポートの動作例

一般に論理レベルに対して余裕をもたせるために，ポートの出力抵抗は低いほうが良いが，バスに出力する場合などは高出力抵抗状態が必要になる．このような場合にはトライステートのポートが使われる．それには図13.3のポートとラッチの間にトライステートバッファを入れた構成が必要になる．多くのマイクロプロセッサでは，出力端子の一部にトライステートポートがあって，専用レジスタでプログラムできるようになっている．

13.1.3 入出力ポートの動作例

マイクロプロセッサをはたらかせ，入出力ポートの論理レベルに関する動作確認をする方法を説明する．

回路構成を図13.4のようにして，第1章に示したインバータのはたらきをさせることにより，入力電圧と出力電圧の関係，入力電圧と入力電流の関係，および出力電圧と出力電流の関係を調べることができる．

入力ポートと出力ポートは各々ポート p0 とポート p1 を使い，リスト 13.1 のプログラムを実行することにより，入力ポート p0 に加えた電圧を反転して出力ポート p1 に出力している．インバータのプログラムはリスト 12.1 に示した内容と同じである．ハードウェアでは論理レベルは H と L で説明しているが，C 言語のプログラムでは論理値は 2 進値の 1 と 0 を使って動作を考える．

図 13.5 に入力電圧と出力電圧の関係を示した．V_0 は入力電圧で，V_1 は出力電圧である．入力電圧は図 13.4 の可変抵抗 VR_0 で調整する．入力電圧が入力論理レベルの L 内なら，出力は出力論理レベルの H 内の値 V_{1H} になる．また入力電圧が入力論理レベルの H 内なら，出力は出力論理レベルの L 内の値 V_{1L} になる．そして出力電圧が H と L の境界となる入力電圧がしきい値であり V_T と表す．このようにして実際に入出力特性の測定をすると，V_T はほぼ $V_{CC}/2$ であることがわかる．

V_{1H} と V_{1L} は出力ポートの電流 I_1 によって変化する．V_1 が H のとき SW_1 で表したスイッチをグランド側に接続すると，可変抵抗 VR_1 で I_{1H} が調整できる．そして V_1 が L のときスイッチ SW_1 を電源側に接続すると，可変抵抗 VR_1 で I_{1L} が調整できる．またスイッチの位置を中央にして，開放すると出力ポートの電流を 0 にできる．

このようにして図 13.6 に，I_1 による V_1 の変化の測定をして示した．これによると出力ポートは数 10Ω の内部抵抗をもつことがわかる．

次にプルアップしているときの入力ポートの電流 I_{0L} が，入力ポートの電圧 V_0 によって変化

[リスト 13.1]
インバータのプログラム

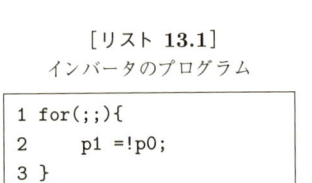

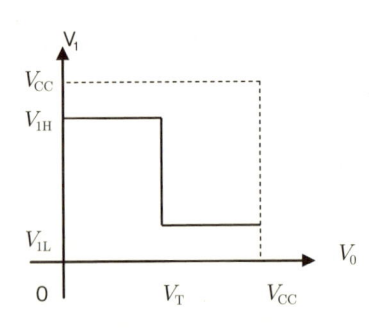

```
1 for(;;){
2     p1 =!p0;
3 }
```

図 13.5 入出力特性

図 13.6 I_1 による V_1 の変化

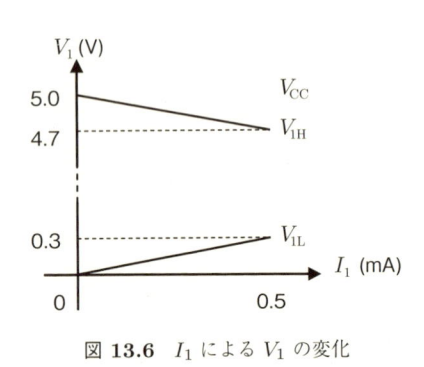

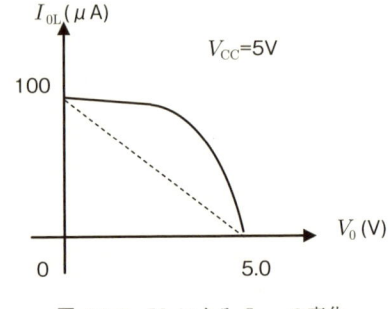

図 13.7 V_0 による I_{OL} の変化

する状況を調べる．入力電圧は可変抵抗 VR_0 で調整できる．図 13.7 に測定例を示した．プルアップが抵抗なら点線の特性を示すはずだが，実際は V_0 が 0〜V_T では I_{0L} がほぼ一定で，V_0 が V_T〜V_{CC} では I_{0L} が 2 次曲線状で 0 になる．すなわちこの実線は図 13.2 のプルアップ用トランジスタ Q_0 が示す特性であって，入力ポートは非線形な内部抵抗をもつことがわかる．また点線は線形な抵抗の場合の特性である．

13.2 DA 変換

マイクロプロセッサからアナログ信号を出力するには DA 変換 (digital to analogue converter) を使う．この節では DA 変換の例として，最も広く使われている，R-2R 形 DA 変換の回路構成と動作を説明する．またマイクロプロセッサ内の DA 変換について，C 言語プログラムを使った動作例により説明する．

13.2.1 R-2R 形 DA 変換

R-2R 形 DA 変換は抵抗値 R の抵抗と抵抗値 $2R$ の抵抗を，図 13.8 のように，はしご形に構成している．

この例では，マイクロプロセッサ内でレジスタ da に転送された 8 ビットの信号 da は，DA 変換され DA 変換の出力ポート DA に出力される．信号 da は (13.1) 式のように 8 ビットの桁信号 da_0〜da_7 で表される 2 進数である．ここで da_0 は LSB (lowest significant bit) で da_7 は MSB (maximum significant bit) であり，da の範囲は 0〜255 LSB である．

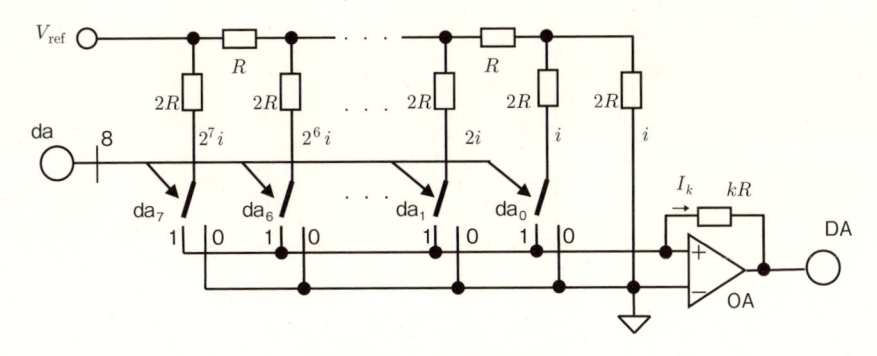

図 **13.8** R-2R 形 DA 変換

$$\mathrm{da} = (\mathrm{da}_7\,\mathrm{da}_6\cdots\mathrm{da}_1\,\mathrm{da}_0)_\mathrm{B} \tag{13.1}$$

各桁信号はその論理値の 1 と 0 に対応して，LSI 内のトランジスタで構成されるスイッチを制御する．スイッチは，LSB の電流 i から MSB の電流 $2^7 i$ までを，8 個の抵抗 $2R$ の接続を切り替えて演算増幅器 OA (Operational Amplifier) に入力を供給する．

抵抗 $2R$ は 1 か 0 に接続されるが，演算増幅器のイマジナリーヌル (imaginary null) の作用により，1 に接続されると 0 に接続されたと等価になる．結局全ての抵抗 $2R$ は接地されたと等価になる．

次にはしご形の抵抗 $2R$ に流れる電流について考える．まず右端の 2 個の抵抗 $2R$ は並列になっている．したがって各々に同じ電流が流れ，これを i とする．そうすると，2 個の抵抗 $2R$ に接続された抵抗 R には，$2i$ の電流が流れる．

2 個の抵抗 $2R$ とこの抵抗 R の合成抵抗は $2R$ であるから，右から 3 個目の抵抗 $2R$ には $2i$ の電流が流れる．

このようにして右から 4 個目の抵抗 $2R$ には $2^2 i$ の電流が流れ，左端の抵抗 $2R$ には $2^7 i$ の電流が流れることがわかる．またこの電流は MSB の電流であり，次の式で定まる．したがって同時に LSB の電流 i も求めることができる．

$$V_\mathrm{ref}/2R = 2^7 i \tag{13.2}$$

スイッチで制御された，LSB の電流 i から MSB の電流 $2^7 i$ までの電流は，その合計が演算増幅器の帰還抵抗 kR に流れる．これを I_k とすると，次のように I_k は信号 da を 10 進で表していることがわかる．

$$\begin{aligned}
I_k &= \mathrm{da}_7 \cdot 2^7 i + \mathrm{da}_6 \cdot 2^6 i \cdots \mathrm{da}_7 \cdot 2i + \mathrm{da}_0 \cdot i \\
&= (\mathrm{da}_7 \cdot 2^7 + \mathrm{da}_6 \cdot 2^6 \cdots \mathrm{da}_7 \cdot 2 + \mathrm{da}_0)_\mathrm{D} i \\
&= \mathrm{da}\, i
\end{aligned} \tag{13.3}$$

演算増幅器は電流 I_k を，次のように電圧に変換して出力をする．したがってレジスタ da の信号 da は，LSB の電圧 LSB が (13.5) 式で DA 変換され，信号 DA として出力される．

$$DA = -kRI_k$$

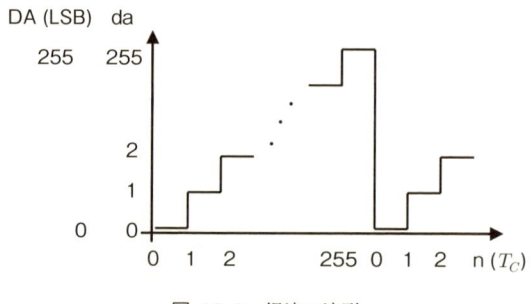

図 13.9 鋸波の波形

$$= -\mathrm{da}\, kR\, i$$
$$= da\, LSB \tag{13.4}$$
$$LSB = -k\, V_{\mathrm{ref}}/2^8 \tag{13.5}$$

13.2.2 DA 変換の動作例

DA 変換を使うことによって，多値の電圧をマイクロプロセッサから出力することができる．これを利用して鋸波の発生に応用する例を説明する．図 13.9 に発生させる波形を示した．

ここで電源電圧 V_{CC} は 5 V であり，基準電圧 V_{ref} は $-V_{\mathrm{CC}}$，ゲイン k は 1 としている．したがって，LSB は $V_{\mathrm{CC}}/256$ となって，ポート DA には LSB の 0〜255 倍の離散値を出力させることができる．

ポート DA の出力は，一巡実行時間 T_C ごとに $1LSB$ ずつインクリメント (increment：増加) させ，255 LSB の次は出力を 0 に戻す．この動作を繰り返して鋸波を発生させる．

鋸波の周期 T と周波数 f は (13.6) 式によって表すことができる．

$$T = 2^8 T_\mathrm{C}$$
$$f = 1/T \tag{13.6}$$

図 13.9 の波形の発生手順をステップ推移図で示すと，図 13.10 のようになる．この発生手順に基づいたプログラムの例が，リスト 13.2 である．このプログラムは，繰返し回数 n と，レジスタ da の値と，DA の出力電圧が 1 対 1 に対応していることを利用している．

13.3 AD 変換

マイクロプロセッサからアナログ信号を出力するには AD 変換 (analogue to digital converter) を使う．この節では AD 変換の例として，最も広く使われている，並列比較型 AD 変換の回路構成と基本動作を説明する．またマイクロプロセッサ内の AD 変換について，C 言語プログラムを使った動作例により説明する．

13.3.1 並列比較型 AD 変換

並列比較型 AD 変換は，基準電圧 V_{ref} を抵抗 R で分割して発生した電圧と入力をコンパレー

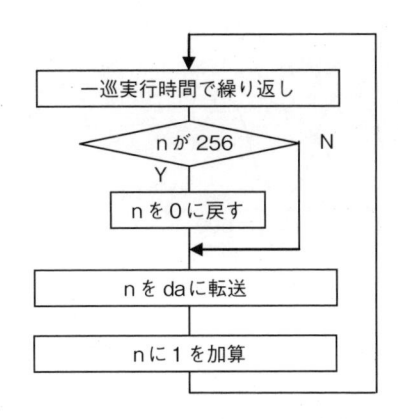

[リスト 13.2]
鋸波発生のプログラム

```
1 for(;;){
2     if(n=256){n=0;}
3     da = n;
4     n++;
5 }
```

図 13.10 鋸波発生のステップ推移図

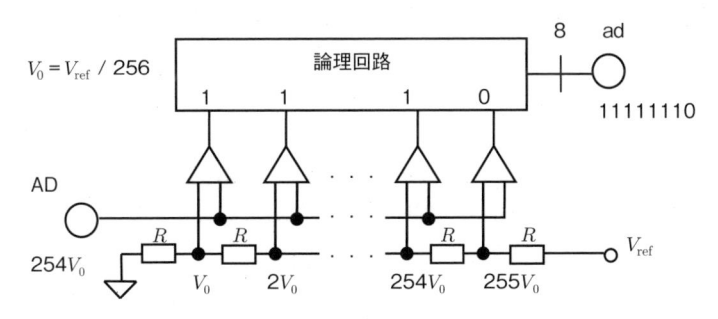

図 13.11 並列比較型 AD 変換

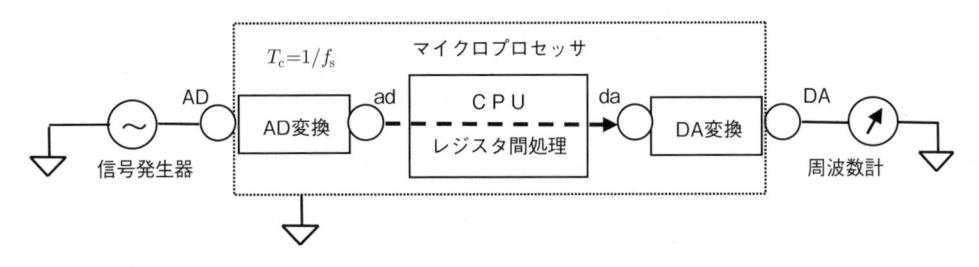

図 13.12 折り返しの実験

タ (comparator) で比較し，コンパレータの出力を論理回路で処理して 2 進出力を得る構成である．図 13.11 に 8 ビットの例を示した．256 個の抵抗 R で基準電圧 V_{ref} を分圧している．したがって，LSB は $V_{\text{ref}} / 256$ となる構成で，図中 LSB を V_0 で表している．

この例では，入力信号 AD は 10 進の 254 LSB である．また出力信号 ad は 2 進の 11111110 である．この変換は 255 入力，8 出力のゲート回路で処理させる．

13.3.2 AD 変換の動作例

AD 変換を使うことによって，アナログ電圧をマイクロプロセッサに入力することができる．正弦波を実際に取り込んで，折り返しの実験ができる．

AD 変換は一定周期ごとに実行される．これがサンプリング (sampling) 周期 T_s である．マ

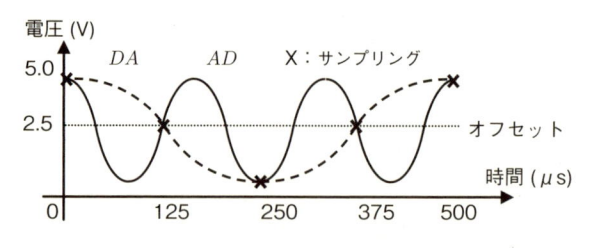

図 13.13 折り返しの例

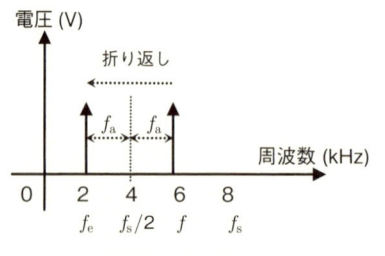

図 13.14 折り返しの例

[リスト 13.3] 折り返しの実験プログラム

```
1 for(;;){
2     da = ad;
3     for(i=0;i<ii;i++){}
4 }
```

イクロプロセッサは AD 変換や DA 変換の他，種々の処理を実行する．これらの処理の一巡実行時間 T_c が，サンプリング周期 T_s に対応する．ここで，サンプリング周波数 f_s は次のように表される．

$$f_s = 1/T_s \tag{13.7}$$

信号 AD の周波数 f が $f_s/2$ より低いと，信号 ad は情報を正しく変換できる．ところが信号 AD の周波数 f が $f_s/2$ より高いと，信号 ad は情報を正しく変換できない．周波数情報が正しく伝達できなくなる．

図 13.13 にこの例を示した．入出力の範囲は 0〜5 V とした．サンプリングは T_s が $125\mu s$ ごとに，つまり周波数 f_s が 8 kHz で実行される．そこへ周波数 f が $f_s/2$ より高い 6 kHz の信号 AD を入力すると，サンプリング後の出力 DA の周波数 f_e は 2 kHz に変換されてしまうことを表している．

一般には次に示す関係がある．式 (13.9) は式 (13.8) から導かれ，図示すると図 13.14 のようになる．

$$f_e + f = f_s \tag{13.8}$$

$$f_s/2 - f_e = f - f_s/2 = f_a \tag{13.9}$$

この図から信号 AD の周波数 f が，$f_s/2$ を中心に折り返して，サンプリング後の出力 DA の周波数 f_e に変換されることがわかる．

以上説明した折り返しの現象は，AD 変換と DA 変換を内蔵したマイクロプロセッサで，容易に確認・検証できる．プログラムはリスト 13.3 に示した．3 行目は変数 i により ii 回の加算を繰り返しタイマのはたらきを実行する．一巡実行時間 T_c が ii によって制御できるので，所

望のサンプリング周期 T_s を得ることができる．構成は図 13.12 による．AD 変換の範囲は $0\sim 5\,\mathrm{V}$ とするとは信号は $2.5\,\mathrm{V}$ を中心に入力する必要がある．そこで信号発生器の出力には $2.5\,\mathrm{V}$ のオフセット (offset) を付加する必要がある．出力 DA の周波数測定には，テスターを使うのが簡便である．

演習問題

設問 1 13.2.2 節で示した鋸波発生における DA 変換の LSB を電圧で求めよ．

設問 2 13.2.2 節で示した鋸波発生で，da が 11000000 のときの DA を電圧で求めよ．

設問 3 13.2.2 節で示した鋸波の周期 T と周波数 f を求めよ．
ただしリスト 13.2 の処理時間を，for 文：2 クロック，if 文：6 クロック，da への転送：18 クロック，n のインクリメント：6 クロックとする．またクロック周波数は 16 MHz とする．

設問 4 13.3.1 節で示した AD 変換で，信号 AD が $780\,\mathrm{mV}$ であった．信号 ad を 2 進数で表せ．

設問 5 13.3.2 節で示した折り返しプログラムでサンプリング周波数 f_s を $8\,\mathrm{kHz}$ にせよ．そのためには加算回数 ii をいくらに選べばよいか．ただしリスト 13.3 の処理時間を，永久 for 文：2 クロック，ad から da への転送：36 クロック，i のインクリメント 1 回：18 クロックとする．またクロック周波数は 16 MHz とする．

設問 6 設問 5 をはたらかせ，入力周波数 f を $7\,\mathrm{kHz}$ とすると，折り返し周波数 f_e はいくらか．

参考文献

[1] 小島, 高田, "基礎アナログ回路," 米田出版, 第 4 刷 (2009).
[2] 坂下夕里, "C 言語入門教室," 翔泳社, 第 9 刷 (2008).
[3] 小島正典, "基礎信号処理," 米田出版, 第 2 刷 (2008).
[4] 小林一夫編, "最新ハードウェア技術入門," 実教出版, 第 1 刷 (2005).
[5] 松田忠重, "マイクロコンピュータ技術入門," コロナ社, 第 3 刷 (2003).
[6] 柴田望洋, "明解 C 言語," ソフトバンク パブリッシング, 第 11 刷 (2002).
[7] 小牧, 菅, 野口, 高井, "アナログ電子回路," オーム社, 第 1 刷 (2002).
[8] 三上直樹, "ディジタル信号処理の基礎," CQ 出版, 初版 (1998).
[9] 小島, 中野, 加藤, 上野, 堀田, 関, 富山, 望月, "アナログ回路," オーム社, 第 1 刷 (1998).

第14章
表示信号発生

□ 学習のポイント

1チップ形のマイクロプロセッサは，ROMに内蔵されたプログラムに基づいて，次の動作を繰り返し実行することにより，家電機器などでシステムの機能を実現している．すなわち，プロセッサ外部の部品から入力回路で情報を読み取る．つづいてこの情報を処理して，処理後の情報を出力回路により外部の部品をはたらかせる．このようにマイクロプロセッサは，外部の部品を含めたシステムの中で，記憶回路から情報を読み出し処理後の情報を記憶回路に書き込む動作を繰り返すレジスタ間処理により，システムの機能を実現している．

第14章では，マイクロプロセッサを応用した表示用システムの，レジスタ間処理に基づく構成方法を説明する．プログラム言語は，汎用性が高いC言語を使う．

LED (light emitting diode) は表示用デバイスの基本であり，まずこれを取り上げる．身近には，ほとんどの機器がLEDの点灯によって機器が動作中であることを表示し，またLEDが点滅することによって，ワーニング (warning) を表示できる．

それでは，7セグメント (segment) のLEDに，どのような信号を入力すれば10進数を表示できるのか．多桁の表示は，どうすればよいのか．

また，コンピュータのモニタ (monitor) にどのような信号を入力すればカラーバー (color bar) や7セグメントの数字が表示できるのか．この章では，LEDやモニタを動作させる信号を，マイクロプロセッサで発生する方法について説明する．

□ キーワード

7セグメント，カラーバー，順次点灯，RGB，VGA，走査，同期信号，5×3セグメント

14.1 LEDによる7セグメント表示

数字を表示するには，7個の表示器を日の字形に配置した7セグメント表示が広く使われている．この節では最も基本的な，LEDの7セグメント表示信号の発生方法を説明する．表示器はLEDに限らず，液晶や蛍光表示管などが利用されており，セグメント数では7以外に16セグメントや5×7ドットが使われている．身の回りでは時計や体温計などに応用され，工業用・研究用の計測器に広く普及している．

図 14.1 R-2R 形 DA 変換

図 14.2 6 の表示波形

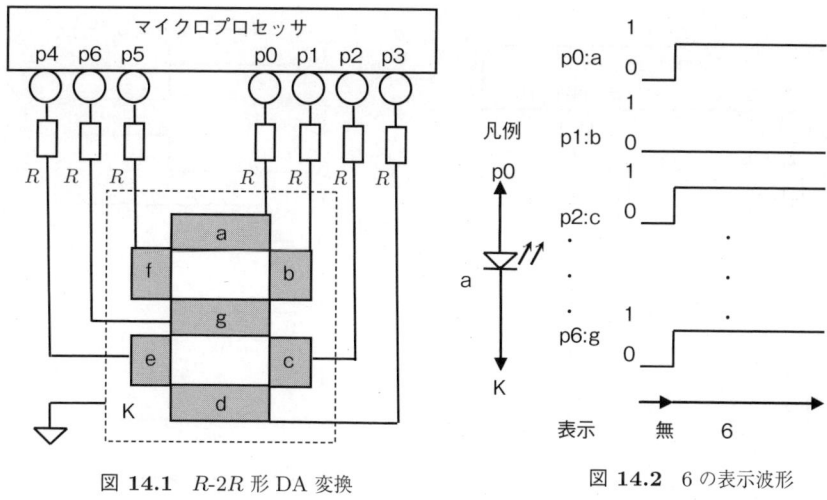

[リスト 14.1]
7 セグメント表示 (6)

```
1 p0=1;
2 p1=0;
3 p2=1;
4 p3=1;
5 p4=1;
6 p5=1;
7 p6=1;
```

表 14.1 表示数とセグメントの対応

表示		無	0	1	2	3	4	5	6	7	8	9
セグメント	a	0	1	0	1	1	0	1	1	1	1	1
	b	0	1	1	1	1	1	0	0	1	1	1
	c	0	1	1	0	1	1	1	1	1	1	1
	d	0	1	0	1	1	0	1	1	0	1	1
	e	0	1	0	1	0	0	0	1	0	1	0
	f	0	1	0	0	0	1	1	1	1	1	1
	g	0	0	0	1	1	1	1	1	0	1	1

14.1.1 マイクロプロセッサによる表示

7 セグメント LED は図 14.1 の点線のように，7 個の LED を日の字形に配置している．a の LED の接続を凡例に示した．カソード (kathode：独語) が端子 K を通してグランドに接続される．そしてアノード (anode) は抵抗 R を通して，マイクロプロセッサのポート p0 に接続される．残りの 6 個の LED も同様に，ポート p1～p6 に接続される．

表示波形を図 14.2 に示した．表示しないときはポートを 0 にし，表示するときはポートを 1 にする．p0～p6 全てを 1 にすると 8 の表示になる．ここで p1 を 0 にすると 6 の表示になり，6 の表示をさせる C 言語のプログラムはリスト 14.1 のようになる．

ただし，main 文内のみを示し，定義も省略した．リスト 14.1 ではポートを順次はたらかせている．しかし目には，同時に点灯するように見える．それはポートの動作が数 μs で完了するのに対して，視覚の応答は約 20 ms 続くからである．

任意の数を表示するには，表 14.1 に基づいてセグメントに対応したポートを制御すればよい．また 7 を表示するときにはセグメント f を消灯してもよく，9 を表示するときにはセグメント d を消灯してもよい．そして A b C d E F も表示でき，16 進数の表示に利用されている．

図 14.3 順次点灯による 2 桁表示

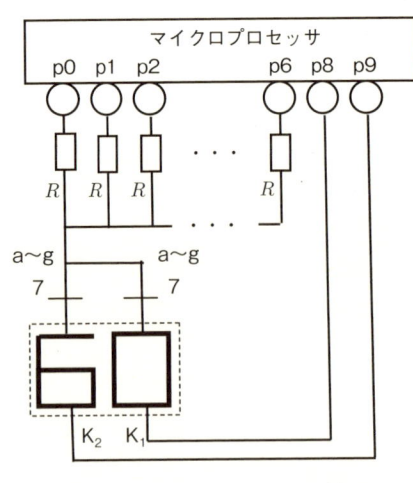

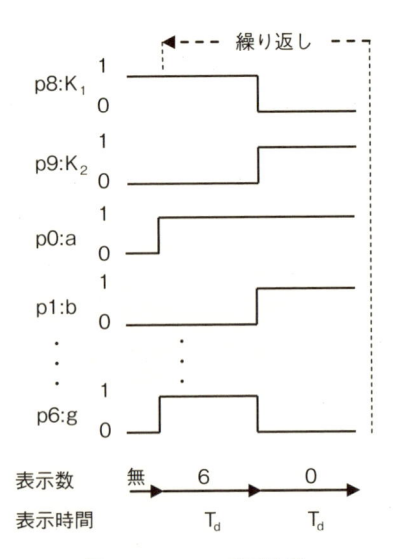

図 14.4 60 の表示波形

[リスト 14.2]
2 桁の 7 セグメント表示 (60)

```
1 for(;;){
2         p8=1; p9=0;                                    \\2桁目の表示
3         p0=1; p1=0; p2=1; p3=1; p4=1; p5=1; p6=1;      \\6の表示
4         for(i=0;i<ii;i++){}                            \\タイマ
5         p0=8; p0=9;                                    \\1桁目の表示
6         p0=1; p1=1; p2=1; p3=1; p4=1; p5=1; p6=0;      \\0の表示
7         for(i=0;i<ii;i++){}                            \\タイマ
8 }
```

14.1.2 順次点灯による 2 桁表示

多桁の表示をするには，順次点灯の方法が使われる．桁ごとに順次点灯させて周期を速くすると並列に点灯しているように見えることを利用する．ただし表示周期が 20 ms 以上になると，チラツキが発生する．

図 14.3 は 2 個の 7 セグメント LED を使って，60 の表示をしている場合を示している．セグメント a～g のアノードは共通に，抵抗 R を通してポート p0～p7 に接続する．例えば 2 桁目の a と，1 桁目の a のアノードは，どちらも p0 の抵抗 R に接続する．また 2 桁目のセグメント a～g のカソードは端子 K_2 に接続し，K_2 はポート p8 に接続する．そして 1 桁目のセグメント a～g のカソードは端子 K_1 に接続し，K_1 はポート p9 に接続する．

次に動作を図 14.4 により説明する．まず K_2 が 0 で K_1 が 1 の期間には 2 桁目の LED が点灯し，6 を表示する．そして K_1 が 0 で K_2 が 1 の期間には 1 桁目の LED が点灯し，0 を表示する．これを繰り返すことによって 60 を表示することができる．表示周期は 2 T_d となる．

C 言語によるプログラムをリスト 14.2 に示している．ただし，main 文内のみを示し，定義も省略した．

2行目ではp9が0すなわちK_2が0V，p8が1すなわちK_1が5Vであるから，2桁目のLEDが点灯して3行目で6を表示させる．

4行目は6の表示を持続させるタイマのはたらきをする．変数iでii回の繰返し加算をすることにより桁の表示時間T_dは約$ii\,T_a$となる．ただし1回の繰返し加算の実行時間がT_aである．

また5行目ではp9が1すなわちK_2が5V，p8が0すなわちK_1が0Vであるから，1桁目のLEDが点灯して6行目で0を表示させる．7行目は4行目と同様に，表示時間T_dのタイマのはたらきをする．

そして2行目から7行目までの文を1行目の永久for文で繰り返すことによって，60を表示することができる．

14.2 RGBモニタの表示

マイクロプロセッサでコンピュータの表示に使うRGB信号を発生する方法について説明する．RGBは，赤(red)，緑(green)，青(blue)の三原色のことである．RGB信号には，表示できる画像の縦横比や画素数で多くの種類があるが，アメリカのVESA (Video Electronic Standards Association)が標準化している．その基本はVGA (Video Graphic Array)といわれ，縦横比が3対4で画素数640×480ドット(dot)に相当する．RGB表示をさせるモニタは640×480ドットの他，入力したRGB信号に応じて自動的に800×600ドットや1024×768ドットの表示ができる．この節では基本のRGB信号を扱う．

14.2.1 RGB信号

コンピュータとモニタを，RGBケーブルで接続している様子を図14.5に示した．コンピュータとモニタにはRGB端子があり，この間を3原色の信号：R (red)，G (green)，B (blue)と同期信号：水平，垂直の5種類の信号でインターフェースする．RGB端子の接続は図14.6のようになっている．

画素とは輝点や黒点などの最小表示単位をいう．横線は画素を左から右へ高速に点描して表

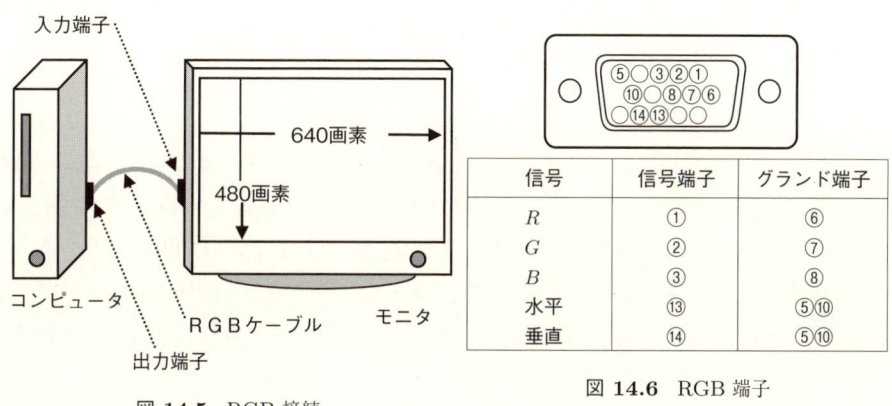

図14.5 RGB接続

信号	信号端子	グランド端子
R	①	⑥
G	②	⑦
B	③	⑧
水平	⑬	⑤⑩
垂直	⑭	⑤⑩

図14.6 RGB端子

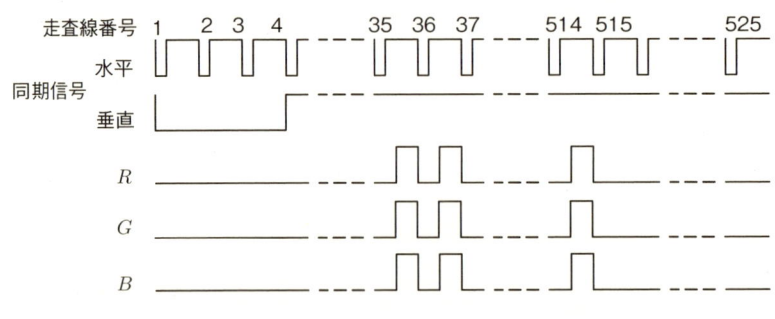

図 14.7 1 フレームの RGB 信号

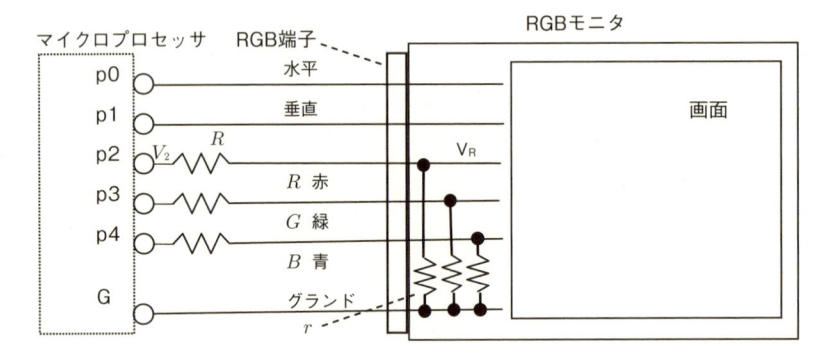

図 14.8 RGB モニタの表示

示する．横線を上から下へ並べると画面が表示できる．この点描や並べは走査，横への点描は水平走査，上から下への並べを垂直走査という．

VGA では，水平走査期間が約 $31.8\,\mu s$ であり，525 本の水平走査線を垂直走査する．したがって垂直走査期間が $1/60\,\mathrm{s}$ となり，$1/60\,\mathrm{s}$ ごとに 1 枚すなわち 1 フレーム (1 frame) の画面を構成する．走査の始まりを示すのが同期信号で，水平同期信号の間で RGB の各信号が発生するとモニタに加色混合の画像が表示される．

図 14.7 に信号波形を示した．同期信号の振幅は 5 V で，立下りが走査の始まりを表す．また RGB 信号の振幅は 5/7 V で最大飽和度，0 V で最小飽和度がモニタに表示される．ここで飽和度とは RGB の色の濃さである．

14.2.2 マイクロプロセッサによる信号発生

マイクロプロセッサを使って RGB 信号の発生をさせる場合のポートと端子および信号の関係を，図 14.8 にまとめている．ポート p0〜p4 を出力して使う．モニタの RGB 端子には抵抗 $r\,(75\,\Omega)$ が接続されている．この条件で R 信号の電圧 V_R は，$V_R = V_2 r/(r+R)$ で表される．

p2 が "1" の場合には抵抗 R を $470\,\Omega$ とすると V_R はほぼ 5/7 V の 700 mV となる．これは RGB 端子の 100% 入力振幅の規格値に一致する．緑や青の場合も同様にマイクロプロセッサにより 100%色信号での駆動が可能である．また水平同期信号と垂直同期信号の場合は，振幅が 5 V であるから RGB 端子とポートは直接接続が可能である．

図 14.9　走査平面と表示平面

図 14.10　カラーバー

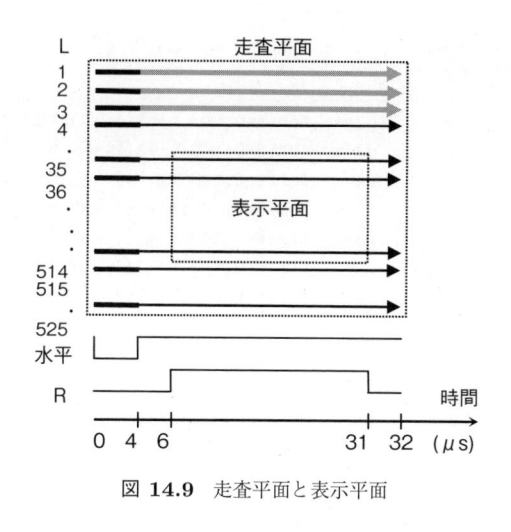

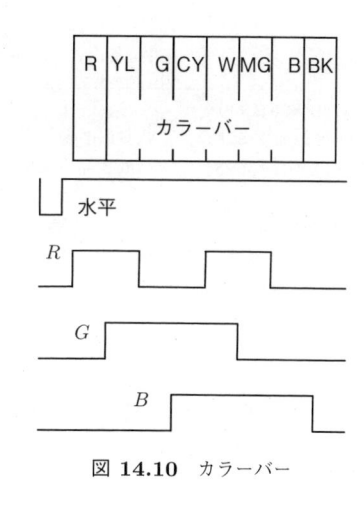

14.2.3　VGA モニタのカラー表示

垂直走査期間1回分の走査の状況を平面で表して，走査平面という．実際の表示はもっと狭く，水平が $25\,\mu s$ であり，垂直が 480 本分で表示平面を作る．図 14.9 に走査平面と表示平面の関係を示した．水平の表示期間の画素数は 640 であるから，VGA 規格では 480×640 ドットの表示をすることになる．

RGB の各信号は表示平面の期間だけ発生させる．走査線の番号を L で表すと，垂直表示期間は L が 35〜514 の範囲である．また水平表示期間は，水平同期信号の立下りから $6\sim31\,\mu s$ の範囲である．この全表示期間に図 14.9 のように，5/7V の R 信号 (100％R 信号) を発生させると，モニタには全画面に飽和度100％の赤が表示される．

RGB の 3 色を，"1" "0" で表示すると，白黒も含めて $2^3=8$ 色の表示が可能になる．各色を縦のバーに表示するとカラーバーになる．テレビ受信機や放送およびモニタの品質テストに使われている．

図 14.10 にカラーバーの信号と表示の状況を示した．色は次のように記号で表示している．

R	(red)	赤	W	(white)	白
YL	(yellow)	黄	MG	(magenta)	マゼンタ
G	(green)	緑	B	(blue)	青
CY	(cyan)	シアン	BK	(black)	黒

マイクロプロセッサで RGB 信号を発生させるためにポートの割り付けて，1 フレーム分の C 言語のプログラムをリスト 14.3 に示す．水平同期信号と垂直同期信号は，各々ポート p0 と p1 に割り付けている．またポート p2 では赤：R，ポート p3 では緑：G，ポート p4 では青：B の信号を発生さる．

リスト 14.3 では 1 フレーム分のプログラムを示しているが，連続的に発生させるためには，永久 for 文で包みメイン文を構成する．L は走査線番号であり，2 行目から 15 行目で 1 走査線つまり 1 ライン (1 line) の信号発生をする．

[リスト 14.3]
カラーバーの RGB 信号発生プログラム

```
1  for(L=0;L<525;L++){
2      V=(521+L)/525;        \\垂直準備
3      m=(490+L)/525;        \\RGB 発生準備
4      n=0;
5      p0=0;                 \\水平
6      p1=V; for(t=0;t<4;t++){}  \\垂直
7      p0=1; for(t=0;t<0;t++){}
8      p2=m; for(t=0;t<3;t++){}  \\ R
9      p3=m; for(t=0;t<3;t++){}  \\ YL
10     p2=n; for(t=0;t<3;t++){}  \\ G
11     p4=m; for(t=0;t<3;t++){}  \\ CY
12     p2=m; for(t=0;t<3;t++){}  \\ W
13     p3=n; for(t=0;t<3;t++){}  \\ MG
14     p2=n; for(t=0;t<3;t++){}  \\ B
15     p4=m; for(t=0;t<3;t++){}  \\ Bk
16 }
```

1行目では，1ラインの信号発生を525回繰り返すことによって，1フレーム分の信号を発生させる．

2行目では，走査線番号Lが1～3のときに垂直同期信号Vを0に設定している．これにより，6行目で垂直同期信号を発生できる．

3行目では，L≧35のときにm=1と設定している．これにより，8，9，11，12の行で各色の信号を発生させている．

4行目では，n=0と設定している．これにより，10，13，14，15の行で各色の信号発生を停止している．

5行目と7行目で水平同期信号を発生している．また6行目では垂直同期信号を発生している．6行目のtのfor文はタイマ文で，繰返し回数によって水平同期信号の幅が決定できる．

8行目では，p2により R を発生させている．発生の位置は7行目の，tのタイマ文で定められる．また R の幅は8行目の，tのタイマ文で定められる．

9行目では，p3により G を発生させている．R も同時に発生するので色はYLになる．YLの幅は9行目の，tのタイマ文で定められる．

以下15行目まで信号の発生停止が進行し，16行目で1行目へ戻り次のLに該当する信号発生が進み，525ラインでの信号発生で1枚の画像発生が完了する．このプログラムでは515ライン以上でもRGB信号は発生するが，通常モニタは表示しない．

14.2.4　VGAモニタの5×3セグメント表示

時計など数値の表示に7セグメントが使われる．VGAモニタでの表示は図14.8の構成により，7セグメントを拡張した5×3セグメント表示を使うことができる．図14.11では5×3セグメント使って，p3で緑の8を表示しているときの信号を示している．

ここでセグメント S_{ij} のiは行，jは列を示している．この信号発生はC言語で，配列を使ってプログラムできる．そのリストを次に示す．リストの点線内の1が8を表示していることに注目すると，プログラムが理解しやすい．

1行目で8行4列の配列を宣言している．2行目で配列の列目盛を示し，3～10行目の//の後に行目盛を示した．12～23行目が信号発生プログラムである．

3行目は1～3ラインの信号配列を示す．0列は垂直同期信号で $V=0$ であり，16行目で垂直同期信号を発生させている．1～3列はセグメントであり，表示しないから $S_{01}=S_{02}=S_{03}=0$

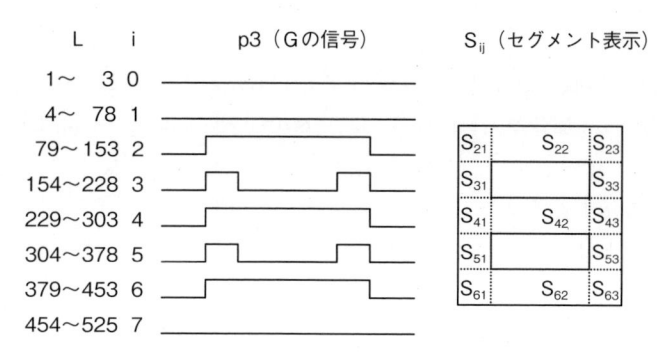

14.2 RGBモニタの表示　◆ 199

| L | i | p3（Gの信号） | S_{ij}（セグメント表示） |

図 14.11　セグメント表示と RGB の信号

[リスト 14.4]
5×3 セグメントによる 8 の信号発生

```
 1 int s[8][4]={  //配列        12 for(;;){                                    //VGA 信号の発生
 2 //j 0 1 2 3      i           13   for(L=0;L<525;L++){                       //L を定め H の信号発生
 3    {0,0,0,0},  //0           14     i(72+L)/75;                             //L で i を決定
 4    {1,0,0,0},  //1           15     p0=0; V=S[i][0];                        //水平発生，垂直準備
 5    {1,1,1,1},  //2           16     p1=V; for(t=0;t<4;t++){}                //垂直発生
 6    {1,1,0,1},  //3           17     p0=1; Si1=S[i][1]; for(t=0;t<10;t++){}  //水平戻り
 7    {1,1,1,1},  //4           18     p3=Si1; Si2=S[i][2]; for(t=0;t<2;t++){} //Si1 発生
 8    {1,1,0,1},  //5           19     p3=Si2; Si1=S[i][3]; for(t=0;t<2;t++){} //Si2 発生
 9    {1,1,1,1},  //6           20     p3=Si3; for(t=0;t<10;t++){}             //Si3 発生
10    {1,0,0,0},  //7           21     p3=0; for(t=0;t<10;t++){}               //セグメント終了
11 };                           22   }
                                23 }
```

である．各々 18〜20 行目で p3 に代入して p3=0 にする．

4 行目は 4〜78 ラインの信号配列を示す．0 列では V=1 である．また表示しないから $S_{11}=S_{12}=S_{13}=0$ である．各々 18〜20 行目で p3 に代入して p3=0 にする．

5 行目は 79〜153 ラインの信号配列を示す．0 列では V=1 である．また S_{21}, S_{22}, S_{23} を表示するので $S_{21}=S_{22}=S_{23}=1$ である．各々 18〜20 行目で p3 に代入して p3=1 にする．

6 行目は 154〜228 ラインの信号配列を示す．0 列では V=1 である．また $S_{21}=1$, $S_{22}=0$, $S_{23}=1$ を表示する．各々 18〜20 行目で p3 に代入する．

7 行目は 229〜303 ラインの信号配列を示す．0 列では V=1 である．また S_{21}, S_{22}, S_{23} を表示するので $S_{21}=S_{22}=S_{23}=1$ である．各々 18〜20 行目で p3 に代入して p3=1 にする．

8 行目は 304〜378 ラインの信号配列を示す．0 列では V=1 である．また $S_{21}=1$, $S_{22}=0$, $S_{23}=1$ を表示する．各々 18〜20 行目で p3 に代入する．
G の信号を発生させる．

9 行目は 379〜453 ラインの信号配列を示す．0 列では V=1 である．また S_{21}, S_{22}, S_{23} を表示するので $S_{21}=S_{22}=S_{23}=1$ である．各々 18〜20 行目で p3 に代入して p3=1 にする．

10 行目は 457〜525 ラインの信号配列を示す．0 列では V=1 である．また表示しないから $S_{11}=S_{12}=S_{13}=0$ である．各々 18〜20 行目で p3 に代入して p3=0 にする．

このように 12〜23 行目で配列を呼び出して，5×3 セグメント表示をする．

演習問題

設問 1 図 14.3 の構成による 2 桁の 7 セグメント LED で，12 を表示するプログラムを示せ．ただし加算の実行時間 T_a は $1\,\mu s$ で，表示周期を $18\,\mathrm{ms}$ とせよ．

設問 2 図 14.10 の構成により，左から B, CY, G, YL, W, MG, R, BK 順のカラーバーを表示するプログラムを示せ．

設問 3 図 14.11 とリスト 14.4 を参考にして，E を表示するための配列を示せ．

参考文献

[1] 小島正典, "基礎信号処理," 米田出版, 第 2 刷 (2008).
[2] 小林一夫編, "最新ハードウェア技術入門," 実教出版, 第 1 刷 (2005).
[3] 藤広哲也, "組み込みシステムの基本と仕組み," 修和システム, 第 1 刷 (2005).
[4] 森下巌, "マイクロコンピュータの基礎," 昭晃堂, 第 18 刷 (2004).
[5] 松田忠重, "マイクロコンピュータ技術入門," コロナ社, 第 3 刷 (2003).
[6] 板谷雄一, "見てわかる C 言語入門," ブルーバックス B-1349, 講談社, 第 1 刷 (2001).
[7] 樋口, 鹿股, "理工系のためのマイクロコンピュータ," 昭晃堂, 第 3 刷 (1990).

第15章
音響信号発生

―□ 学習のポイント ―

第15章では音響信号発生をとりあげる．マイクロプロセッサは機器に組み込まれて，主要機能の処理やユーザインタフェースの処理をしている．音響信号発生は，電子オルゴールなどの音響機器での主要機能である．
またワーニングなど音によるユーザインタフェース (user interface) でも重要な役割を果たす．そこでこの章では，スピーカを外部デバイスとして使った，マイクロプロセッサによる音響信号発生と電子オルゴールへの応用について説明する．

―□ キーワード ―

国際音名，オクターブ，平均律，半音，全音，モノトーン，トーンバースト，重音

15.1 音階の原理

可聴周波数の範囲は 20 Hz～20 kHz といわれている．音楽情報や言語情報の伝達で意味があるのは人が発声できる周波数でありもっと狭い．

ハ長調の音階と周波数を次に示した．女性が普通に発声する周波数域で，男性は周波数が 1/2 すなわち 1 オクターブ (octave) 下を発声する．

クラシックの声楽に表れる音域はもちろんこれより広く，その音域がまた音階を聞き取れる範囲でもある．音響信号発生では，この音域の信号発生を取り扱う．

周波数の基準は，440 Hz の音である．音の高さは音名で表す．440 Hz の音名はイである．時報はこの音で構成されており，またオーケストラでは演奏前にオーボエがイ音を出してこれに合わせて弦楽器が調弦をする．

15.1.1 音の高さと国際音名

イ音は一般にラといわれ，「ハ長調のラ」を略している．ところが略した音階名ラでは周波数が特定できない．かといって日本音名イでは馴染みが薄く，かつ C 言語では使いにくい．いっぽうイタリア語音名は la でこれは日本人には馴染み深い．しかし do は C 言語では使うことができない．

日本語音名	ハ	ニ	ホ	ヘ	ト	イ	ロ	ハ
イタリア語音名	do	re	mi	fa	sol	la	si	do
国際音名 PN	C4	D4	E4	F4	G4	A4	B4	C5
半音指数 h	-9	-7	-5	-4	-2	0	2	3
周波数 f_{PN}(Hz)	262	294	330	349	392	440	494	524
周期 T_{PN}(μs)	3822	3405	3034	2863	2551	2273	2025	1911

図 15.1 ハ長調の音階

イ音の英語音名は A で，これは音楽愛好家には受け入れられている．この英語音名を拡張しオクターブを表す指数を付けて A4 と表されているのが国際音名である．これは C 言語でも使え，音楽情報学などでも広く利用されている．そこで，この章では国際音名を使う．図 15.1 のハ長調の音階では，国際音名と周波数も示している．

15.1.2 オクターブ

A4 音 (ラ) の周波数が 440 Hz であり 880 Hz は A5 音である．そこで時報のポッ・ポッ・ポッ・ピーを国際音名で表すと，(A4, A4, A4, A5–) となる．

そして A4 音より 4 オクターブ低いのが A0 音で周波数は 27.5 Hz である．ここでオクターブ指数を N とすると，AN 音の周波数 f_{AN} は次のように表せる．単位は Hz である．

$$f_{AN} = 440 \times 2^{N-4} = 27.5 \times 2^{N} \tag{15.1}$$

A0 音は 88 鍵ピアノの最低音であるから身近に試すことができる．しかしこの付近の周波数では音階が不明確なことがわかる．周波数が 55 Hz の A1 音になると音階が明確になる．声楽でバスが聴衆を沸かせる最低音がこの付近である．

おなじく声楽で高いほうでは，コロラチュラソプラノが披露するカデンツァが，A6 音に達する．周波数は 1760 Hz である．ピアノの最高音はさらに 1 オクターブ以上高い C8 であるが，この付近ではやはり音階が明確でない．

このように考えると音階が明確にわかるのは，およそ A1 音から A6 音までの 5 オクターブであって，音響信号発生ではこの範囲内の周波数を取り扱う．

15.1.3 半音と全音

平均律では，オクターブの間の 12 個の半音の周波数を，等比数列で割り付けている．つまり項比は $2^{1/12}$ で，半音上の音の周波数は $2^{1/12}$ 倍である．図 15.1 においては E4(ミ) と F4(ファ) の間，B4(シ) と C5 の間が半音である．なお 12 半音上の周波数は 2 倍である．

また図 15.1 では国際音名を，音名 P とオクターブ指数 N で構成して，PN と表している．そして周波数と周期は f_{PN} と T_{PN} で表している．音名 P と半音を示す指数 h は 1 対 1 に対応

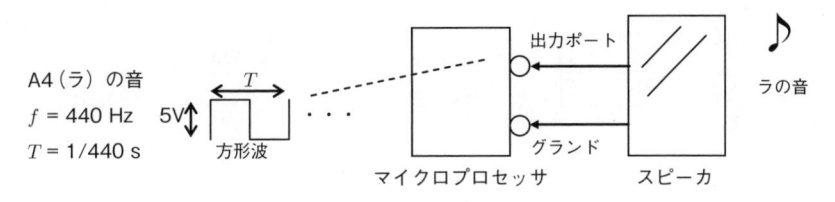

図 15.2 音響信号発生の実験

しているので，PN 音の周波数は次のように表せる．単位は Hz である．

$$f_{\mathrm{PN}} = 440 \times 2^{h/12} 2^{N-4} = 27.5 \times 2^{h/12} 2^{N} \tag{15.2}$$

ここで半音の周波数比は $2^{1/12}$ であり，$2^{1/12} \fallingdotseq 1.05946$ であるから次のように書ける．

$$2^{h/12} \fallingdotseq 1.05946^{h} \tag{15.3}$$

また全音の周波数比は半音の周波数比の 2 乗で，$2^{2/12} \fallingdotseq 1.12246$ となり，半音の周波数比の約 2 倍になる．図 15.1 においては，C4 と D4，D4 と E4，F4 と G4，G4 と A4，A4 と B4 の各間が全音である．

次に周波数 f と周期 T について説明する．これらの間には，一般的に次の関係がある．

$$T = 1/f \tag{15.4}$$

この章で示す音響信号発生では，マイクロプロセッサの実行時間で周期 T を制御し，周波数を直接制御することはない．

15.2 音響信号の発生と実験方法

音響信号をマイクロプロセッサで発生し，出力ポートに増幅器を内蔵したアクティブスピーカ (active speaker) を接続すると，音として聞くことができ実験できる．図 15.2 に A4 音の方形波を発生させて実験する構成を示した．

マイクロプロセッサで発生させる波形は方形波とその合成波であって，音階が明確にわかるおよそ A1 音から A6 音までの 5 オクターブの範囲内の周波数域の信号を扱う．

電源電圧が 5 V で出力ポートを使う場合，2 進値の 1 は電圧で 5 V，2 進値の 0 は電圧で 0 V に対応するので，出力信号の振幅は 5V となる．

15.3 モノトーンの発生

15.3.1 モノトーン信号

一定周波数の長い音をモノトーン (mono tone) という．この節では，A4 音のモノトーン信号をマイクロプロセッサで発生する方法を説明する．図 15.3 に A4 のモノトーンを楽譜で示した．周波数 f は 440 Hz である．周期 T は最下桁を 2 の倍数に丸めると，2272 μs となる．

音名	A4
f (Hz)	440
T (μs)	2272

図 **15.3** モノトーンの楽譜と音階表

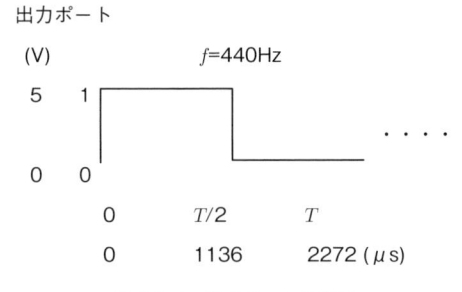

図 **15.4** 出力ポートの波形

表は複数音の場合を考慮して音階表とした．波形で表すと図 15.4 となる．デジタルの出力ポートを使い電源が 5 V で，半周期が 1136 μs の方形波を出力している場合を図示した．

15.3.2 モノトーン信号の発生

この波形をマイクロプロセッサで発生するには，次に示すステップ推移図の処理をマイクロプロセッサにさせる．プログラムで表すとリスト 15.1 のようになる．

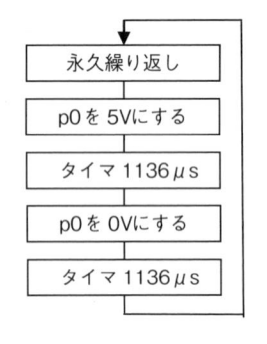

図 **15.5** ステップ推移図

[リスト **15.1**]
A4 音のモノトーン発生プログラム

```
1 for(;;){
2       p0=1;
3       for(i=0;i<1136;i++){}
4       p0=0;
5       for(i=0;i<1136;i++){}
6 }
```

3 行目と 5 行目の for 文はタイマの機能をしている．for($i = 0; i < ii; i++$){ } は回数 i を上限回数 ii までインクリメントしているから，この for 文の一巡実行時間を T_c とすると，待ち時間 T_t と周期 T の関係はつぎのようになる．ただし for 文の出入りの実行時間は無視している．

$$T_t = ii\, T_c \tag{15.5}$$

$$T = 2T_t \tag{15.6}$$

リスト 15.1 のプログラムでは，T_c が 1 μs の場合に i の上限回数 ii を 1136 とすると半周期が 1136 μs になり，440 Hz の方形波を出力させられることを例示した．

すなわち 2 行目から 5 行目で方形波の 1 波が発生する．モノトーンにするために 1 行目と 6 行目の for 文で包んで，永久繰り返しをさせている．楽譜においては右端が繰返し記号である．特に指定のない場合は無限に繰り返す．

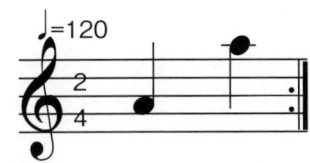

音名	A4	A5
f (Hz)	440	880
nn	220	440
T (μs)	2272	1136
ii	1136	568

[リスト 15.2] サイレン発生プログラム

```
1  for(;;){
2      for(i=0;i<220;j++){
3          p0=1; for(i=0;i<1136;i++){}
4          p0=0; for(i=0;i<1136;i++){}
5      }
6      for(i=0;i<440;j++){
7          p0=1; for(i=0;i<568;i++){}
8          p0=0; for(i=0;i<568;i++){}
9      }
10 }
```

図 15.6 サイレン音の楽譜と音階表

15.4 トーンバーストの発生

15.4.1 トーンバースト信号

短い音をトーンバースト (tone burst) という．トーンバーストの長さ T_b は，発生させる波数で定まり，波数が周波数と同じとき 1 秒になる．

マイクロプロセッサでトーンバースト信号を発生させ，音で検証することができる．しかし，ピーと鳴って，一瞬に終わる．周波数，持続時間，音量などの検証にならない．そこで周波数が異なる 2 つのトーンバーストを交互に発生させ，これを永久に繰り返すことによって実質的な検証が可能になる．実用的な例をあげれば，サイレンである．

15.4.2 サイレンの信号発生

図 15.6 の 4 分音符♩で示した A4 音と A5 音の信号を交互に出力して，サイレン音の信号を発生させる．モノトーンでは，1 波発生させ永久 for 文で繰り返した．ここではトーンバーストの長さ T_b が，周波数回の繰返しで 1 秒になる原理に基づいて，繰返し回数を定める．これを上限回数 nn として式で表すと次のようになる．

$$T_b = \mathrm{nn}\, T \tag{15.7}$$

サイレン発生プログラムのリスト 15.2 に示した．n の for 文で繰り返しを処理する．楽譜の左上の♩=120 はテンポを指定しており，4 分音符で 1 分間に 120 拍を表している．つまり 1 拍 0.5 秒であり，nn を f/2 とすると 1 拍は 0.5 s になる．

そして周期は前節と同様にしてタイマで定めることができる．すなわち周波数が異なるトーンバーストを繰り返すことで，サイレンの信号を作れることがわかる．

15.5 休みの発生

15.5.1 休みの信号

この節で取り上げる休みは，物理的には音のない時間である．トーンバーストは時間が明確にされているので，音のないトーンバーストが休みである．しかしマイクロプロセッサで休み信号を発生させても，何も鳴らずに終わって，音で検証することができない．

ところが音が出るトーンバーストと音のないトーンバーストを交互に発生させ，これを永久に繰り返すと検証することができる．実用的な例をあげれば，ワーニングである．

15.5.2 ワーニングの信号発生

トーンバーストと休みを繰り返すとワーニングを発生させることができる．この節ではトーンバーストと休みを関数化して，main 文でワーニングの信号発生の処理をする．

トーンバーストの関数は，tone(int ii, int nn) のように ii と nn を引数にする．プログラムをリスト 15.3 に示した．

休みの関数は，pause(int ii, int nn) のように ii と nn を引数にするが，2 行目にある p0=1 を，p0=0 とする．プログラムをリスト 15.4 に示した．

A5 音のワーニングを図 15.7 に示した．音符と休符の拍数は 1 拍ではないので，音階表に欄を設けた．これに基づいて nn を定めるが，nn は整数だから小数点以下は丸める．一般には，

[リスト 15.3]　tone 関数

```
1 for(n=0;j<nn;n++){
2     p0=1; for(i=0;i<ii;i++){}
3     p0=0; for(i=0;i<ii;i++){}
4 }
```

[リスト 15.4]　pause 関数

```
1 for(n=0;j<nn;n++){
2     p0=0; for(i=0;i<ii;i++){}
3     p0=0; for(i=0;i<ii;i++){}
4 }
```

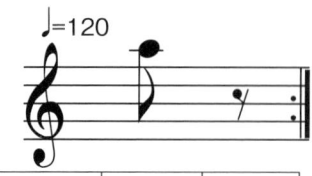

音名	A5	休み
f (Hz)	880	880
$T(\mu s)$	1136	1136
ii	568	568
拍数	1/2	1/2
nn	220	220

[リスト 15.5]　ワーニング発生プログラム

```
1 for(;;){
2     tone( 568, 220 );
3     pause(568, 220 );
4 }
```

図 15.7　ワーニングの楽譜と音階表

♩=120

音名	C5	D5	E5	F5	G5	A5	B6	C6	休み
f	523	587	660	698	784	880	988	1047	1047
T	1911	1703	1517	1432	1276	1136	1012	956	956
ii	955	850	758	716	638	568	506	478	478
拍数	1	1	1	1	1	1	1	1	2
nn	262	294	330	349	392	440	494	524	1047

[リスト 15.6]　上昇音階

```
1 for(;;){
2     tone( 955, 262 );
3     tone( 850, 294 );
4     tone( 758, 330 );
5     tone( 638, 392 );
6     tone( 716, 349 );
7     tone( 568, 440 );
8     tone( 506, 494 );
9     tone( 478, 524 );
10    tone( 478, 524 );
11 }
```

図 15.8　上昇音階の楽譜と音階表

拍数を P_V，テンポを T_p とするとトーンバーストの長さ T_b は次のようになる．

$$T_b = 60 P_V / T_p \tag{15.8}$$

この楽譜と音階表に基づき tone 関数と pause 関数を使ったプログラムの main 文をリスト 15.5 に示した．

この節では，休みの構成方法，および休みとトーンバーストの関数化を説明し，これを使ってワーニングの信号発生をプログラムに応用した

15.6　音階の発生

15.6.1　音階の種類

オクターブは 12 の半音で構成される．長音階はこれを (ド，レ，ミ，ファ，ソ，ラ，シ，ド) で 7 区分して，この 7 音でメロディを構成する．

自然的短音階はこれを (ラ，シ，ド，レ，ミ，ファ，ソ，ラ) で 7 区分して，この 7 音でメロディを構成する．他に，旋律的短音階，和声的短音階や多くの 5 音音階がある．

音階はこれを構成する音のトーンバーストを順に発生させると試聴できる．それぞれに表す雰囲気が異なり興味深い．この節ではハ長調の音階を取り上げて信号発生の方法を説明する．

15.6.2　ハ長調の音階信号発生

音階構成音のトーンバーストを順に発生させると音階になる．ハ長調の上昇音階を図 15.8 に示した．長さが 1 拍で音階に従った周波数のトーンバーストを並べ，休みを入れて無限に繰り返すと音階を発生することができる．

休みは 2 拍入れている．■ が 2 拍休符である．1 拍 0.5 s であるから 1 s の休みになる．最後に休みを入れて永久繰返しをすれば，検証したとき区切りが明確になる．プログラムをリスト 15.6 に示した．

15.7 重音の発生

15.7.1 重音の信号

重音が発生できると，旋律に伴奏や対旋律を加えた二重奏の検証に応用できる．また多重音にすると和音発生や波形合成による音色の検証ができ，楽団演奏の模擬など多くの展開が可能になる．図 15.9 に A5 音と A4 音の重音を表す楽譜および各音の周波数と周期を示した．

図 15.10 には，880 Hz の信号 1 と 440 Hz の信号 2 を加算して，重音の信号 0 を発生させている様子を示した．オクターブの方形波を合成すると階段波になり，多重音にすると鋸波になることがうかがえる．

15.7.2 重音の信号発生方法

信号 1 と信号 2 で構成された重音のトーンバーストを発生する方法を説明する．信号は振幅が 1 と 0 の 2 進値で表される方形波信号とする．

マイクロプロセッサでは，周波数の異なる 2 つの方形波を発生させ，加算してから DA 変換に入力する方法が使える．これを繰り返すと，トーンバーストになる．

周波数の異なる 2 つの方形波を発生させるのは，次の方法による．すなわち，信号 1 と信号 2 の半周期よりはるかに短い周期で，各信号が半周期に達したかどうかの確認をして，これを繰り返す．そして信号が半周期に達すると，方形波信号の 2 進値を反転する．この処理は 2 つの方形波ごとに行う．

ここで示した方法では，2 つの方形波の発生と加算および DA 変換の処理が一巡するごとに，重音の信号が出力される．

重音のトーンバーストをマイクロプロセッサで発生する手順を，ステップ推移図で示した．繰返し回数は，発生させるトーンバーストの長さで決定する．

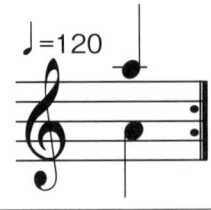

	音名	A5
信号 1	f	880
	T	1136
	音名	A4
信号 2	f	440
	T	2273

図 15.9　A5 音と A4 音の重音

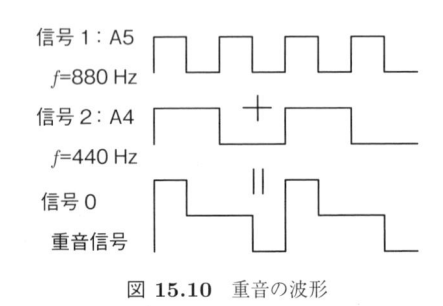

図 15.10　重音の波形

[リスト 15.7]　duo 関数

```
1 for(b=0;b<bb;b++){
2     for(m=0;m<mm;m++){
3         i++; J++;
4         if(i=ii){ti=!ti; ii=0}
5         if(j=jj){tj=!tj; jj=0}
6         da = Li*ti + Lj*tj;
7     }
8 }
```

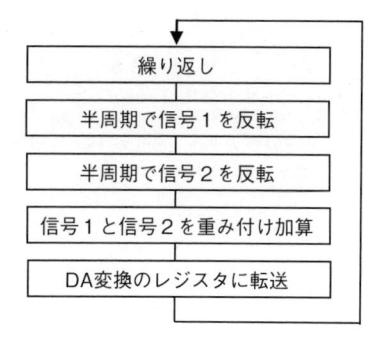

図 15.11　重音発生のステップ推移図

マイクロプロセッサでこのステップ推移図の処理をさせる場合，プログラムはリスト 15.7 のようになる．ここで duo は重奏や重唱を意味している．重音の関数は duo(int ii, int Li, int jj, int Lj, int bb) のように，ii, Li, jj, Lj, bb を引数にし，mm は数値を記入する．

この m の for 文では，2 つの方形波の発生と加算および DA 変換を mm 回繰り返し，短いトーンバーストを発生させる．これを b の for 文で bb 回繰り返し長いトーンバーストを作る．

ここで m の for 文の一巡実行時間を T_c とし，短いトーンバーストの期間を T_m とし，長いトーンバーストの期間を T_b とすると，これらの間には次の関係式が成り立つ．そこで発生させる最短音の長さを T_m とすると，mm は T_m/T_c で求まり数値が記入できる．ただし for 文の出入りの実行時間は無視している．

$$T_m = \mathrm{mm}\, T_c \tag{15.9}$$

$$T_b = \mathrm{bb}\, T_m \tag{15.10}$$

m の for 文内の if 文は，半周期で信号を反転させる命令である．信号 ti の場合，現在の繰返し回数 i が上限回数 ii に達すると，ti を反転させている．また信号 tj の場合，現在の繰返し回数 j が上限回数 jj に達すると，tj を反転させている．

ここで信号 ti の周期を T_i，信号 tj の周期を T_j，一巡実行時間を T_c とすると，これらの関係は次のようになる．ただし for 文の出入りの実行時間は無視している．

$$T_i = 2\mathrm{ii}\, T_c \tag{15.11}$$

$$T_j = 2\mathrm{jj}\, T_c \tag{15.12}$$

また信号 ti の周期 T_i と周波数 f_i の関係，および信号 tj の周期 T_j と周波数 f_j の関係は次のようになる．

$$f_i = 1/T_i \tag{15.13}$$

$$f_j = 1/T_j \tag{15.14}$$

変数 Li と Lj は各々信号 ti と tj の重み付けである．スピーカで聞いたときの各音の音量を制御することになる．リストでは 6 行目のように，DA 変換のレジスタ da に転送するときの

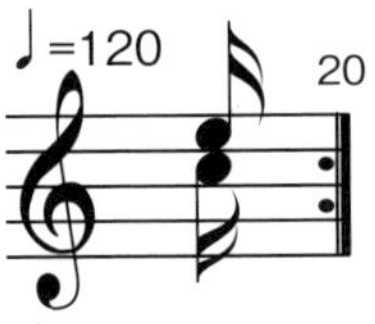

表 15.1　重音発生の音階表

ti	E5
ii	190
Li	120
tj	C5
jj	239
Lj	120
bb	20

図 15.12　E5 音と C5 音の重音

[リスト 15.8]
重音発生の main 文

```
1 duo(190, 120, 239, 120, 20);
// mm = 31250
```

振幅を定めている．da の最大値は Li+Lj であるから DA 変換が N ビットなら Li と Lj は次の条件を満たす必要がある．

$$Li + Lj < 2^N \tag{15.15}$$

15.7.3　E5 音と C5 音の重音信号発生

E5 音と C5 音で構成される重音のトーンバーストを発生させる．この楽譜を図 15.12 に示した．この楽譜に対応した duo 関数の引数を求める方法を説明する．

各音の周期は図 15.8 の音階表からわかるので，(15.11) 式と (15.12) 式から上限回数 ii と上限回数 jj を求めることができる．ここで一巡実行時間 T_c は 4 µs とする．

テンポは 4 分音符で 120 であるから，1 拍が 1/2 s になる．最短音符を 16 分音符としているので，最短音の長さ T_m は 1/8 s になる．したがって (15.9) 式から繰返し回数 mm が求められ，mm は 31250 になる．トーンバーストの長さ T_c は (15.10) 式で定まるが，繰返し回数 bb は楽譜右端の繰返し記号の上に示してある．したがって T_b は 2.5 s になる．

表 15.1 に発生させる信号 ti と tj および各引数を整理した．振幅 Li と Lj は，AD 変換が 8 ビットとして合計 256 に達しないように，各々 120 LSB を割り当てている．これにより duo 関数を使った main 文がプログラムでき，リスト 15.8 に示したように 1 行で完了する．

演習問題

設問1 図に示した E4 音のモノトーンを発生させる．音階表とプログラムを示せ．ただし一巡実行時間は $0.5\,\mu\text{s}$ とする．

設問2 図に示した E4 音と E5 音のサイレンを発生させる．音階表とプログラムを示せ．ただし一巡実行時間は $0.5\,\mu\text{s}$ とする．

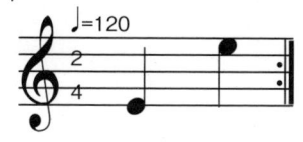

設問3 図に示した E5 音のワーニングを発生させる．音階表とプログラムを示せ．ただし一巡実行時間は $0.5\,\mu\text{s}$ とする．

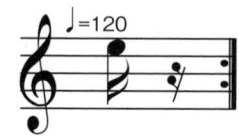

設問4 図に示した下降音階を発生させる．音階表とプログラムを示せ．ただし一巡実行時間は $0.5\,\mu\text{s}$ とする．

設問5 図に示したカッコーのテーマを発生させる．音階表とプログラムを示せ．ただし一巡実行時間は $0.5\,\mu\text{s}$ とする．

設問 6 図に示したカッコーのテーマの 2 重音を発生させる．音階表とプログラムおよび mm の数値を示せ．ただし最短音の長さは 1/16 s，一巡実行時間は $2\,\mu$s とする．また $L_i = 2\,L_j$ としてメロディを強調し，各小節に休みを入れてリズムをつける．

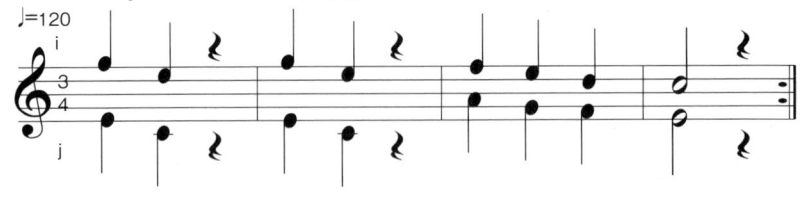

参考文献

[1] 竹内，保黒，梅崎，"カラオケ採点の高分解能ピッチ抽出法，"電学論 (C)，129，10，pp. 1889-1901 (2009)．

[2] 小方厚，"音律と音階の科学，"ブルーバックス B-1567，講談社，第 8 刷 (2008)．

[3] 日本音響学会編，"音の何でも小事典，"ブルーバックス B-1150，講談社，第 18 刷 (2007)．

[4] 松田忠重，"マイクロコンピュータ技術入門，"コロナ社，第 3 刷 (2003)．

[5] 柴田望洋，"明解 C 言語，"ソフトバンク パブリッシング，第 11 刷 (2002)．

[6] 常深信彦編著，"情報処理，"オーム社，第 1 刷 (1999)．

[7] 橋本尚，"楽器の科学，"ブルーバックス B-358，講談社，第 17 刷 (1994)．

索　引

記号・数字

0 50
10 進数 8, 9
12 進数 8
16 進数 8, 26
20 進数 9, 50
2 極管 56
2 進化 10 進法 24, 25
2 進数 4, 6, 8, 11, 17, 49
2 値論理 49
2 入力論理回路 71
2 の補数 17, 20, 22
3 極管 56
3 極真空管特性 57
3 進数 11
4 ビット 8
5×3 セグメント 192, 198
7 セグメント 192, 198, 200
8 進数 8, 50

A

ABC (Atanasoff Berry Computer) 69
AD 変換 183, 191
AND 回路 55
ASIC 88–90
Augustus de Morgan 34
A：陽極 (anode) 60

C

C. E. Shuannon 29
CAD 134, 135
CFG 101, 102
CMOS 65, 86, 90
CMOS (Complementary MOS) 59
C 言語 176, 183, 193, 201

D

DA 変換 183, 208
DFG 101
DFM 140, 159
DFT 161, 162
DRAM 59

DRAM (Dynamic Random Access Memory) 60
DTL (Diode Transistor Logic) 60
DUV 152, 153

E

E. V. Huntington 29
EDSAC 3, 17, 52
electron tube 56

F

FPGA 59, 90, 140, 153
FSM 実行 116, 118

G

GIPS 117, 168
GOPS 168, 170
GT (glass tube) 管 56

H

HDL 107, 135
HW 仕様 95, 100, 104, 138

I

IC 59
IP 135, 138, 172

K

K：陰極 (kathode:独語) 60

L

LED 192
LSB 186, 191
LSI テスト 151

M

MIL-806 70
MOS 43, 59, 61, 62

N

MSB	186
mT (miniature) 管	56

N

nMOS	63–65, 89, 90
N チャネル MOS(nMOS)	63

O

Op コード	123, 125
OR 回路	56
OS	113

P

pMOS	59, 63–65, 89, 90
p 型半導体	61
P チャネル MOS(pMOS)	63

R

RAM	90, 111
RGB	192, 195
ROM	86, 111, 113
RTL 記述	95, 100, 101

S

SoC	110, 111
SRAM (Static Random Access Memory)	60
ST (strangle taper) 管	56

T

TI	3, 59, 69, 70
TTL (Transistor-transistor logic)	60
tube	56

V

vacuum tube	56
valve	56
Verilog	136
VGA	192, 195
VHDL	104, 136
VLSI	86, 89
V フラグ	20, 82

あ行

アーキテクチャ	99, 100, 116
アセンブラ	178
アドレスバス	183, 184
アノード	57, 193
アバカス	51
アプリケーション	111, 112
アラビア数字	10
安全性	151, 163, 166, 170
一巡実行時間	176, 179, 188, 204
陰極 (cathode:カソード)	57
インクリメント	183, 191
インタフェース	176, 201
インテル	3, 59, 67
インバータ	178, 185
ウィルクス	3, 17, 52
ヴィルヘルム・シッカート (Wilhelm Schickard)	51
エネルギー効率	168
エルステッド (Hens Christian Oersted)	55, 69
演算器	101, 102
演算パイプライン	128
オイラー (Leonhard Euler: 1707-1783)	39
オーバーヘッド	161, 165
大文字	26
オクターブ	201, 207
オブジェクトコード	124, 125
折り返し	183, 191
オルガン	51
音階	202, 207
音名	201

か行

ガイスラー (Johann Heinrich Wilhelm Geisler)	56, 59, 69
加工プロセス	144
加算	20
加算器	21, 76
画素	195
カソード	57, 193
加法標準形 (disjunctive normal form)	41
カラーバー	192, 197, 200
カルノー (Maurice Karnaugh)	39–41, 43–46
関数	36, 37
簡単化	43
機械語	178
機械語命令	122, 124, 125
キャッシュ	123, 126
キャリヤー：carrier	62
キルビー (Jack Kilby)	59
金属 (Metal)	61
組合せ回路	71, 113, 114, 119
組込みソフト	113
組込みプロセッサ	110, 111, 113
グリッド	57
グローバルクロック	142, 147
クロック	138, 143, 177, 191
クロックサイクル	101, 104

計算する時計 (Calculating Clock)...... 51
計算モデル.............. 95, 97, 100, 101
経年変化..................... 58
ゲート (gate) 62, 184
ゲートアレイ..................... 60
元........................ 28, 29
言語..................... 24, 176
検証............... 136, 151, 190
検波作用..................... 59
格子 (grid:グリッド)............... 57
高周波増幅..................... 57
構造記述............. 100, 101, 104
コード..................... 19, 24
国際音名................. 201, 202
故障モデル..................... 154
固定小数点..................... 25
小文字..................... 26
コントロールポイント...... 115, 123, 127
コンパイラ................. 124, 131
コンピュータ......... 1, 17, 69, 84, 183

さ行

最小項 (minterm)................ 39, 40
最大項 (maxterm)................. 39
最大値..................... 20
サイレン................. 205, 211
酸化膜 (Oxide)..................... 61
算盤..................... 51
サンプリング................. 183, 191
磁気コア..................... 59
指数..................... 202
システム............. 69, 76, 176
シッカート..................... 51
実行可能プログラム................. 124
実行形式........... 110, 114, 116
実行時間................. 101, 106
実行ステップ..................... 178
重音................. 201, 208
周期......... 177, 188, 194, 202
集合................. 23, 28, 29
集合論..................... 39
集積化................. 86, 91, 92
周波数................. 179, 188
主加法標準形 (principal disjunctive normal form)..................... 42
主乗法標準形 (principal conjunctive normal form)..................... 42
出力ポート........... 177, 183, 185
順次点灯................. 192, 194
順序回路........... 113, 119, 157
仕様..................... 76, 181
状態表示記号..................... 70
消費電力........... 165, 167, 168
情報..................... 4, 5

乗法標準形 (conjunctive normal form).. 42
ジョージ・ブール (George Boole)...... 28
ショットキー (Schottky)............ 56
シリアル................. 178, 194
真空管......... 2, 28, 49, 56, 61, 69, 70
真空放電管 (ガイスラー管)............ 59
進数..................... 9, 11
信頼性................. 163, 165
真理値表............. 38, 76, 78
スイッチ......... 56, 180, 182, 184
数字..................... 24
数値..................... 21, 24
数値範囲..................... 20
スケーリング............. 92, 93, 164
スタージョン (William Sturgeon)...... 55
スタンダードセル .. 60, 138, 141, 142, 144
ステップ推移図..................... 188
制御回路................. 119, 138
制御記憶........... 119, 120, 125
制御系................. 95–97
正孔..................... 62
整数..................... 22
整流機能..................... 59
正論理..................... 63
設計工程............. 134–136
設計手法............. 134, 150
設計生産性............. 170, 172
絶対値..................... 17, 18
全音................. 201, 203
全体集合..................... 23
専用マイクロプロセッサ............. 87
走査................. 192, 196
増幅..................... 70
ソフトウェア........... 112, 134, 176
そろばん............. 2, 49, 51, 52, 69

た行

ダイオード......... 49, 60, 61, 70, 183
タイガー計算器..................... 51
タイマ......... 190, 194, 198, 204
妥当性確認............. 151, 154
遅延時間........... 120, 127, 128
チップ化........... 134, 139, 147
低周波増幅..................... 57
データ............. 4, 5, 24, 176
データ処理効率............. 117, 127
データパス..................... 183
データパス................. 95–98
テクノロジィノード..................... 92
テクノロジィマッピング...... 95, 107, 108
デザインルール............. 141, 145
デジタル..................... 24, 69
デジタル回路............. 58, 69
デジタル技術..................... 1

テスト 152
手の指 1, 28
デバイス 183, 192, 201
電界効果型トランジスタ (FET: Field Effect
　Transistor) 59
電子 62
電子管 56
点接触トランジスタ 59
転送 176
テンポ 205
同期 177, 180
同期式 98, 101, 106, 195
同期信号 192, 195
トーンバースト 201, 205
時計 51, 192
ド・モルガン 40
ド・モルガンの法則 34
トランジスタ 43, 59
トレードオフ 93, 169, 170

な行

中島章 29
日本工業規格 26
入力ポート 177, 183, 186
ネットリスト 107, 108

は行

バーデン (John Bardeen) 59
ハードウェア 17, 112, 122, 124, 176
ハーバードマークⅠ 55
配線 135, 139
配線遅延 93, 146, 147
配線論理 110, 113, 114
バイト 7
パイプラインハザード 131, 170
拍数 206, 207
歯車 2, 28, 49, 51-53, 69
バス 177
パスカリーヌ (Pascaline) 51
パスカル 51
バベッジ 3
半音 201, 207
パンチカード 69
反転回路 70
反転発振 179, 182
半導体 2, 28, 49, 59, 61, 69, 70
半導体チップ 86, 89, 91
半導体ビジネス 91, 93, 150, 151
半導体プロセス 89, 90
汎用プロセッサ 122, 123
ヒータ 57
光電子増倍管 56
微細化 86, 91, 92

微細化の限界 146
ビット 7
否定論理回路 63
否定論理積 63
否定論理和 63
否定論理和回路 (NOR 回路) 63
非同期式 98, 106
表記法 24, 25
標準形 41
品質 150, 154
ファームウェア 111-113
ブール 7, 28, 32, 70, 71
ブール代数 (boolean algebra) 28
フォレスト (Lee de Forest) 56
符号 18
負数 19
浮動少数点 25
歩留まり 151, 154, 158
負の数字 17
部分集合 23
ブラウン (F.Braun) 56, 69
ブラウン (Karl Ferdinand Braun) 59
プルアップ 183, 186
ブレーズ・パスカル (Blaise Pascal) 51
フレーミング (J.A.Fleming) 56
平均律 201, 202
ベン (John Venn) 31, 39
変数 36, 38, 41
ヘンリー (Joseph Henry) 55
ポート 177, 183, 193, 203
補元 34, 46
補集合 23
補数 21, 23
ホレリス 69
ホレリスのパンチカード 1890 年 55

ま行

マイクロアーキテクチャ 99, 100
マイクロコンピュータ 59
マイクロ操作 123, 125
マイクロプログラム 3, 110, 111, 114
マイクロプロセッサ 3, 59, 84, 176, 183
マイクロ命令 125, 127
マグネトロン (magnetron) 56
正の数字 17
マヤ文明 9, 50
マルチメディア 110-112, 122
ミドルウェア 111, 112
ムーアの法則 91-93
命令処理効率 127, 129
命令パイプライン 122, 127, 129
メモリ 86, 87
モールス (Samuel Finley Breese Morse) 55
文字 24

モニタ 192
モノトーン 201, 203, 211

や行

休み 206, 207, 212
指 2, 49, 50, 52, 69
陽極 (anode:アノード) 57
陽極電圧 58
陽極電流 58
要素 28, 29, 176, 183

ら行

ライブラリ 95, 108, 138
リアルタイム 176, 178, 180
リレー 2, 28, 49, 54, 61, 69, 70
レイアウト 135, 138
レジスタ 176
レジスタ間処理 177
ローカルクロック 142
ロードマップ 92, 93, 134
ローマ数字 10
論理演算 52
論理回路 58, 64, 69, 76, 81, 177
論理関数 36, 38, 39, 43
論理記号 70
論理合成 100, 107, 113, 119
論理式 72, 76, 78
論理積 (AND 回路) 55, 63, 70
論理レベル 183, 185
論理和 (OR 回路) 55, 63, 70

わ行

ワーニング 192

著者紹介

小島正典（こじま まさのり）（執筆担当 第3部）

略　歴：1967年3月 大阪大学卒業
　　　　1967年4月 三菱電機入社
　　　　1995年9月 博士（工学）（大阪市立大学）
　　　　2000年4月 株式会社ルネサスソリューションズ
　　　　2002年4月 大阪工業大学情報科学部 教授
　　　　2011年3月 大阪工業大学情報科学部 退職

受賞歴：1971年4月 社団法人発明協会 近畿地方発明表彰奨励賞 受賞，1993年4月 京都府知事 京都府発明考案功労者表彰 受賞

主　著：「基礎信号処理」米田出版 (2003),「基礎アナログ回路」（共著）米田出版 (2003) ほか

学会等：電子情報通信学会員，情報メディア学会員，電気学会員

深瀬政秋（ふかせ まさあき）（執筆担当 第2部）

略　歴：1978年3月 東北大学大学院工学研究科電子工学専攻博士課程修了（工学博士）
　　　　1978年4月 （財）半導体研究振興会半導体研究所 研究員
　　　　1979年2月 東北大学電気通信研究所 助手
　　　　1991年12月 東北大学電気通信研究所 助教授
　　　　1995年4月 弘前大学理学部 教授
　　　　1996年8月 弘前大学理工学部 教授
　　　　2007年4月-現在 弘前大学大学院理工学研究科 教授

受賞歴：2007年7月 WMSCI 2007, Wireless/Mobile Computing Best Paper Award, 2011年7月 CCCT 2011, Hybrid Systems Best Paper Award

主　著：「計算機ハードウエア」（共著）昭晃堂 (1994)

学会等：IEEE Senior Member, 電子情報通信学会員，情報処理学会員

山田囿裕（やまだ くにひろ）（執筆担当 第1部）

略　歴：1973年3月 立命館大学大学院修士課程修了
　　　　1973年4月 三菱電機入社
　　　　2003年4月 株式会社ルネサスソリューションズ常務取締役
　　　　2005年4月より現職
　　　　2009年6月より 株式会社メガチップス取締役（社外）兼務
　　　　現在 東海大学専門職大学院 教授 博士（工学）（静岡大学）

学会等：情報処理学会員

未来へつなぐ デジタルシリーズ 9		小島正典
デジタル技術と	著 者	深瀬政秋　Ⓒ 2012
マイクロプロセッサ		山田圀裕

Digital Technology and Microprocessor

2012 年 5 月 15 日　初　版 1 刷発行

発行者　南條光章

発行所　**共立出版株式会社**
郵便番号 112–8700
東京都文京区小日向 4–6–19
電話　03–3947–2511（代表）
振替口座　00110–2–57035
URL http://www.kyoritsu-pub.co.jp/

印　刷　藤原印刷
製　本　ブロケード

検印廃止
NDC 549.3
ISBN 978–4–320–12309–0

社団法人
自然科学書協会
会員

Printed in Japan

JCOPY ＜(社)出版者著作権管理機構委託出版物＞
本書の無断複写は著作権法上での例外を除き禁じられています．複写される場合は，そのつど事前に，(社)出版者著作権管理機構（電話 03-3513-6969，FAX 03-3513-6979，e-mail: info@jcopy.or.jp）の許諾を得てください．

ナノ構造の科学とナノテクノロジー

量子デバイスの基礎を学ぶために

Edward L. Wolf 著／吉村雅満・目良 裕・重川美咲子・重川秀実 訳

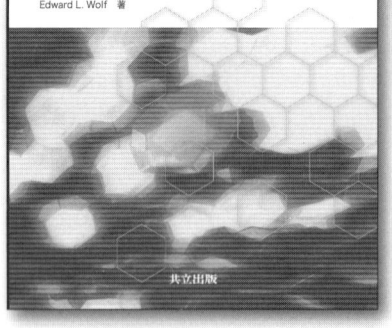

　本著は「Nanophysics and Nanotechnology－An Introduction to Modern Concepts in Nanoscience－Second, Updated and Enlarged Edition」Edward L. Wolf（エドワード・L・ウルフ）著の翻訳書。原著は海外で評価の高い「ナノテクノロジー」「ナノ物理」のテキストブックである。ナノテクノロジーの舞台となるナノスケールの世界で現れる量子効果を理解し活用するための基礎科学「ナノ物理」の概念を学ぶことが本書の目的となっている。内容構成は全10章であり，ナノ物理の基礎から工学への応用までを網羅する。

　この邦訳版では，章末演習問題に略解を加え，読者の理解が深くなるように配慮した。第2章と第4章に設けた3つのコラムは，本書が「固体物理の入門書」にも使用できるようにと訳者が書き下ろした，邦訳版のみのオリジナルである。また，参考文献として，国内で手に入れることのできる和書の教科書を紹介した。

　本書は，ナノテクノロジーの基本となるナノ構造に関する教科書として，学部生から大学院生に，またナノテクノロジー（ナノ構造のデザインや評価）を基盤とした分野で活躍することを目指す研究員・技術者に，さらに，ナノマシンや量子情報，ナノテクノロジーが進んだ先の人類の未来などに興味をもつ一般の読者にも役立つ内容となっている。

B5判・並製・294頁
定価6,300円（税込）
※価格は変更される場合がございます

共立出版
http://www.kyoritsu-pub.co.jp/

CONTENTS

第1章　はじめに
ナノメートル，マイクロメートル，ミリメートル／ムーアの法則／江崎の量子トンネルダイオード／さまざまな色の量子ドット／GMR 100 Gbit ハードディスクの「読み取り」ヘッド／われわれの車の加速度計／ナノ小孔フィルタ／従来技術によるナノ材料

第2章　物質を小さくすると

第3章　どこまで小さくできるか？

第4章　ナノの世界の量子性

第5章　量子効果の巨視的世界への影響

第6章　自然，および人工的な自己組織ナノ構造

第7章　物理的手法によるナノ構造の作製

第8章　磁性，電子と核のスピン，超伝導を基礎とした量子テクノロジー

第9章　シリコンナノエレクトロニクス，そしてその先へ

第10章　将来の展望

参考文献／略語集／演習問題／演習問題の略解／物理定数表／参考文献（和書）／索　引

英語論文作成研究会 [編]

これなら使える100例
技術英語論文の書き方
How to write Technical reports in English

　グローバル化がますます進み，研究者，技術者，商品開発者などは，少なくとも英語により技術情報を表現できること，すなわち論文（報告書）を作成できることが必要不可欠になっている。このため，著者らが普段実践している技術英語論文作成を誰にでも行えるようトレーニングの指標を体系的にまとめたのが，本書である。

　技術英語論文の作成には，簡潔でわかりやすく表現できるスキルと，慣用的な使い方が必要である。本書は，主に電気・電子・情報系の高専・大学の上級生，大学院生，ならびに企業の技術者，研究者を対象に，英語で論文や報告書を書くための基本を解説した。

第1章 基礎編　Basic Course
1.1　英語論文の作成要領　outline for writing scientific papers in English
1.2　式，図，ならびに表の書き方　how to write equations, figures, and tables

第2章 応用編　Advance Course
2.1　光利用の測定システム　light measuring system
2.2　生体観測電子顕微鏡　bio-electron microscope
2.3　機械的刺激を印加する細胞培養装置　cell culture system for application of mechanical strain
2.4　血球の検出技術　sensing techniques for blood cells
2.5　無線システムの例　examples of wireless systems
2.6　テレビカラーマネージメントシステムの例　examples of color management systems on TVs
2.7　音声信号処理の例　examples of audio signal processing
2.8　Eメールの書き方　how to write E-mails

第3章 実践編　Practical Course
3.1　A Hybrid Sensor for the Optical Measurement of Surface Displacement
3.2　Noise Analysis and Noise Suppression with the Wavelet Transform for Low Contrast Urinary Sediment Images
3.3　Charge-to-Mass Ratio Sensor for Toner Particles
3.4　A Pseudo-Super-Resolution Approach for TV Images

●A5判・並製ソフトカバー・232頁・定価2,835円（税込）

（価格は変更される場合がございます）　共立出版　http://www.kyoritsu-pub.co.jp/

■電気・電子工学関連書

http://www.kyoritsu-pub.co.jp/　　共立出版

電子情報通信英和・和英辞典	平山　博他編著
工学公式ポケットブック 第2版	太田　博訳
理工系のための実践・特許法 第2版	古谷栄男著
これなら使える100例 技術英語論文の書き方	英語論文作成研究会編
NASAに学ぶ英語論文・レポートの書き方	片岡英樹訳・解説
電気・電子・情報通信のための工学英語	奈倉理一著
電気数学 ―ベクトルと複素数―	安部　實著
ナノの本質 ―ナノサイエンスからナノテクノロジーまで―	木村啓作他訳
ナノ構造の科学とナノテクノロジー ―量子デバイスの基礎を学ぶために―	吉村雅満他訳
ナノ構造磁性体 ―物性・機能・設計―	電気学会編
磁気イメージングハンドブック	日本磁気学会編
新・走査電子顕微鏡	日本顕微鏡学会関東支部編
電気工学への入門	江村　稔著
詳解 電気回路演習 上・下	大下眞二郎著
電気回路	山本弘明他著
電気回路	大下眞二郎著
大学生のためのエッセンス 量子力学	沼居貴陽著
大学生のためのエッセンス 電磁気学	沼居貴陽著
基礎 電磁気学	裏　克己著
磁気工学の基礎 Ⅰ・Ⅱ（共立全書200・201）	太田恵造著
電磁気学	大林康二著
電磁気学	末松安晴著
電磁気学 ―基礎と演習―	松本光功著
電気材料 改訂4版	鳳　誠三郎著
エレクトロニクス入門	田頭　功著
例解 アナログ電子回路	田中賢一著
本質を学ぶためのアナログ電子回路入門	宮入圭一監修
基礎電子回路入門 ―アナログ電子回路の変遷―	村岡輝雄著
基礎から学ぶ電子回路 増補版	坂本康正著
情報系のための基礎回路工学	亀井且有著
学生のための基礎電子回路	亀井且有著
例題演習電子回路 アナログ編	尾崎　弘他著
電子回路 ディジタル編	尾崎　弘著
マイクロ波電子回路 ―設計の基礎―	谷口慶治著
マイクロ波回路とスミスチャート	谷口慶治著
わかりやすい電気・電子回路	田頭　功著
コンピュータ理解のための論理回路入門	村上国男他共著
論理回路工学	久津輪敏郎他著
ディジタル回路設計	江端克彦他著
入門 ディジタル回路	山本敏正著
入門 固体物性 ―基礎からデバイスまで―	斉藤　博他著
ナノ電子光学	裏　克己著
非同期式回路の設計	米田友洋訳
C/C++によるVLSI設計	大村正之他著
HDLによるVLSI設計 第2版	深山正幸他著
Verilog HDLによるシステム開発と設計	高橋隆一著
実践 センサ工学	谷口慶治他著
パワーエレクトロニクス	平紗多賀男編
PWM電力変換システム	谷口勝則著
ディジタル通信	大下眞二郎他著
入門 電波応用 第2版	藤本京平著
伝送回路 第2版	瀧　保夫著
光通信工学	左貝潤一著
コンピュータビジョン	大北　剛訳
3次元ビジョン	徐　剛他著
画像メディア工学 イメージ解析から出力まで、初心者のためのマルチメディア入門書	田中賢一著
画像伝送工学	奈倉理一著
画像処理工学 ―基礎編―	谷口慶治編
画像処理工学 ―応用事例編―	谷口慶治他編
デジタル画像処理（Rで学ぶデータサイエンス 11）	勝木健雄他著
画像認識システム学	大ヵ紘一他著
ウェーブレットによる信号処理と画像処理	中野宏毅他著
信号処理の基礎	谷口慶治編
統計的信号処理 ―信号・ノイズ・推定を理解する―	関原謙介著
カラーTFT液晶ディスプレイ 改訂版	山崎照彦他監修
放電応用技術 加工・溶接／環境改善／カーボンナノチューブ	谷口慶治他著